辽宁省优秀自然科学著作

水闸除险加固实用技术

高真伟 闫 滨 编著

北方联合出版传媒（集团）股份有限公司

辽宁科学技术出版社

图书在版编目（CIP）数据

水闸除险加固实用技术/高真伟，闫滨编著. —沈阳：
辽宁科学技术出版社，2024.7
（辽宁省优秀自然科学著作）
ISBN 978-7-5591-2728-0

Ⅰ. ①水… Ⅱ. ①高… ②闫… Ⅲ. 水闸—加固
Ⅳ. ①TV698.2

中国版本图书馆 CIP 数据核字（2022）第 151896 号

出版发行：辽宁科学技术出版社
　　　　　（地址：沈阳市和平区十一纬路 25 号　邮编：110003）
印　刷　者：辽宁鼎籍数码科技有限公司
幅面尺寸：185 mm×260 mm
印　　张：13.5
字　　数：330 千字
出版时间：2024 年 7 月第 1 版
印刷时间：2024 年 7 月第 1 次印刷
责任编辑：郑　红
封面设计：刘　彬
责任校对：栗　勇

书　　号：ISBN 978-7-5591-2728-0
定　　价：120.00 元

联系电话：024-23284526
邮购热线：024-23284502
http://www.lnkj.com.cn

编写人员名单

主　　编　高真伟　闫　滨

副主编　闫胜利　张　云　孙大雨

编写人员　李　崇　朱宏飞　蔡晓麟

　　　　　杨　骁　周　明　赵　青

　　　　　华玉多　王绪刚　王宏伟

主　　审　王成山

内容提要

　　本书针对水闸工程闸室结构变形、渗流破坏、闸下消能防冲设施破坏、混凝土老化、闸门及启闭系统破坏、水闸上下游河道淤积和水闸地震震害等常见问题，系统介绍了水闸地基纠偏及加固技术、防渗排水设施修复技术、混凝土裂缝处理技术、水闸的冲刷处理技术、钢筋混凝土结构劣化处理技术、闸门和启闭设备维修加固技术、水闸上下游河道淤积处理技术和水闸抗震加固技术，详尽阐述了各项技术的原理、施工工艺和施工方法，并以丰富的工程实例论述各项技术的运用方法，具有很强的实用性和参考价值。

　　本书可供从事水利水电工程设计、施工、管理和其他水利工程技术人员使用，也可供高等院校相关专业师生参考。

前　言

　　水闸是一种重要的低水头水工建筑物。根据 2022 年全国水利发展统计公报，全国已建成流量 5 m³/s 及以上的水闸 96348 座，其中大型水闸 957 座。按水闸类型分，分洪闸 7621 座，排（退）水闸 17158 座，挡潮闸 4611 座，引水闸 13066 座，节制闸 53892 座。这些水闸在防洪除涝、农业灌溉、挡潮蓄淡、城乡供水、风景旅游、生态建设等方面发挥了巨大作用，是我国防洪工程体系的重要组成部分。然而，这些水闸大部分在 20 世纪 50—70 年代修建，普遍存在设计标准低下、规划不合理、施工质量差和设施缺失等问题，表现为结构失稳、渗流破坏、过水能力不足、钢筋混凝土结构破坏、消能防冲设施破坏、闸门启闭机和机电设备破坏以及附属设施破坏等一系列病险症状。上述隐患、病害的存在，不仅严重影响水闸工程效益的正常发挥，而且直接危害结构本身乃至整个枢纽安全，对下游人民群众的生命财产和经济生活构成巨大威胁，是防洪体系的薄弱环节，是心腹之患。因此，对病险水闸进行除险加固是十分必要的。

　　全书共分为 11 章，第 1 章概述水闸除险加固的目的和意义，第 2 章为水闸安全鉴定，第 3 章为水闸现场检测，第 4 章为水闸地基纠偏及加固，第 5 章为水闸防渗排水设施修复，第 6 章为水闸混凝土裂缝修复及加固，第 7 章为水闸的冲刷处理，第 8 章为钢筋混凝土结构劣化处理，第 9 章为闸门及启闭设备的维修加固，第 10 章为上下游河道淤积处理，第 11 章为水闸抗震加固。

　　本书的出版，旨在向广大工程技术人员和水利基层干部群众推广病险水闸除险加固实用技术以及除险加固的新材料、新技术和新工艺。

　　衷心感谢原辽宁省水利水电勘测设计研究院原总工程师王成山在百忙中抽出时间审阅本书并提出中肯的意见和建议！本书在编写过程中参考了大量文献资料，同时，抚顺市水利勘测设计研究院有限公司、中水东北勘测设计研究有限责任公司对本书的出版也给予了大力支持，在此向上述同人表示衷心的感谢！

　　由于编者学识水平有限，加之编写时间紧迫，书中难免存在着不足乃至疏漏，敬请广大水利工作者给予批评指正。

作者

2023 年 4 月于沈阳

目 录

1 概述

水闸作为一种重要的防洪除涝和防止海水倒灌的低水头水工建筑物，在减少自然灾害损失、保护群众生命财产和保障国民经济发展等方面发挥着至关重要的作用。特别是在我国长江、黄河、淮河和海河的流域治理中，在防洪治涝、农业灌溉、挡潮蓄淡、城乡供水、风景旅游、生态建设等方面发挥了巨大作用。我国修建水闸的历史可以追溯至公元前598—前591年。根据2022年全国水利发展统计公报，全国已建成流量5 m³/s及以上的水闸96348座，其中大型水闸957座。按水闸类型分，分洪闸7621座、排（退）水闸17158座、挡潮闸4611座、引水闸13066座、节制闸53892座。

现在服役的水闸中，70%左右建设于20世纪50—70年代。其中一些大中型水闸设计粗放、急于施工，无法保证工程质量。许多工程由于技术条件差，建设标准普遍偏低，工程质量存在缺陷，大量病险问题与生俱来。普遍存在设计标准低下、规划不合理、施工质量差和设施缺失等问题，有的年久失修，缺乏维护，无法保证安全性和功能性，有的由于灾害性原因造成超载，使结构或构件受到损害。据2008年全国水闸安全普查等工作的不完全统计，我国2600多座大中型病险水闸的主要破坏形式包括结构失稳、渗流破坏、过水能力不足、钢筋混凝土结构破坏、消能防冲设施破坏、闸门启闭机和机电设备破坏以及附属设施破坏等，其他病险如翼墙破坏、管理房和防汛道路破损等问题也较为严重。

除险加固是延长水闸寿命，提高水闸自身经济效益和社会效益，解决地区水资源紧张状况的一条重要途径。因此，对病险水闸进行除险加固，保证水闸工程安全稳定运行，对于水闸防洪兴利和国民经济发展具有重大意义。

第一，水闸病险问题的存在严重影响兴利效益发挥。我国大多数水闸兼具防洪、发电、排涝与灌溉、供水、航运等多重功效，是保障国民经济持续发展的重要基础设施。我国是世界上严重缺水的国家之一，且水资源时空分布极不均衡，随着社会经济的快速发展，水资源需求增长与水资源严重短缺的矛盾日益突出，防洪、排涝与灌溉、供水同等重要，水闸对水资源的调控作用越来越重要。但由于病险问题存在，严重影响了水闸功效的发挥。病险水闸使城市生活用水供给不足，严重影响居民正常生活；对于农田灌溉生产，会发生拦不住水和引不到水的现象，对农业安全生产造成不利影响；对水闸下游地区，不能保证防洪安全和正常人畜饮水，极大影响人民群众生命财产和正常生活秩序。水闸病险问题对农村、城市的生产生活安全存在极大威胁，是制约社会经济发展的安全隐患，严重影响水闸兴利效益的发挥。

第二，对病险水闸加固是社会经济发展的需要。防洪保障和水资源供给状况直接影响社会经济发展和人民生活水平。如上海市引清调水工程，通过泵、闸等调控手段，进行水体置换，极大改善了内河河网水质，提高了区域水环境质量，使居民生活环境得以改善。但病险水闸的存在，不但危及防洪安全和供水安全，影响水环境治理，而且制约国民经济的持续发展，不利于民生。我国多数水闸的管理设施简陋、老化，在设计建设之初，对水闸的人文环境效益考虑不够，综合效益较差。如山东枣庄城市用水水源工程大官庄水利枢纽，依靠枢纽调度运用向城市供水，但因水闸病险问题，影响到供水安全。随着社会经济的发展，对水利基础设施提出了更高的要求，在满足水闸基本功能的同时，还要满足水闸周边人居文化环境的需要，充分发挥水闸的综合效益。

第三，病险水闸除险加固是加强防洪体系建设的需要。防洪工程体系由水库、堤防和水闸等构成，近年来，我国已对病险水库、大江大河堤防工程进行了除险加固整治，存在的主要病险问题已基本消除，经除险加固整治的水库、堤防已开始发挥综合效益。目前，水闸的病险问题非常突出，成为我国防洪体系中的短板。我国水闸安全管理责任重大、任务繁重，但由于先天建设水平不足、管理落后、资金短缺等，已严重影响到防洪体系安全。病险问题的存在给下游城镇、人民生命财产以及主要交通干线等基础设施造成严重威胁。一旦失事，将造成毁灭性灾害，给社会局部稳定或国民经济全局带来重大负面影响。由于病险水闸存在着防洪标准偏低、结构不稳定、防冲设施损坏、渗流破坏、结构损害、金属结构机电设施老化等病险问题，使工程不能正常运行和合理调度，汛期不能按防汛调度要求适时拦蓄或排泄洪涝水，常常贻误时机，严重影响水闸防洪除涝效益的发挥，尤其是堤防上的病险水闸，致使堤防等防洪体系存在薄弱环节。安全生产所面临的形势日益严峻，防洪兴利的任务仍然相当繁重，对水闸工程安全管理的要求也日益提高。因此，加快实施全国病险水闸除险加固，消除水闸险情，已刻不容缓。

2 水闸安全鉴定

2.1 鉴定程序

水闸安全鉴定包括水闸安全评价、水闸安全评价成果审查和水闸安全鉴定报告书审定 3 个基本程序。

（1）水闸安全评价

鉴定组织单位进行水闸工程现状调查，委托水闸安全鉴定承担单位开展水闸安全评价。鉴定承担单位对水闸状况进行分析评价，提出安全评价报告。

（2）水闸安全评价成果审查

由鉴定审定部门或委托有关单位，主持召开水闸安全鉴定审查会，组织成立专家组，对水闸安全评价报告进行审查，形成水闸安全鉴定报告书。

（3）水闸安全鉴定报告书审定

鉴定审定部门审定并印发水闸安全鉴定报告书。

2.2 工作内容

水闸安全鉴定工作内容包括工程现状调查分析、现场安全检测、工程复核计算、安全评价等。

2.2.1 工程现状调查分析

工程现状调查分析是进行水闸鉴定首要的环节，现状调查应进行设计、施工、管理等技术资料的收集。其中，设计资料包括：工程地质勘测和水工模型试验、工程（包括新建、改建或加固）的设计文件和图纸；施工资料包括：施工技术总结资料、工程质量监督检测或工程建设监理资料、观测设施的考证资料及观测资料、工程竣工图和验收交接文件；技术管理资料包括：技术管理的规章制度，控制运用技术文件及运行记录，历年的定期检查、特别检查和安全鉴定报告，观测资料成果，工程大修和重大工程事故处理措施等技术资料。

在了解工程概况、设计和施工、运行管理等基本情况基础上，初步分析工程存在问题，提出现场安全检测和工程复核计算项目，编写工程现状调查分析报告，包括：

①基本情况：水闸建成时间、工程规模、主要结构和闸门、启闭机形式、工程设计效益及实际效益等。

②设计、施工情况：建筑物级别、设计工程特征值、地基情况及处理措施、施工发生的主要质量问题及处理措施等。

③建议：根据初步分析结果，提出需进行现场安全检测和工程复核计算的项目及对工程大修或加固的建议。

现状调查要重点明确以下三方面内容：

①工程荷载是否发生变化及其变化情况；

②工程规划条件是否发生变化及其变化情况；

③工程本身运行情况。

2.2.2　现场安全检测

现场安全检测包括确定检测项目、内容和方法，主要是针对地基土和填料土的基本工程性质，防渗导渗和消能防冲设施的有效性和完整性，混凝土结构的强度、变形和耐久性，闸门、启闭机的安全性，电气设备的安全性，观测设施的有效性等，按有关规程进行检测后，分析检测资料，评价检测部位和结构的安全状态，编写现场安全检测报告。

（1）现场安全检测项目

水闸现场安全检测项目应根据工程情况管理运用中存在的问题和具体条件等因素综合研究确定。一般包括：

①地基土和填料土的基本工程性质。

②防渗导渗和消能防冲设施的有效性和完整性。

③混凝土结构的强度、变形和耐久性。

混凝土的耐久性是指其抗渗、抗冻、抗冲磨、抗气蚀、抗碳化、抗氯离子侵蚀和抗化学侵蚀等性能。

④闸门启闭机的安全性。

⑤电气设备的安全性。

⑥观测设施的有效性。

观测设施的有效性，主要指测压管灵敏度是否合格，垂直位移和水平位移观测的各项基点高程是否符合精度要求，河床变形观测的断面桩和伸缩缝及裂缝观测的固定观测标点是否完好等。

⑦其他有关专项测试。

其他有关专项测试是指特殊工况的水闸，根据安全鉴定需要进行的非常规性检测。如混凝土结构隐患探测和水下结构裂缝的激光电视观测、地基土对混凝土拖板的抗滑试验和管涌试验、闸门震动观测以及闸基扬压力监测设施的安装与观测等。

（2）安全检测内容

①水流异常检测。

水闸地基渗流异常或过闸水流流态异常的，应重点检测水下部位有无止水失效、结构断裂、基土流失、冲坑和塌陷等异常现象。

闸基渗流异常一般可通过测压管水位的观测资料判断或潜水员水下检查探明。当实测测压管水位与理论计算结果对比有较大差别时，可能是防渗设施的破坏或导渗设施的淤堵所致，会对闸室或闸基的渗流稳定产生不利影响。故应查明水下有关结构的损坏情况，以便采取防范措施，确保工程安全。

②闸室或岸墙、翼墙检测。

闸室或岸墙、翼墙发生异常沉降、倾斜、滑移等情况，除应检测水下部位结构外还应检测地基土和填料土的基本工程性质指标。

闸室或岸墙、翼墙异常沉降，指地基累计沉降量或沉降差超过设计的允许值。当出现上述情况时，会导致底部结构产生裂缝或发生永久缝止水设施失效，危及水闸安全运用。故应检查水下结构和永久缝止水设施是否完好。

水闸出现异常沉降往往是由于对地基土的基本工程性质没有查清造成的。因此，为准确进行复核计算，对地基土及填料土的基本工程性质应进行测定。

③混凝土结构检测。

检测内容一般包括以下几个方面：

a. 混凝土构件外观质量与内部缺陷检测：主要结构构件或有防渗要求的结构，出现破坏结构整体性或影响工程安全运用的裂缝，应检测裂缝的分布、宽度、长度和深度。必要时应检测钢筋的锈蚀程度，分析裂缝产生的原因。

b. 混凝土强度检测：对承重结构荷载超过原设计荷载标准而产生明显变形的，应检测结构的应力和变形值。

c. 钢筋的配置与锈蚀检测：对主要结构构件表面发生锈胀裂缝或剥蚀、磨损、保护层破坏较严重的，应检测钢筋的锈蚀程度。必要时应检测混凝土的碳化深度和钢筋保护层厚度。混凝土碳化导致钢筋锈蚀是一种先锈后裂的病害。对此类病害应以防为主，即应在混凝土碳化深度尚未到达钢筋表面时，就进行涂料封闭等表面防护措施以防止钢筋锈蚀。对已发生锈胀裂缝的主要结构构件，应测定混凝土碳化深度及钢筋实际保护层厚度和钢筋的锈蚀程度，以便确定合理的维修方案。

d. 混凝土耐久性检测：结构因受侵蚀性介质作用而发生腐蚀的，应测定侵蚀性介质的成分、含量，检测结构的腐蚀程度。

④钢闸门、启闭机检测。

钢闸门、启闭机的检测应按《水工钢闸门和启闭机安全检测技术规程》（SL 101—2014）的规定执行。

混凝土闸门除应检测构件的裂缝和钢筋或钢丝网锈蚀程度外，还应检测零部件和埋件的锈损程度和可靠性。

⑤电气设备的安全检测。

电气设备的安全检测可参照《电气装置安装工程电气设备交接试验标准》（GB 50150—2016）等有关规定执行。

⑥观测设施有效性检测。

观测设施有效性检测应按《水闸技术管理规程》（SL 75—2014）及其他相应的现行标准中有关规定执行。

⑦专项测试。

复核计算或安全鉴定所需要的其他专项测试应按相应的现行标准中有关规定执行。

（3）安全检测规范

①工程结构存在质量隐患或缺陷，且已有工程地质勘察资料不能满足安全评价需要时，应补充工程质量问题或缺陷部位的地质勘察或检测资料。

②对无地质勘察资料的，或地质勘察资料缺失、不足的，或闸室、岸墙、翼墙发生异常变形的，应补充地质勘察，检测地基土和回填土的基本工程性质指标，并应符合下列要求：

a. 大型水闸按 GB 50487—2008 的规定进行；

b. 中小型水闸参照 SL 55—2012 的规定进行；

c. 水闸连接段按 SL 188—2005 可行性研究阶段的勘察规定进行；

d. 无损检测按 SL 326—2005 和 SL 436—2008 的规定执行。

③对长期未做过水下检测（查）的，或水闸地基渗流异常的，或过闸水流流态异常的，或闸室、岸墙、翼墙发生异常变形的，应进行水下检测，并应符合下列要求：

a. 重点检测水下部位有无淤积、接缝破损（特别是止水失效）、结构断裂、混凝土腐蚀、钢筋锈蚀、地基土或回填土流失、冲坑和塌陷等异常现象。

b. 水下检测应根据建筑物重要性、病害程度与水环境条件，可采用水下目视检测、水下电视检测、水下超声波检测、探地雷达检测等技术，必要时排除局部甚至全部水体或清除淤泥进行直接检测。

④土工建筑物安全检测应进行典型断面测量，必要时应按 GB 50487—2008、SL 55—2012 及 SL 237—1999 的规定取样试验确定土料的物理力学指标。

⑤石工建筑物安全检测可参照 GB/T 50315—2011 对砌体完整性、接缝防渗有效性进行检测，必要时可取样进行砌体密度、强度检测。

⑥混凝土和钢筋混凝土结构安全检测应视现场检查情况进行。

检测内容：

a. 混凝土性能指标检测，包括强度、抗冻、抗渗性能等。

b. 混凝土外观质量和内部缺陷检测，包括裂缝检测、碳化深度等。

c. 钢筋保护层厚度检测和钢筋锈蚀程度检测。

d. 结构变形和位移检测、基础不均匀沉降检测。

混凝土结构发生腐蚀的，应按 SL/T 352—2020 的规定测定侵蚀性介质的成分、含量，并检测腐蚀程度。

⑦闸门、启闭机安全检测应视现场检查情况进行，并应符合下列要求：

a. 钢闸门、启闭机检测应按 SL 101—2014 的规定执行。

b. 混凝土闸门安全检测可按 DL/T 5251—2010 的规定执行。

c. 检测内容包括外观检测（含生物影响）、材料检测、无损探伤、闸门启闭力检测、启闭机考核、其他项目检测。

⑧机电设备安全检测可参照 SL 511—2011、GB 50150—2016 及 SL 344—2006 的有关规定执行。

⑨安全监测设施有效性检测，应包括监测项目的完备性、监测设施的完好性、监测资料的可靠性，有防雷要求的还应进行系统防雷性能检测。

⑩现场安全检测应符合下列规定：

a. 应编制现场安全检测方案，在征得水闸安全鉴定组织单位同意后开展水闸安全检测。

b. 检测仪器和原始记录等应符合计量认证的要求。

c. 现场取样试样或试件应标识并妥善保存。

d. 检测数据数量不足或检测数据出现异常时，应补充检测。

e. 现场检测工作结束后，应及时修补因检测造成的结构或构件的局部损伤，修补后的结构构件应达到原结构构件承载力的要求。

2.2.3　工程复核计算

工程复核计算是依据工程的设计资料、施工资料和技术管理资料所进行的对水闸安全状况的计算论证分析工作，它是水闸安全鉴定工作接近于成果总结的一个阶段。工程复核计算应以最新的规划数据、检查观测资料和安全检测成果为依据，按照《水闸设计规范》（SL 265—2016）规定进行闸室、岸墙和翼墙的整体稳定性、抗渗稳定性、抗震能力、水闸过水能力、消能防冲、结构强度以及闸门、启闭机、电气设备等复核计算，编写工程复核计算分析报告。

规划数据是指水闸工程规划所确定的过闸流量和上下游水位等特征值。水闸工程的特征值通常是在流域规划、地区水利规划或某些专业水利规划基础上确定的。我国早期编制的水利规划，往往受条件限制或对某些规划数据拟定不够确切，进而影响水闸的安全运用。随着国民经济和科学技术的发展，水利规划每隔一定时期就要进行修订和补充，水闸规划数据也要作相应修正。为了使水闸安全鉴定的复核计算成果正确可靠，故规定复核计算应以最新修正的规划数据为依据。

复核计算应包括以下内容：

（1）规划数据改变的复核

水闸因规划数据的改变而影响安全运行的，应区别不同情况进行闸室岸墙和翼墙的整体稳定性、抗渗稳定性、水闸过水能力、消能防冲或结构强度等复核计算。

在水闸管理运用中，由于规划数据改变而影响安全运用的情况，主要有以下几种：

1）洪水水位超过设计最高水位。

2）闸下水位消落。由于闸下游河道拓浚或受水流冲刷等原因，会使闸下水位消落，在低于过闸流量的相应闸下最小消能水深时，就会使消能防冲设施遭到破坏。

3）超标准泄流。这种现象比较普遍，主要是规划的过闸流量偏低所造成的。超标准泄流往往造成消能防冲设施的破坏。

4）水闸由单向运用改为双向运用。由于规划数据的改变而影响到水闸运用方式的改变。

因此，水闸的规划数据改变后将对结构或构件带来不利影响，故在安全鉴定时应区别不同情况，进行有关内容的复核计算工作。

（2）荷载标准提高的复核

水闸结构因荷载标准的提高而影响工程安全的应复核其结构强度和变形。

水闸结构因荷载标准提高而影响工程安全的情况，在水闸运行管理中屡有发生。比较突出的问题是早期修建水闸的交通桥设计标准偏低，20世纪70年代以前的荷载设计标准，一般为汽-10～汽-6级，已无法适应目前公路交通发展的需要。有的管理单位为保护交通桥安全，不得不竖立限载标志，但仍有超载车辆通过，影响结构安全。此外，有的水闸管理单位为加强工程保养而增建的管理设施，如岸墙顶部加建桥头堡，工作桥上加建启闭机房等，都使岸墙或闸室荷载增加，影响结构或构件运用安全。因此在复核计算时，对上述增加荷载标准的结构，应进行强度和变形验算。

（3）闸室或岸墙、翼墙的稳定性与地基整体稳定性复核

闸室或岸墙、翼墙发生异常沉降、倾斜、滑移的，应以新测定的地基土和填料土的基本工程性质指标，核算闸室或岸墙、翼墙的稳定性与地基整体稳定性。

闸室或岸墙、翼墙发生异常沉降、倾斜、滑移的，多数是由于原设计时软弱地基或填料土的基本工程性质不清，导致设计结果不符合实际，故在进行复核计算时，应按安全检测时所测定的地基土和填料土的基本工程性质指标，作为闸室或岸墙、翼墙的稳定性与地基整体稳定性复核计算的依据。

（4）抗渗稳定性复核

闸室或岸墙、翼墙的地基出现异常渗流，应进行抗渗稳定性验算。

（5）混凝土结构复核

混凝土结构的复核计算应符合下列规定：

1）需要限制裂缝宽度的结构构件，出现超过允许值的裂缝，应复核其结构强度和裂缝宽度。

2）需要控制变形值的结构构件，出现超过允许值的变形，应进行结构强度和变形验算。

3）对主要结构构件发生锈胀裂缝或表面剥蚀、磨损而导致钢筋保护层破坏和钢筋锈蚀的，应按实际截面进行结构构件强度复核。

（6）闸门复核

闸门复核计算应遵守下列规定：

1）钢闸门结构发生严重锈蚀而导致截面削弱的，应进行结构强度、刚度和稳定性验算。

2）混凝土闸门的梁面板等受力构件发生严重腐蚀、剥蚀、裂缝致使钢筋（或钢丝网）锈蚀的，应按实际截面进行结构强度、刚度和稳定性验算。

3）闸门的零部件和埋件等发生严重锈蚀或磨损的，应按实际截面进行强度复核。

（7）过闸能力和消能防冲复核

水闸上下游河道发生严重淤积或冲刷而引起上、下游水位发生变化的，应进行水闸过水能力或消能防冲核算。

水闸上、下游河道出现严重冲刷是水闸较普遍存在的病害。其主要原因多为消能防冲设施的设计水位流量组合与实际运用的水位流量组合不相适应造成的。对存在上述问题的水闸，应对消能防冲设施进行复核计算。

水闸上、下游河道的淤积现象比较普遍，特别是沿海挡潮闸下游河道的淤积更为严重。对淤积较为严重的水闸，应根据河床变形观测成果，复核水闸的过水能力。

（8）地震烈度复核

地震设防区的水闸，原设计未考虑抗震设防或设计烈度偏低的，应按现行《水工建筑物抗震设计标准》（GB 51247—2018）和《水闸设计规范》（SL 265—2016）等有关规定进行复核计算。

2.2.4　安全评价

安全评价应在现状调查、现场安全检测和工程复核计算基础上，充分论证数据资料可靠性和安全检测、复核计算方法及其结果的合理性，提出工程存在的主要问题、水闸安全类别评定结果和处理措施建议，并编制水闸安全评价报告。

现状调查分析、现场安全检测、工程复核计算是水闸安全鉴定的技术依据。为了避免凭经验下鉴定结论的倾向，必须做好这 3 项工作。单从技术资料这方面看，一些建设年代较早的水闸，资料可能比较少，或者原来的资料由于某些原因散失不全。特别是 20 世纪 70 年代建造的一些"边勘测、边设计、边施工"工程，资料极不完整。此外，水闸的运行管理资料也可能存在一定误差，难以满足鉴定要求，使用不当也会使分析结论偏离实际。因此，应对上述 3 项成果进行认真审查。

2.2.5　审查与审定

水闸安全评价成果形成后，由鉴定审定部门或委托有关单位，主持召开水闸安全鉴定审查会，组织成立专家组，对水闸安全评价报告进行审查，形成水闸安全鉴定报告书。

水闸安全鉴定报告书的各项安全分析评价内容，应根据调查分析、安全检测和复核计算 3 项成果的审查结果，按规定内容逐项填列。在综合分析各项安全分析评价内容基础上提出水闸安全鉴定结论，并应按相应标准的规定评定水闸安全类别，对工程存在的主要问题应提出加固或改善运用的意见。

2.2.6　后续工作

①水闸主管部门及管理单位对鉴定为三、四类的水闸，应采取除险加固、降低标准运用或报废重建等相应处理措施，在此之前必须制定水闸安全应急措施，并限制运用，确保工程安全。

②经安全鉴定，水闸安全类别发生改变的，水闸管理单位应在规定时间内，向水闸注册登记机构申请变更注册登记。

③鉴定组织单位应当按照档案管理的有关规定，及时对水闸安全评价报告和水闸安全鉴定报告书等资料进行归档，并妥善保管。

3　水闸现场检测

对于早期建成、运行年限较长的水闸，由于施工期条件所限，以及运行期各种不良因素的作用，大多存在不同程度的病害，须进行安全鉴定。而现场检测直观反映了病害水闸的现状，是其他一切工作的前提条件，在水闸安全鉴定中占有极其重要的地位。

由第 2 章可知，水闸安全检测的内容包括以下几个方面：

①地基土、填料土的基本工程性质；

②防渗、导渗和消能防冲设施的完整性和有效性；

③混凝土结构的强度、变形和耐久性；

④闸门、启闭机的安全性；

⑤电气设备的安全性；

⑥观测设施的有效性；

⑦其他有关设施专项测试（依据 SL 214—2015）。

其中，③混凝土结构的强度、变形和耐久性，以及④闸门、启闭机的安全性方面的检测是重中之重。混凝土结构的检测主要包括：a. 混凝土构件外观质量与内部缺陷检测；b. 混凝土强度检测；c. 钢筋的配置与锈蚀检测；d. 混凝土耐久性检测。所用的检测方法（宋志权，2012）如表 3-1 所示。

表 3-1　混凝土结构检测内容及检测方法

检测内容	检测方法
混凝土构件外观质量与内部缺陷检测	超声法、打声法、探地雷达法、红外线成像法、声波 CT、冲击回波法、车载光学成像法等
混凝土强度检测	回弹法、超声回弹综合法、声速衰减综合法、射钉法、钻芯法、拔出法等
钢筋配置与锈蚀检测	探地雷达法、钢筋探测仪法、半电池电位法、电磁法、电阻率法、电化学测定法、裂缝观测法、剔凿法、综合分析法等
混凝土耐久性检测	化学试剂检测法、X 线法等

3.1　混凝土结构的检测

3.1.1　混凝土构件外观质量与内部缺陷检测

混凝土构件外观质量缺陷主要包括表面裂缝、剥落、露筋、掉棱、蜂窝麻面、缺角、层离、表面侵蚀和冻融破坏等，具体分类详见表3-2。内部缺陷检测主要包括混凝土内部如裂缝、孔洞、蜂窝等缺陷，混凝土内部质量检查是水闸检测的重点和难点（曹剑，2006）。

表3-2　水闸混凝土结构外观质量缺陷

名称	现象	严重缺陷	一般缺陷
露筋	构件内钢筋未被混凝土包裹而外露	纵向受力钢筋有露筋	其他钢筋有少量露筋
蜂窝	混凝土表面缺少水泥砂浆而形成石子外露	构件主要受力部位有蜂窝	其他部位有少量蜂窝
孔洞	混凝土中孔穴深度和长度均超过保护层厚度	构件主要受力部位有孔洞	其他部位有少量孔洞
夹渣	混凝土中夹有杂物且深度超过保护层厚度	构件主要受力部位有夹渣	其他部位有少量夹渣
疏松	混凝土中局部不密实	构件主要受力部位有疏松	其他部位有少量疏松
裂缝	缝隙从混凝土表面延伸至混凝土内部	构件主要受力部位有影响结构性能或使用功能的裂缝	有少量不影响结构性能或使用功能的裂缝
连接部位缺陷	构件连接处混凝土缺陷及连接钢筋连接件松动	连接部位有影响结构传力性能的缺陷	连接部位有基本不影响结构传力性能的缺陷
外形缺陷	缺棱掉角、棱角不直、翘曲不平、飞边凸肋等	清水混凝土构件有影响使用功能或装饰效果外形缺陷	其他混凝土构件有不影响使用功能的外形缺陷
外表缺陷	构件表面麻面、掉皮、起砂、沾污等	具有重要装饰效果的清水混凝土构件有外表缺陷	其他混凝土构件有不影响使用功能的外表缺陷

目前，对外观质量的检测常用一些常规方法。例如对裂缝的检测，首先可以采用千分尺（图3-1）、石膏标志等方法检测裂缝发展情况，石膏板标志法常用厚10 mm、宽度50~80 mm的石膏板，长度视裂缝大小而定，将石膏板覆盖在裂缝上，固定在裂缝两侧。当裂缝继续发展时，石膏板也会随之开裂，从而可以观测裂缝继续发展

的情况。然后，再运用超声法定量测定裂缝深度，同样，对内部缺陷也可以用超声法检测。红外线成像法和声波 CT 法也可以用于混凝土外观质量检测，且检测形成的信号通过相关软件可以转化成形象化的图像，检测精度高，但检测成本比较高，所以这两种方法应用不太广泛。探地雷达法是目前用来检测混凝土缺陷的一种易操作、精度较高的方法。冲击回波法是运用超声波检测混凝土结构厚度、缺陷及钢筋位置的无损检测方法，比探地雷达法更先进，价格也比较昂贵。扫描式冲击回波法是在冲击回波法基础上加以改进的，可以使检测得到的信号转换为三维图像，因而检测结果更加形象化，另外，它改进了仪器的传感器装置，使得检测效率大大提高。车载光学成像法是韩国检测技术研究所研制出来的表面病害无损检测技术，该技术主要依靠车载光学成像设备自动获取混凝土结构表面病害的特征，包括结构裂缝、漏水、剥离等情况，并将相关数据形成直观图表，这项技术具有快速、便捷、自动（相关软件自动标示裂缝位置和宽度）等特点，所得数据可以逐年累积，便于建立结构健康管理系统，方便养护管理部门对结构安全进行评估和决策。

图 3-1 千分尺

下面具体介绍超声法、探地雷达法和冲击回波法。

（1）超声法

超声法也称为超声脉冲法，具有设备简单、成本低、发射的超声波穿透能力强等优点。它的原理是用超声波检测仪的电陶瓷或压电晶体加载交流电压，使之激发出固定频率的超声波，产生的超声波通过发射探头射到被测的混凝土中，声波经过混凝土内部传播后由接收探头接收，通过有波形显示功能的超声波检测仪器采集由接收探头采集的超声波信号，并对采集信号的声速、波幅、频率等参数进行分析。根据声波在介质中传播的原理可知，当声波传播路径中存在缺陷时，声波因在缺陷部位的反射、绕射作用，会使波的幅度变小、在介质中传播的时间变长，从而根据这些变化探知混凝土内部质量情况。超声波探测仪见图 3-2，超声波探测仪现场检测情况见图 3-3。

图3-2　超声波探测仪

图3-3　超声波探测仪现场检测

（2）探地雷达法

探地雷达法又称地质雷达检测技术，其核心部分采用电磁波技术。由发射部分和接收部分共同组成。检测时，先由探地雷达内的发射机产生电磁波，然后由发射天线发射高频率、宽频带、时间域短脉冲电磁波，另一个天线接收经过检测介质反射后的电磁波，再把接收后的雷达反射波转换成图像，通过时间剖面上的特征图像就能确定异常部位。探地雷达如图3-4所示，图3-5为采用探地雷达检测混凝土裂缝的现场情况。

图3-4　探地雷达

图 3-5　探地雷达法现场检测裂缝

（3）冲击回波法

冲击回波法是比探地雷达法更加先进的混凝土缺陷检测方法，采用的仪器为冲击回波测试仪（图 3-6）。冲击回波法的原理是由弹性冲击产生的瞬时应力波理论。由钢球短促敲击混凝土表面，产生低频应力波（80 kHz 以下），该应力波进入混凝土结构内部传播并在缺陷和其他界面处发生反射。由反射波引起的结构表面位移被传感器记录下来，产生电压时间信号，即波形，该信号描述了由结构内部应力波的多次反射引起的瞬时振动，应力波在上下表面来回反射。冲击回波法主要用于以下方面的检测：①钢筋混凝土密集区的空隙、裂缝和蜂窝缺陷；②钢筋锈蚀后的混凝土脱黏疏松状况；③混凝土表面开裂深度。

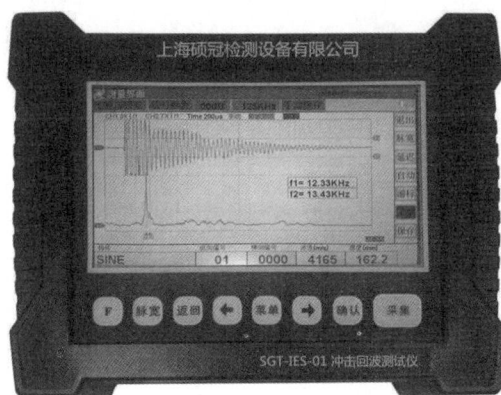

图 3-6　冲击回波测试仪

以上方法各有优缺点，应用时应根据具体工况做出最优选择（曹剑，2006）。实际工作中，应根据工程情况开展一些常规试验并进行综合分析。如在太浦闸闸墩和底板混凝土内部质量检测中，应用 CT 层析成像技术的同时，辅以钻孔勘探和压水试验等方法，不但掌握了缺陷的分布情况，而且对缺陷的性质、大小、程度等有了全面了解。不仅对本水闸的安全评价起到了重要作用，还为今后类似工程提供了经验和数据积累。

3.1.2　混凝土强度检测

水闸的混凝土强度检测主要指混凝土的抗压强度检测。混凝土的抗压强度是决定混凝土结构和构件受力性能的主要因素，是混凝土各种力学性能的综合反映，也是评定混凝土强度的最基本的指标之一。现场检测方法主要有回弹法、超声回弹综合法、钻芯法、拔出法、超声脉冲法及振动法等（耿晔，2007）。其中，回弹法、超声回弹综合法、钻芯法是水闸检测常用的方法。

（1）回弹法

回弹法是通过回弹仪以一定的动能弹击混凝土表面，根据回弹值与混凝土抗压强度的相关关系，以回弹值作为与强度相关的指标，来推定混凝土强度的一种方法。回弹法采用的仪器为混凝土回弹仪（图3-7），由于它构造简单，携带方便，测试方法简单快速、所需费用少、受环境影响小，目前已成为混凝土强度检测中最常用的一种无损检测方法。混凝土回弹仪现场检测见图3-8。

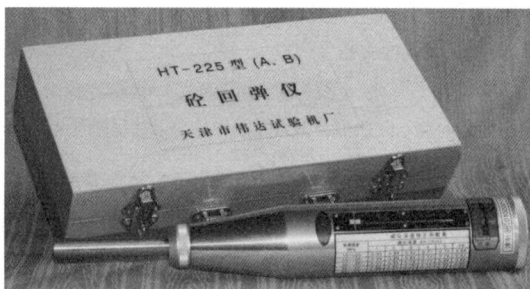

图3-7　混凝土回弹仪

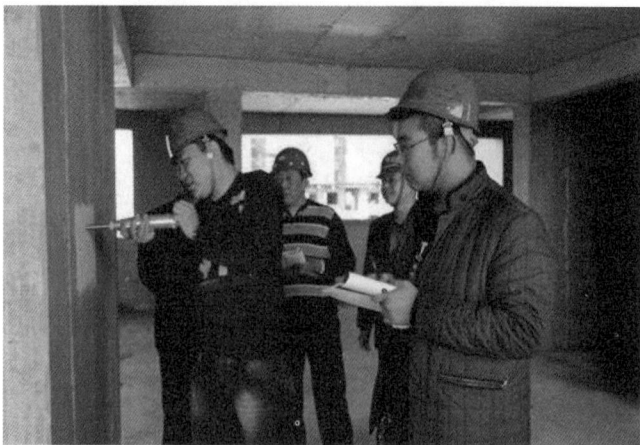

图3-8　混凝土回弹仪现场检测

回弹法的检测步骤如下：

1）测前准备。

检测前要对待检测结构情况进行全面的了解，如结构形式、构件名称、外形尺寸、构件数量、混凝土强度设计等级、工程建成或改建时间等；判断工程是否适合采用回弹法检测。回弹法一般不适用于表层与内部质量有明显差异或内部存在缺陷的混凝土结构或构件的检测，且检测混凝土的适合龄期为 14~1000 d。当检测不满足要求时要进行处理，然后再进行测试。例如，当测试面不平整时可以用砂轮清除干净，有水时要先把水擦干净。

2）回弹仪的率定。

回弹仪在工程检测前后，应在钢砧上做率定试验。回弹仪率定值不符合规范规定时，不得采用旋转调零螺丝使其达到规定率定值的方法，因为这种方法不符合回弹仪测试性能，破坏了零点起跳，使回弹仪处于非标准状态。出现这种情况应更换弹簧或仪器。

3）确定测试构件。

按检测单元综合抽样方法选取测试构件。

4）确定回弹仪型号。

当混凝土结构或构件厚度≤60 cm，或骨料最大粒径≤40 mm，宜选用中型回弹仪；当混凝土结构或构件厚度>60 cm，或骨料最大粒径>40 mm，宜选用重型回弹仪。

5）测区布置。

测区指每一试样的测试区域，每一结构或构件的测区应符合下列规定：

①每一结构或构件测区数不应少于 10 个，对某一方向尺寸小于 4.5 m，且另一方向尺寸小于 0.3 m 的构件，其测区数量可适当减少，但不应少于 5 个。

②相邻两测区的间距应控制在 2 m 以内，测区离构件端部或施工缝边缘的距离不宜大于 0.5 m，也不宜小于 0.2 m。

③测区应选在使回弹仪处于水平方向检测混凝土浇筑侧面。当不能满足这一要求时，可使回弹仪处于非水平方向检测混凝土浇筑侧面、表面或底面。

④测区宜选在构件的两个对称可测面上，也可选在一个可测面上，且应均匀分布。在构件的重要部位及薄弱部位必须布置测区，并应避开预埋件。

⑤检测面应为混凝土表面，并应清洁、平整，不应有疏松层、浮浆、油垢、涂层以及蜂窝、麻面，必要时可用砂轮清除疏松层和杂物，且不应有残留的粉末或碎屑。

⑥中型回弹仪测区面积为 0.04 m²，重型回弹仪测区面积为 0.25 m²。

⑦对弹击时产生颤动的薄壁、小型构件应进行固定。

6）回弹值与碳化深度值测量。

试样测区布置完成后，就可以进行回弹值和碳化深度测量，二者的测量应同步进行。

7）数据处理。

数据处理主要包括回弹平均值处理、碳化深度平均值和测区混凝土抗压强度确定。当回弹仪非水平方向测试混凝土浇筑侧面时，应根据回弹仪轴线与水平方向的角度对测得的数据进行修正，计算非水平方向测定的修正回弹值。

影响回弹法检测混凝土强度准确性的因素主要包括客观因素和主观因素（梅其勇，2003）。客观因素主要指测试面表面的情况，回弹法是根据混凝土表面 6 mm 厚度范围内的弹塑性能来推定混凝土的表面抗压强度，并默认混凝土表面强度与内部强度一样。因此，混凝土构件的表面状况直接影响推定值的准确性和合理性。客观因素主要包括以下方面：水泥、集料、外加剂、掺和料、混凝土的成型方法、养护方法及湿度、碳化及龄期、表面缺陷以及表层钢筋等；主观因素主要指检测工作人员对仪器的使用、测试方法的熟练程度等。

（2）超声回弹综合法

超声回弹综合法是把超声法和回弹法结合起来，在同一混凝土测区内分别应用超声仪和回弹仪来测量声时值和回弹值，利用已建立的测强公式来推求混凝土抗压强度的一种方法。超声与回弹值法结合使用，既能反映混凝土的弹性、塑性，又能反映其表层的状态及内部的构造。超声回弹综合法检测混凝土抗压强度的依据为《超声回弹综合法检测混凝土抗压强度技术规程》T/CECS02—2020，测试步骤和回弹法大致相同。

采用超声回弹综合法应注意以下问题：

1）采用超声回弹法不适用于检测因冻害、化学侵蚀、火灾、高温等已造成表面疏松、剥落的混凝土。

2）对结构或构件的每一测区，应先进行回弹测试，后进行超声测试。

3）计算混凝土抗压强度换算值时，非同一测区内的回弹值和声速值不得混用。

4）当测试面不满足要求时，一定要用砂轮清除干净。

（3）钻芯法

钻芯法（图3-9）是检测混凝土抗压强度最直接的一种方法，依据为《钻芯法检测混凝土强度技术规程》（JGJ/T 384—2016）。钻芯法是利用专用的混凝土钻芯机直接从结构上钻取芯样，并根据芯样的抗压强度推定混凝土抗压强度的检测方法。由于钻芯法操作比较简单，检测结果准确、可靠，它已被广泛应用于施工现场的混凝土强度检测中，是水闸结构混凝土强度检测中一项基本的检测方法。它常常和其他的无损检测方法结合使用，是对其他无损检测方法的补充。

图3-9 钻芯法现场检测

钻芯法常应用于以下情况（宋志权，2012）：

1）混凝土结构施工时，由于水泥、添加剂、外加剂等操作不当，或者施工现场质量控制不合格、养护不良等原因需对混凝土强度检测，为了确保准确度，可采用钻芯法。

2）当混凝土结构建成的年限较长，或者表面遭到破坏，表面质量和内部质量有很大差异，不适宜采用回弹法或超声回弹综合法检测时，可采用钻芯法进行检测。

3）施工中有特殊要求的混凝土结构或相关部门明确要求采用钻芯法时。

4）当采用其他无损检测方法有疑问时，可利用钻芯法进行核定。

采用钻芯法应注意以下事项：

1）钻芯机安装时要保证钻头和检测面垂直，且钻芯机要用膨胀螺丝牢固固定在检测面的支撑点上。

2）采用标准芯样试件时，芯样直径要大于骨料最大粒径的3倍；采用小直径芯样试件时，芯样直径要大于骨料最大粒径的2倍。

3）有效芯样数量，在确定单个构件混凝土强度推定值时要大于3个，在确定较小构件时要大于2个。

4）对芯样进行抗压试验时，要尽量保证芯样的各种条件和取样时条件相同，特别是湿度要基本一致。

5）单个构件的混凝土强度推定值不再进行数据的舍弃，按混凝土有效芯样抗压强度最小值确定。

6）所有芯样都要标记，若有芯样不满足要求时，须重新取样。

7）对取样后留下的孔洞要及时进行修补。

混凝土强度检测实例：

河南省范县境内的彭楼闸，建于1986年。在对该闸进行混凝土强度安全检测时，主要采用回弹法，对一些有对应侧面的构件采用超声回弹综合法测试，而对闸底板这样比较潮湿且有积水的结构，采用钻芯法进行检测。从检测结果可见，用回弹法抽测的48个构件约50%强度偏低，不满足设计要求。根据回弹法测定强度的技术规程，回弹法只能确切反映混凝土表层的状态，不适用于表层与内部质量有明显差异或内部存在缺陷的混凝土结构或构件的检测。鉴于此，采用超声回弹综合法对构件再次进行检测，以判断这些构件表层与内部质量是否存在差异，审慎评定构件的强度，结果发现彭楼闸的混凝土表面强度和内部强度存在较大差异。

在水闸安全检测中，虽然回弹法被大量应用，但在具备条件的情况下，应采用多种方法综合审慎地评价混凝土的强度，为水闸的安全鉴定提供可靠的依据。

3.1.3　钢筋的配置及锈蚀检测

钢筋的配置检测主要指钢筋的位置、直径、数量、方向、间距以及混凝土的厚度检测，主要依据为《混凝土中钢筋检测技术标准》（JGJ/T 152—2019）。钢筋锈蚀检测主要包括两个方面：检测钢筋是否锈蚀和检测钢筋锈蚀的程度。

（1）钢筋配置检测

钢筋配置检测的基本原理多采用电磁感应的方法，即在混凝土的表面由检测仪器向混凝土内部发射电磁场，同时钢筋在接收到发射的电磁场时会产生感应电磁场，通过接收感应电磁场的强度等信号，经过处理后，即能确定钢筋的配置参数。如探地雷达法、钢筋探测仪法、电磁法等都是运用这一原理。目前，最常用的是钢筋探测仪（图3-10），钢筋探测仪现场检测见图3-11。

在测试前，钢筋探测仪要在标准试件上进行校准，校准并确定好测量部位后就可以开始测量。测量时，将钢筋探测仪沿着钢筋径向垂直方向慢慢移动，当仪器发出鸣声时，说明该位置下面有钢筋，然后再反向慢慢移动，当探测仪的屏幕显示值为最小值时，说明该位置即为钢筋位置。

图3-10　钢筋探测仪

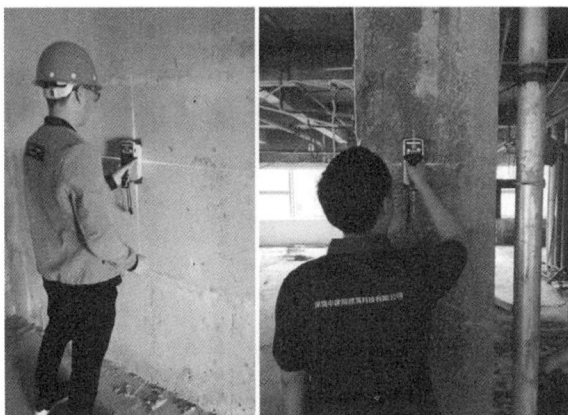

图 3-11　钢筋探测仪现场检测

（2）钢筋锈蚀检测

钢筋锈蚀检测首先要确定钢筋是否锈蚀，即钢筋锈蚀状态，一般根据混凝土的碳化状况、氯离子含量、钢筋的电阻率和自然电位进行判断。当钢筋表面已处于碳化深度内或者钢筋处的氯离子含量已大于钢筋锈蚀氯离子含量的临界值时，表明钢筋已发生腐蚀。

钢筋的锈蚀是一个电化学腐蚀过程。当钢筋腐蚀时，一定会有电离子移动，必然会产生电流。此时钢筋及其周围就会形成一个"电池"，单纯考虑钢筋的电位时可以认为是一个半电池电位，通过测量钢筋半电池电位的值就可以定性判断钢筋的腐蚀状况。需要注意的是测量的电位是测点处钢筋表面微阳极和微阴极的混合电位。当构件中钢筋表面阴极极化性能变化小时，电位主要取决于阳极性状，阳极钝化，电位偏正；阳极活化，电位偏负。我国用电位法判断钢筋腐蚀状态的标准见表 3-3。

表 3-3　钢筋电位与钢筋锈蚀状况判别

钢筋电位（mV）	>-200	-350~-200	-500~-350
钢筋锈蚀概率	5%	50%	95%

测量时用硫酸铜和铜作为参比电极，中间串联 1 个毫伏表，然后和被测钢筋连接。根据毫伏表的读数，再参考表 3-3 就可以判断钢筋的锈蚀程度。需要注意的是，测量时要先划好测区，选定测区里需要测量的测点，然后逐次测量各测点的电位，得出数据阵列，之后通过数值相等各点或内插各等值点绘出等值线，且等值线差值宜取为100 mV，最后根据绘出的等值线图参考表 3-3，就能定性地判断钢筋的锈蚀情况。

除了半电池电位法，用来测量钢筋锈蚀的方法还有电阻率法、剔凿法和综合分析法。剔凿法顾名思义是直接剔凿出钢筋，并测量钢筋剩余直径的方法。由于它会对结构造成损伤，所以一般都是和其他方法配合使用，相互校核。综合分析法是根据检测到的参数，综合判定钢筋的锈蚀状况。参数一般包括混凝土保护层厚度、混凝土碳化深度、混凝土强度、裂缝深度、混凝土中有害物质含量以及混凝土含水率等。此外，钢筋的锈蚀还与混凝土的电阻率有关，通过测定混凝土的电阻率也可以判断钢筋的锈蚀状况，如表 3-4 所示。在实际检测中，要根据现场条件灵活选用检测方法，以便更加准确地检测钢筋的锈蚀状况。

表 3-4　混凝土电阻率与钢筋锈蚀状态判别

混凝土电阻率（$k\Omega \cdot cm$）	>100	50~100	10~50	<10
钢筋锈蚀状态	钢筋不会锈蚀	低锈蚀速率	钢筋活化时，可出现中高锈蚀速率	电阻率不是锈蚀的控制因素

3.1.4　混凝土耐久性检测

混凝土的耐久性是指混凝土在实际使用条件下抵抗各种破坏因素的作用，长期保持强度和外观完整性的能力。简单地说，混凝土材料的耐久性指标一般包括：①混凝土的碳化性能；②混凝土中钢筋的锈蚀；③碱-骨料反应；④混凝土冻融破坏；⑤氯离子等化学侵蚀；⑥混凝土的抗渗、抗冲磨、抗气蚀性能等。

在水闸安全检测中对耐久性检测的主要内容包括混凝土碳化检测、混凝土中钢筋锈蚀检测和氯离子含量检测。对北方寒区水闸还要检测混凝土的冻融破坏性能。

（1）混凝土碳化检测

空气中 CO_2 渗透到混凝土内，与其碱性物质发生化学反应生成碳酸盐和水，使混凝土中的 pH 降低的过程称为混凝土碳化（宋志权，2012）。混凝土碳化后产生的 $CaCO_3$ 和其他固态物质堵塞在混凝土空隙中，会使混凝土的密实度和强度增大。总体来说，碳化对混凝土力学性能和结构的受力性能影响不大。但随着混凝土碳化深度的增大，当碳化深度超过混凝土保护层厚度时，此时钢筋已处于碳化的混凝土范围内，碳化时混凝土的碱性会降低，就会使钢筋表面的氧化膜分解，从而使钢筋产生锈蚀。可见，混凝土碳化对混凝土结构的负面影响主要是引起钢筋锈蚀耐久性问题。

影响混凝土碳化的因素主要包括内在因素和外在因素。内在因素主要指材料本身的因素，如水灰比、水泥用量、骨料品种与粒径、水泥品种、外掺加剂、养护方法与龄期、混凝土强度等；外在因素主要指混凝土结构所处的环境条件，如相对湿度、CO_2 浓度、温度、混凝土的覆盖层、混凝土的应力状态等。此外，混凝土碳化深度随着时间的延续而增加，但其进程是逐渐降低的。

对混凝土碳化的检测方法主要包括 X 线法和化学试剂法。现在应用最普遍的是化学试剂法，也就是运用酚酞试剂遇碱变红这一原理来检测碳化深度。

1）酚酞试剂的配置：研究表明（李红旗，2003），采用 99% 的酒精加 1% 的酚酞液，所配制的酚酞试剂呈浅色；采用 96% 的酒精加 4% 的酚酞液，所配制的酚酞试剂呈深色。二者均可用来测试混凝土的碳化情况。

2）混凝土碳化判定及其深度检测：首先将所需检测的混凝土表面打凿到需要的测试深度，然后把表面清理干净，涂抹或滴入已配制好的酚酞试剂。酚酞试剂涂抹或滴入混凝土内 1~2 min 后便会有反应。若混凝土变为红色，表明混凝土尚未碳化；若混凝土不变色，则说明混凝土已碳化，用游标卡尺或碳化深度测定仪（图 3-12）测定没有变色的混凝土的深度。因为酚酞试剂内含有大量酒精，容易挥发，所以在测试和观察时速度要快，要尽快量出混凝土内碳化与非碳化的界面尺寸，以便得到准确的碳化深度。

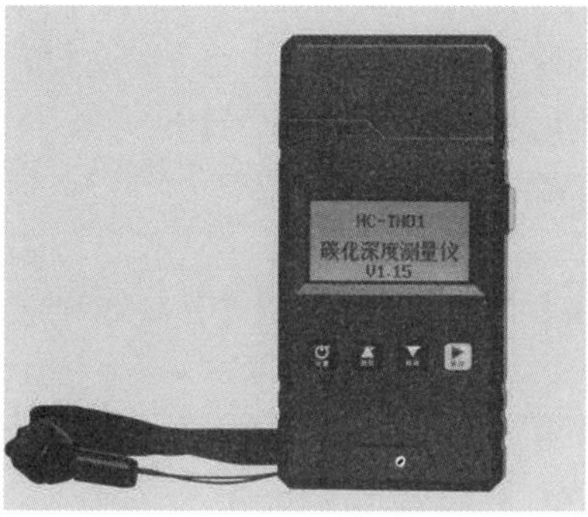

图 3-12　碳化深度测定仪

3）混凝土碳化检测值的取得：由于水工建筑物中混凝土结构物的部位不同，其碳化程度也不尽相同，所以在进行混凝土碳化测试时，一定要多测几次，以其平均值作为混凝土碳化检测值。

（2）混凝土中氯离子含量检测

混凝土中的氯离子，特别是钢筋周围的氯离子会引起钢筋的锈蚀。对此，常用的检测方法是化学试剂法。一般采用硝酸银和氯离子反应，通过定量的化学反应计算出氯离子的含量。以此原理研制的混凝土中氯离子含量测定仪见图 3-13。

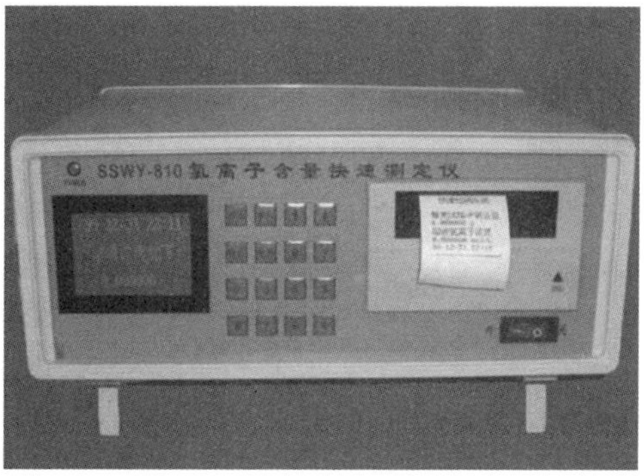

图 3-13　氯离子含量测定仪

（3）混凝土冻伤检测

混凝土结构冻伤的分类及检测项目、检测方法见表3-5。

表 3-5　混凝土结构冻伤类型、检测项目和检测方法

混凝土冻伤类型		定义	特点	检测项目及方法
混凝土早期冻害	立即冻害	新拌制的混凝土若入模温度较低且接近混凝土冻结温度，则导致立即冻害	内外混凝土冻伤基本一致	受冻混凝土强度可采用取芯法或超声回弹综合法
	预养冻害	新拌制的混凝土若入模温度较高，而混凝土预养时间不足，当环境温度降到混凝土冻结温度时则导致预养冻伤		外部水上冻伤较严重的混凝土可通过钻取芯样的湿度变化来检测，也可以采用超声法检测
混凝土冻融损伤		成熟龄期后的混凝土，在含水的情况下，由于环境的正负温度的交替变化导致混凝土损伤	内外混凝土冻伤不一致，内部轻微、外部较严重	

另外，混凝土冻伤检测时要注意以下两点：

1）对混凝土冻伤的检测操作应按各自检测方法的标准进行；

2）混凝土结构冻伤类型可结合定义和现场情况进行判定，也可以通过实验判别。

（4）混凝土碱骨料反应检测

碱骨料反应指混凝土中的碱与具有碱活性的骨料间发生的膨胀性反应。这种反应会严重损害混凝土结构的力学性能，进而严重影响其安全使用性。它的反应机制主要包括碱-硅酸反应和碱-硅酸盐反应，碱-硅酸反应主要指骨料中的活性二氧化硅与碱发生的膨胀反应；碱-硅酸盐反应指碱与某些层状硅酸盐骨料反应，致使层状硅酸盐层间距离增大，骨料膨胀，引起混凝土膨胀、开裂。另外，碱骨料反应的发生必须同时具备3个条件：混凝土中含有过量的碱，主要指氧化钠和氧化钾；骨料中含有碱活性物质；混凝土处于潮湿环境。预防水闸混凝土结构发生碱骨料反应，可从前两个条件入手，尽量使其不具备前两个条件。

碱骨料反应检测通常是检测碱骨料的活性，检测方法主要有化学法、岩相法、砂浆棒法、混凝土棱柱体法和压蒸法。除了碱骨料活性检测方法外，还可采用岩相薄片检测、混凝土碱含量测定、碱液浸泡等方法。

3.2　水闸工程检测实例

3.2.1　工程概况

黄河北岸大堤上的韩董庄闸位于原阳县境内，于 1967 年建成，为三孔涵洞式水闸。孔口净宽 1.9 m，净高 2.5 m。上游铺盖段长 15 m，闸室段长 11 m。涵洞宽 2.2 m，高 2.5 m，前三节为新建洞身段，每节长 10 m，顶板厚 0.5 m，底板厚 0.55 m；后四节为老涵洞，每节长 11 m，顶板及底板厚度为 0.5 m，边墙和中隔墙厚度为 0.4 m。下游消力池长 12 m。设钢筋混凝土平板闸，设计灌溉面积 2 万 hm²。1987 年对原闸进行改建，改建项目包括：

①拆除原闸室段、启闭机房、机架桥、便桥以及原闸上游的护底和护坡；

②洞身向上游接长 3 节，每节长 10 m，断面尺寸宽 2.2 m，高 2.5 m；

③重建闸室段、机房、机架桥、便桥；

④新建防渗铺盖段长 15 m，干砌石护坡段长 10 m，采用土工膜防渗；

⑤更换启闭机和闸门。

3.2.2　水闸现场检测内容及方法

（1）检测内容

根据工程情况，综合确定检测内容如下：

1）闸室段及洞身段的检测，主要包括外观质量检测、混凝土抗压强度检测、混凝土内部质量检测、碳化深度检测、钢筋配置及锈蚀情况检测和沉降检测；

2）上、下游连接段的检测；

3）启闭机、电气控制系统的检测；

4）观测设施有效性检测。

（2）检测方法

各部位的检测方法（宋志权，2012）详见表 3-6。

表 3-6　检测方法汇总

序号	检测内容	检测方法
1	外观质量	钢尺量取，配以图形和照片进行描述
2	混凝土抗压强度	回弹法、取芯法
3	混凝土碳化深度	酚酞试剂测定法
4	钢筋配置	电磁感应法
5	钢筋锈蚀情况	电化学测定方法、剔凿检测方法

续表

序号	检测内容	检测方法
6	混凝土内部质量	超声对测法
7	启闭机、闸门及电气控制系统	根据（SL 101—2014）相关规定进行
8	观测设施有效性	查看之前的观测记录

（3）检测仪器设备

采用的检测仪器和设备详见表 3-7。

表 3-7   主要检测仪器设备一览表

序号	仪器设备名称	型号规格
1	回弹仪	ZC3-A（0110）
2	回弹仪	ZC3-A（2093）
3	回弹仪	ZC3-A（0288）
4	钢卷尺	5 m
5	钢筋探测仪	PS200
6	混凝土电阻率测定仪	CANIN
7	数字声波仪	WSD-2A
8	万能压力机	YE-200A（Y1-428）
9	水准仪	NA2（5580682）
10	里氏硬度计	TH140

3.2.3 闸墩及侧墙检测

为便于记录，对该闸洞身段进行编号，如图 3-14 所示。

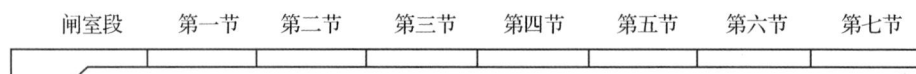

| 闸室段 | 第一节 | 第二节 | 第三节 | 第四节 | 第五节 | 第六节 | 第七节 |

图 3-14   韩董庄引黄闸洞身段编号图

（1）外观质量检测

外观质量检测以目测为主，配合必要的量具进行，外观质量缺陷描述见表 3-8。

（2）混凝土抗压强度检测

1）检测方法。

闸墩及侧墙混凝土抗压强度检测采用钻芯修正回弹法。

2）芯样钻取及修正量计算。

现场用 BIZ-205 型取芯机钻取标准芯样 6 个，钻芯前在芯样钻取部位做回弹测试，具体位置分别在距第二节上游伸缩缝 1.10 m，距底板 1.35 m；距第二节上游伸缩缝 4.95 m，距底板 1.30 m；距第二节上游伸缩缝 8.82 m，距底板 1.32 m；距第二节上游伸缩缝 4.18 m，距底板 1.40 m；距第二节上游伸缩缝 5.18 m，距底板 1.40 m；距第二节上游伸缩缝 6.18 m，距底板 1.40 m。

表 3-8　闸墩及侧墙外观质量缺陷汇总

检测部位	构件位置	外观缺陷描述
闸墩	左边墩	检修门槽距底板 1.8~2.4 m 处混凝土脱落、露筋 工作门槽埋件锈蚀，爬梯钢筋锈蚀、变形
	中孔左墩	工作门槽埋件锈蚀；检修门槽距底板 3.4 m 处混凝土脱落
	中孔右墩	工作门槽埋件锈蚀
	右边墩	检修门槽有 1 处混凝土孔洞；工作门槽埋件锈蚀 爬梯钢筋锈蚀、变形，并有损坏和缺失
伸缩缝		各伸缩缝均有如下情况：表面沥青及混凝土变形、老化脱落或断裂；止水橡皮老化；橡皮钢板及其固定螺栓、螺帽锈蚀。第三、四节新老涵洞明显在接缝处上下错开，相对沉降差为 6 cm
第一节侧墙		无明显外观缺陷
第二节侧墙		距二、三节接缝左右侧墙均出现竖向裂缝，距底板 0.5~0.9 m，缝宽 0.24~0.47 mm，向下与底板裂缝连接；在右边孔底板裂缝处钻取长 20 cm 芯样，发现裂缝贯穿整个芯样长度
第三节侧墙		无明显外观缺陷
第四节侧墙		中孔右边墙距四、五节接缝处有 1 条竖向裂缝，距底板 1.1 m，向下延伸至侧墙底部，未发展至底板；右边孔左侧面中部有 1 条竖向微裂缝，距顶板 0.55 m，向下长 0.6 m。左边孔右侧墙有 1 条竖向微裂缝，从侧墙底部至顶部，未延伸至底板和顶板
第五节侧墙		中孔右侧墙中部及五、六节接缝处分别有 1 条竖向微裂缝，距底板分别为 0.8 m 和 0.6 m，向下延伸至侧墙底部，未发展至底板
第六节侧墙		无明显外观缺陷
第七节侧墙		无明显外观缺陷

韩董庄引黄闸闸墩及侧墙混凝土抗压强度检测结果汇总见表 3-9。

从现场抽测的 26 个构件检测结果来看，抽测构件混凝土抗压强度满足原设计要求。

（3）混凝土碳化深度检测

混凝土碳化深度检测采用酚酞试剂滴定法，闸墩及侧墙混凝土碳化深度检测结果见表 3-10。从检测结果可知，闸墩及侧墙混凝土碳化深度均小于 6 mm。

（4）钢筋保护层厚度及锈蚀情况检测

1）钢筋保护层厚度检测。

采用电磁感应法对混凝土构件的钢筋保护层厚度进行检测，本次检测保护层厚度共 384 个测点，其中闸室段至第三节混凝土构件保护层厚度设计值为 50 mm，共检测 192 个测点，合格测点个数为 128 个，合格率为 66.7%，第四节至第七节保护层厚度设计值为 30 mm，共检测 192 个测点，合格测点个数为 21 个，合格率为 10.9%。

表 3-9　闸墩及侧墙混凝土抗压强度检测结果汇总

构件位置		现龄期混凝土强度检测值（MPa）			标准差（MPa）	变异系数	混凝土强度设计值（MPa）	备注
		最大值	最小值	平均值				
中孔左墙	左墩（闸门槽上游）	65.6	28.0	47.1	13.93	0.293		满足
	闸室段（下游）	45.7	32.2	42.1	4.42	0.105	18.0	满足
	第一节	52.3	31.5	43.9	6.57	0.150		满足
	第二节	45.8	29.6	34.0	4.48	0.142		满足
	第三节	57.7	33.1	40.0	7.62	0.190		满足
	第四节	49.7	23.2	34.2	7.58	0.222		满足
	第五节	42.2	19.4	34.8	6.62	0.190	13.0	满足
	第六节	55.4	34.0	41.0	6.92	0.169		满足
	第七节	54.6	41.1	47.7	4.45	0.093		满足
中孔右墙	右墩（闸门槽上游侧）	45.0	24.8	32.2	6.35	0.180		满足
	闸室段（闸门槽下游）	54.1	28.3	40.4	8.72	0.216	18.0	满足
	第一节	46.2	26.0	37.7	5.97	0.159		满足
	第二节	31.1	15.5	23.8	4.99	0.209		满足
	第三节	50.9	31.8	40.7	6.09	0.150		满足
	第四节	56.4	28.4	44.5	9.26	0.208		满足
	第五节	29.1	11.4	17.6	4.68	0.265	13.0	满足
	第六节	43.5	21.4	33.7	7.31	0.217		满足
	第七节	49.1	9.6	36.2	12.99	0.359		满足

续表

构件位置		现龄期混凝土强度检测值（MPa）			标准差（MPa）	变异系数	混凝土强度设计值（MPa）	备注
		最大值	最小值	平均值				
右孔右边墙	闸室段	42.7	33.2	38.0	3.39	0.089	18.0	满足
	第一节	45.9	32.0	38.2	4.46	0.117		满足
	第二节	36.8	22.3	29.5	4.54	0.154		满足
	第三节	38.5	22.9	31.7	4.87	0.154		满足
	第四节	24.0	15.8	19.2	3.27	0.170	13.0	满足
	第五节	36.8	13.1	23.3	6.74	0.289		满足
	第六节	41.1	24.8	33.0	5.17	0.157		满足
	第七节	54.9	32.6	42.2	7.06	0.167		满足

表 3-10　闸墩及侧墙混凝土碳化深度检测结果

测试部位		序号	测点值（mm）					平均值（mm）
			1	2	3	4	5	
中孔左墙	左墩（闸门槽上游侧）	1	1.0	1.0	0.5	0.5	1.0	0.8
	闸室段（闸门槽下游侧）	2	0.5	1.0	0.5	1.0	0.5	0.7
	第一节	3	0.5	1.0	0.5	1.0	0.5	0.7
	第二节	4	1.5	1.5	1.0	1.5	1.0	1.3
	第三节	5	0.5	1.5	1.0	1.0	1.5	1.1
	第四节	6	1.0	1.0	1.5	0.5	1.0	1.0
	第五节	7	1.0	2.0	2.0	1.5	1.0	1.5
	第六节	8	1.0	1.0	1.5	0.5	1.5	1.1
	第七节	9	0.5	1.0.	1.0	0.5	1.5	0.9
中孔右墙	右墩（闸门槽上游侧）	1	2.5	3.0	2.5	2.0	3.0	2.6
	闸室段（闸门槽下游侧）	2	0.50	0.5	0.5	1.0	0.5	0.6
	第一节	3	0.5	0.5	1.0	1.0	0.5	0.7
	第二节	4	0.5	0.5	1.0	0.5	0.5	0.6
	第三节	5	1.0	0.5	1.0	1.5	0.5	0.9
	第四节	6	0.5	1.5	1.5	1.0	1.0	1.1
	第五节	7	3.0	4.5	3.0	3.5	3.0	3.4
	第六节	8	1.5	2.5	1.0	1.0	1.5	1.5
	第七节	9	0.5	0.5	1.0	1.0	0.5	0.7

续表

测试部位		序号	测点值（mm）					平均值（mm）
			1	2	3	4	5	
右孔右边墙	闸室段	1	0.5	0.5	1.0	1.0	0.5	0.7
	第一节	2	1.0	1.0	1.5	1.5	0.5	1.1
	第二节	3	1.0	1.0	0.5	0.5	1.0	0.8
	第三节	4	4.0	2.5	3.0	3.0	3.5	3.2
	第四节	5	4.0	5.0	5.0	4.0	4.5	4.5
	第五节	6	3.0	4.0	4.0	3.5	3.0	3.5
	第六节	7	1.0	2.0	2.0	1.5	1.0	1.5
	第七节	8	1.0	1.0	1.5	0.5	1.0	1.0

2）钢筋锈蚀情况检测。

对于外露钢筋采用直接量取的方法，对于混凝土内部钢筋，采用电化学测定法并结合剔凿法进行验证，混凝土内部钢筋的锈蚀状况检测结果见表3-11。

表3-11　混凝土内部钢筋的锈蚀状况检测结果

部位	混凝土电阻率检测值（kΩ·cm）					平均值（kΩ·cm）
中孔右墙第二节	74	31	45	29	26	41
左边孔左墙第一节	22	25	41	17	15	24
左边孔左墙第六节	19	19	33	32	50	31
左边孔左墙第七节	45	39	28	35	34	36
右边孔右墙第五节	99	99	99	99	99	99
右边孔右墙第七节	99	39	96	99	99	86

根据《建筑结构检测技术标准》（GB/T 50344—2019）中的有关规定：当混凝土电阻率在 10~50 kΩ·cm 时，钢筋活化时，可出现中高锈蚀速率；当混凝土电阻率在 50~100 kΩ·cm 时，锈蚀速率较低。根据检测结果，该闸左边孔及中孔侧墙局部混凝土内部钢筋在一定条件下，易出现中高锈蚀速率。

（5）中孔左侧墙第七节混凝土内部质量检测

现场采用超声法对中孔左侧墙第七节混凝土内部质量进行了检测，共布置2条测线，测线布置见图3-15和图3-16，每条测线测点布置见图3-17及图3-18。中孔左墙第七节混凝土声速检测结果见表3-12。

由检测结果可见，测得的声速值数据没有出现异常点，波形未发现畸变现象。

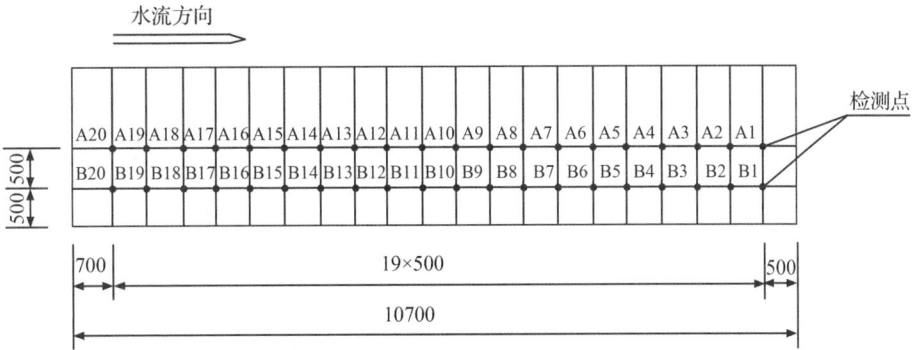

图 3-15 中孔左墙第七节右侧面测线布置示意图（mm）

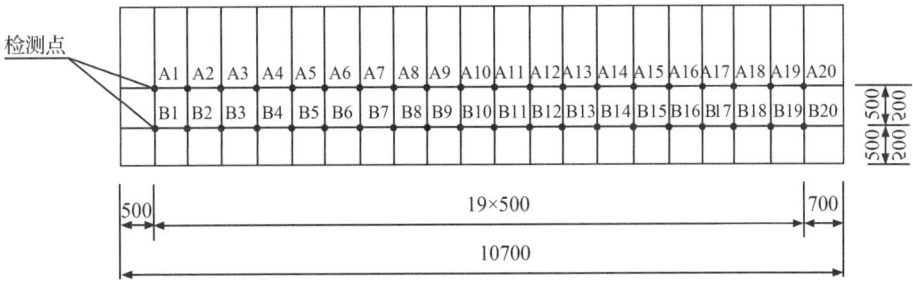

图 3-16 中孔左墙第七节左侧面测线布置示意图（mm）

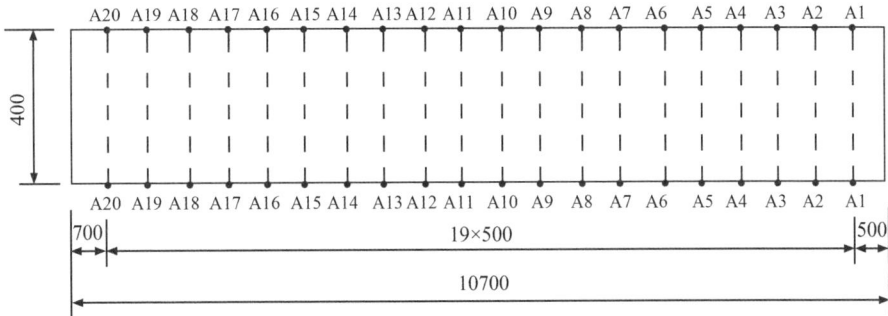

图 3-17 中孔左墙第七节测线测点布置示意图（mm）

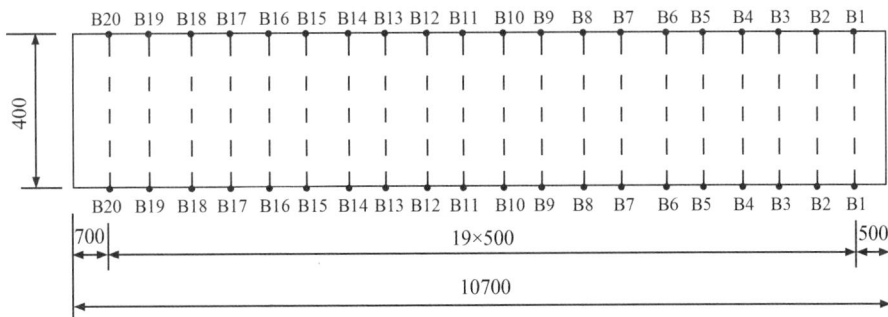

图 3-18 中孔左墙第七节测线测点布置示意图（mm）

表 3-12　中孔左墙第七节混凝土声速检测结果

测点编号	声时值 （μs）	测距 （mm）	声速值 （km/s）	测点编号	声时值 （μs）	测距 （mm）	声速值 （km/s）
A1	90	400	5.00	B1	81	400	4.94
A2	79	400	5.06	B2	80	400	5.00
A3	74	400	5.41	B3	77	400	5.19
A4	75	400	5.33	B4	79	400	5.06
A5	80	400	5.00	B5	77	400	5.19
A6	78	400	5.13	B6	76	400	5.26
A7	81	400	4.94	B7	79	400	5.06
A8	82	400	4.88	B8	78	400	5.13
A9	79	400	5.06	B9	77	400	5.19
A10	79	400	5.06	B10	79	400	5.06
A11	79	400	5.06	B11	79	400	5.06
A12	79	400	5.06	B12	78	400	5.13
A13	80	400	5.00	B13	78	400	5.13
A14	82	400	4.88	B14	79	400	5.06
A15	77	400	5.19	B15	80	400	5.00
A16	80	400	5.00	B16	78	400	5.13
A17	80	400	5.00	B17	82	400	4.88
A18	82	400	4.88	B18	79	400	5.06
A19	80	400	5.00	B19	79	400	5.06
A20	79	400	5.06	B20	78	400	5.13

声速平均值（km/s）	5.07
声速标准差（km/s）	0.116
声速临界值（km/s）	4.84

3.2.4　底板检测

（1）外观质量检测

底板的外观质量检测以目测为主，配合必要的量具进行。检测内容包括韩董庄引黄闸闸室及洞身底板的外观缺陷。检测结果表明：各孔第二节底板出现裂缝，且与侧墙裂缝相连。

（2）混凝土抗压强度检测

采用钻芯法对底板混凝土抗压强度进行检测，闸底板共钻取芯样 9 个，在右边孔的第一节、第五节、第六节各钻取 3 个。检测结果表明：芯样平均强度为

40.5 MPa，最小值为 28.2 MPa，最大值 50.5 MPa，标准差为 6.46 MPa。闸室段至第三节底板混凝土抗压强度设计值为 18.0 MPa，第四节至第七节底板混凝土抗压强度设计值为 13.0 MPa，抽测部位闸底板混凝土抗压强度满足原设计要求。

（3）混凝土碳化深度及钢筋保护层厚度检测

对钻取的 9 个芯样进行碳化深度测试，测试结果见表 3-13。

表 3-13　混凝土芯样碳化测试结果

芯样编号	钻芯部位	碳化深度（mm）	芯样编号	钻芯部位	碳化深度（mm）
7#		0.5	12#	右边孔底板第六节	0.5
8#	右边孔底板第一节	0	13#		1.0
9#		0.5	14#	右边孔底板第五节	1.0
10#	右边孔底板第六节	1.0	15#		1.5
11#		0.5	—	—	—

3.2.5　顶板检测

（1）外观质量检测

韩董庄引黄闸顶板外观质量缺陷主要是有少量露筋情况，右边孔闸室段顶板有露筋、钢筋锈蚀共 8 处；右边孔第一节顶板有露筋、钢筋锈蚀共 3 处。

（2）混凝土强度检测

采用回弹法对韩董庄引黄闸顶板混凝土抗压强度进行检测，检测结果见表 3-14。从抽测构件检测结果来看，顶板混凝土抗压强度满足原设计要求。

表 3-14　韩董庄引黄闸顶板混凝土抗压强度检测结果汇总表

构件位置		现龄期混凝土强度检测值（MPa）			标准差（MPa）	变异系数	混凝土强度设计值（MPa）	检测结果
		最大值	最小值	平均值				
中孔顶板	闸室段	60.2	44.7	54.8	4.80	0.088	18.0	满足
	第一节	64.7	42.9	53.7	6.88	0.128		满足
	第二节	50.2	40.3	45.5	2.99	0.066		满足
	第三节	61.4	47.8	56.1	3.92	0.070		满足
	第四节	56.4	36.0	45.2	6.42	0.142	13.0	满足
	第五节	58.0	33.8	47.7	7.48	0.157		满足
	第六节	62.8	47.2	56.9	4.44	0.078		满足
	第七节	59.6	50.2	53.7	3.21	0.060		满足

续表

构件位置		现龄期混凝土强度检测值（MPa）			标准差（MPa）	变异系数	混凝土强度设计值（MPa）	检测结果
		最大值	最小值	平均值				
右边孔顶板	闸室段	62.0	51.3	56.2	3.86	0.069	18.0	满足
	第一节	62.7	44.4	52.5	6.07	0.116		满足
	第二节	64.2	42.5	50.7	6.62	0.131		满足
	第三节	58.3	54.7	56.5	1.53	0.027		满足
	第四节	75.6	42.7	52.3	11.66	0.223	13.0	满足
	第五节	69.2	41.4	53.4	7.42	0.139		满足
	第六节	58.5	36.9	47.2	6.70	0.142		满足
	第七节	62.3	50.2	56.2	4.77	0.085		满足

3.2.6　闸门及机架桥排架检测

（1）外观质量检测

韩董庄引黄闸混凝土平板工作闸门上部露筋、混凝土脱落现象严重，P 型橡皮固定钢板、螺栓锈蚀；检修用防洪板露筋、裂缝、混凝土脱落严重。

机架桥排架无明显外观质量缺陷。

（2）混凝土抗压强度检测

采用回弹法对闸门、机架桥排架混凝土抗压强度进行检测，闸门每个构件（部位）各布置 10 个测区，机架桥排架每个构件（部位）各布置 5 个测区，检测结果见表 3-15。根据检测结果可知，闸门及机架桥排架抽测部位混凝土抗压强度满足原设计要求。

表 3-15　闸门及机架桥排架混凝土抗压强度检测结果

构件位置	现龄期混凝土强度检测值（MPa）			标准差（MPa）	变异系数	混凝土强度设计值（MPa）	检测结果
	最大值	最小值	平均值				
中孔闸门	58.5	41.7	50.5	5.90	0.117	28.0	满足
右边孔闸门	60.9	47.4	55.0	4.35	0.079	28.0	满足
排架柱上游第一排右边第一根	44.1	39.9	42.1	0.039	0.039	23.0	满足
排架柱上游第一排右边第二根	63.2	51.3	55.4	5.09	0.092	23.0	满足

续表

构件位置	现龄期混凝土强度检测值（MPa）			标准差（MPa）	变异系数	混凝土强度设计值（MPa）	检测结果
	最大值	最小值	平均值				
排架柱上游第二排左边第一根	47.3	29.3	42.2	7.44	0.176	23.0	满足
排架柱上游第二排左边第二根	32.2	27.0	29.5	2.13	0.072	23.0	满足

（3）混凝土碳化深度检测

闸门及机架桥排架混凝土碳化深度测试结果见表3-16。

表3-16　闸门及机架桥排架混凝土碳化深度检测结果

部位	碳化深度检测值（mm）			平均值（mm）	部位	碳化深度检测值（mm）			平均值（mm）
中孔闸门	1.0	1.5	1.5	1.3	右边孔闸门	1.0	1.0	1.5	1.2
排架柱上游第一排右边第一根	>6.0	>6.0	>6.0	>6.0	排架柱上游第一排右边第二根	2.5	4.0	3.5	3.3
排架柱上游第二排左边第一根	>6.0	>6.0	>6.0	>6.0	排架柱上游第二排左边第二根	>6.0	>6.0	>6.0	>6.0

3.2.7　启闭设备检测

该闸设置 15 t 手摇电动两用螺杆式启闭机。启闭机已超过其折旧年限；电动机型号属淘汰的 JZ2 型。因此，有必要对其进行安全检测。

检测内容总体上包括外观形态、腐蚀状况、电气设备及启闭机安全性能等几个方面。

①锈蚀检测：包括涂层厚度、蚀余厚度、蚀坑深度；

②外形尺寸与变形检测：包括外形尺寸、损伤变形、磨损、挠度等；

③无损检测：包括焊缝或零部件缺陷位置和缺陷大小；

④材料材性检测：包括强度、伸长率、硬度、冲击韧性；

⑤电机检测：包括电压、电流、绝缘电阻、温升、转速；

⑥液压系统检测：包括液压系统泄漏量；

⑦钢丝绳检测：包括磨损量、断丝数、破断拉力等。

检测发现，启闭机房顶存在多处裂缝，且有漏雨现象。

启闭机主要零部件性能检测结果见表 3-17，螺杆硬度检测结果见表 3-18。

表 3-17　启闭机零部件性能检测结果一览表

	检测内容	性能要求	检测结果	评定意见
1	主要构件	不得有明显可见的连接缺陷和腐蚀、变形、开裂等缺陷	符合要求	—
2	螺杆	1. 不得有裂纹及螺纹牙折断 2. 螺纹牙磨损、变形<5%螺距 3. 外径母线直线度<0.6/1000，且<杆长/4000	符合要求	—
3	螺母	1. 不得有裂纹及螺纹牙折断 2. 螺纹牙磨损、变形<5%螺距	符合要求	—
4	机箱和机座	1. 不得有裂纹 2. 运转时不漏油	符合要求	—
5	齿轮	1. 应啮合平稳、良好，无裂纹、无断齿 2. 齿面无严重磨损或损伤（点蚀损坏<啮合面的30%，点蚀深度<原齿厚的10%；齿面磨损厚度<原齿厚的15%）	符合要求	—
6	高度限制器	1. 指示值误差≤5% 2. 上下极限限位开关能自动切断主回路并报警	无高度指示器	无负荷控制器及高度限制器，动作
7	负荷控制器	1. 指示值误差≤5% 2. 负荷达到110%额定启闭力时能自动切断主同路并报警	无负荷控制器	不可靠，存在安全隐患，应增设
8	供电线路	1. 开关出线端不得连接与启闭机无关用电设备 2. 在额定负荷时，电动机端子处的电压偏差≤+10%额定电压	供电系统为改建时架设，已超过使用年限	建议更换
9	电路和保护	1. 总电源回路应设断路器或熔断器作短路保护 2. 在每个操作控制点应设有能切断总电源的紧急断电开关或其他分断装置	符合要求	—

续表

检测内容	性能要求	检测结果	评定意见
10 电气设备	1. 电气设备的金属外壳、线管等均应可靠接地，金属结构体应采用接地保护或接零保护 2. 接地线不得用作载流零线 3. 对地绝缘电阻≥0.5 MΩ（潮湿环境中≥0.25 MΩ） 4. 电气元件动作灵活，无黏滞、卡阻，触头接触良好、无严重烧灼 5. 电缆（线）护套无砸伤、刺破、龟裂老化现象 6. 所有电气设备应无异常发热	有接地装置，电动机属淘汰型号	建议更换电动机
11 防护罩	1. 外露的、有可能伤人的活动零部件均应装设防护罩 2. 露天放置的电器设备应装设防雨罩	螺杆等部分设备无防护罩	应增设
12 负荷试验（带闸门）	1. 传动零件运转平稳，无异常声音、发热和漏油现象 2. 手摇机构转动灵活，无卡阻现象 3. 超载及高度指示装置应指示正确、动作灵敏、安全可靠	无负荷控制器、高度指示器	应增设

表 3-18 启闭机螺杆硬度检测结果

部位	硬度实测值（HL）					硬度平均值（HL）
左边孔	436	483	434	454	446	451
中 孔	428	453	453	439	432	441
右边孔	439	444	435	453	425	439

3.2.8 上下游连接段检测

上游连接段包括上游两岸护坡及上游铺盖，下游连接段包括下游两岸护坡及消力池。主要检测内容为外观质量与缺陷检测，检测结果如下：

①进口处右岸扭曲面有 1 处竖向裂缝；

②出口处右岸扭曲面在新、老浆砌石结合处局部砂浆脱落；

③其他检测部位无明显外观质量缺陷。

3.2.9 观测设施检测

韩董庄引黄闸部分沉降观测点已损坏，3 个测压管只有闸墩 1 处尚能使用，其余 2 处已全部淤堵。

3.2.10　检测结论

通过上述检测及数据分析，针对该闸可得出以下检测结论：

①各伸缩缝表面沥青及混凝土损坏严重，压橡皮钢板及其固定螺栓、螺帽锈蚀；

②新、老涵洞段有相对不均匀沉降现象，且已超出现行规范允许值；

③第二节洞身段侧墙及底板出现贯穿性裂缝；

④各抽测部位混凝土抗压强度满足原设计要求；

⑤闸门混凝土脱落、露筋，钢筋锈蚀较严重；

⑥启闭设备超过使用年限且存在安全隐患；

⑦观测设施部分沉降观测点已损坏，3 处测压管有 2 处淤堵。

4 水闸地基纠偏及加固

4.1 闸室结构变形成因

水闸结构整体变位主要表现为闸室、岸墙、翼墙的水平位移、沉降与倾斜，水闸的这些变位会造成翼墙、岸墙裂缝，进而产生渗流，影响翼墙侧向稳定性，引起渗透变形，严重影响水闸的安全使用。如彰武县沙力土拦河闸（图4-1）下游翼墙由于不均匀沉降造成墙体裂缝。引起这些结构变位的主要原因有：由于设计原因造成结构本身的稳定性不足；结构的超载以及不均匀荷载的作用；地基处理的设计、施工方案不完善，天然地基承载力不足，地基压缩量过大；地基的渗透变形破坏；其他原因引起的位移，如混凝土强度低、地震荷载的作用等等。

图4-1 拦河闸翼墙墙体不均匀沉降

4.2 水闸地基纠偏技术

由于荷载分布不均匀、闸基渗透破坏等引起闸基不均匀沉陷，从而导致闸室倾斜，如这种倾斜或偏移不是特别严重，可采取适当的纠偏措施，使水闸恢复正常状态。水闸纠偏方法可大致归纳为以下几类：

（1）地基土促沉

对闸底板沉降较小一侧的地基采用掏土法、沉井冲水排土法、堆载加压法和地基应力解除法等促其沉降。

1）掏土纠偏。

掏土纠偏是在建筑物基底钻孔，在孔内掏出一定方量的基土，给建筑物回倾提供空间。其优点是可以节约投资，缺点是回倾具有突变性，不易控制沉降速率。

掏土方量可按式（4-1）估算：

$$V = \frac{1}{2}\Delta S_{max} \cdot F \tag{4-1}$$

式中：V——需掏土方量，m^3；

F——基础底面积，m^2；

ΔS_{max}——基础边缘需纠偏的沉降量，m。

2）堆载加压纠偏。

堆载加压纠偏是在基础底板上反倾向一侧施加荷载，形成纠偏力矩，强迫地基变形以达到纠偏目的。其荷载可以堆放重物，亦可通过锚杆和传力构件施加静止压力。该方法优点是可以有效控制沉降速率，缩短工期，缺点是投资大。

纠偏力矩可按式（4-2）估算：

$$M_{纠} \geq \frac{2}{3}R \cdot B \tag{4-2}$$

式中：$M_{纠}$——纠偏力矩，$kN \cdot m$；

R——地基阻力，kN；

B——建筑物倾斜方向上基础的宽度，m。

3）地基应力解除法纠偏。

利用应力解除法对水闸进行纠偏处理，工期短、成本低、施工简单，是一种行之有效的方法。应力解除法的原理是：在沉降较小的一侧布设密集的钻孔排，有计划、有次序、分期分批在钻孔内适当深处掏出适量的软弱淤泥，使地基应力在局部范围内得到解除，促使软土向该侧移动，从而增加该侧地基沉降量，最终达到纠偏的预期目的。其特点是：掏土时，掏深不掏浅，掏软不掏硬，掏基底外不掏基底内。

（2）地基土限沉

对建筑物沉降较大一侧的地基土进行加固，以限制其沉陷继续发展。加固措施包括静压桩法、旋喷桩法、石灰桩法及灌桩法等。

（3）调整荷载分布法

此类方法包括调整闸门及启闭台位置，调整侧墙回填土边荷载，调整进出口铺盖、护坦长度以改变闸底板扬压力分布等，通过这类措施改变闸基应力分布，使基础沉降趋于均匀，从而实现闸室纠偏。

（4）加强刚度法

通过改变闸底板结构形式，以减小和调整基底压力，最终达到控制和调整地基土不均匀沉降的目的，如将分离式闸底板连成整体式底板等。

闸基纠偏技术应用实例：

（1）掏土与锚杆静压相结合进行纠偏处理实例

沙湾镇涌口水闸 1996 年 3 月建成后出现严重的不均匀沉降，其中 D 点沉降最大，设 D 点的相对高程 8.640 m，则 C 点为 8.799 m，B 点为 8.763 m，A 点为 8.893 m，水闸闸板不能正常起落，为保证该水闸的正常使用，必须对其进行纠偏处理。要求治理后水闸基本恢复平衡状态，垂直升降的闸板能自由升降，并能保证今后的正常使用。

综合分析水闸倾斜原因为：基础持力层为淤泥，承载力较低，又属高压缩性土层，而建水闸时未对地基进行处理，水闸底板下仅有 50 cm 的填砂，故水闸建成后产生较大沉降，而水闸的西北角部分有旧的闸基存在，导致该处沉降最小，故整个水闸产生严重不均匀沉降（王辉，2000）。

根据场地情况以及水闸结构等分析后决定，采用掏土与锚杆静压相结合的方法进行促沉纠偏，以便有效控制沉降量，使水闸各部分均匀沉降，同时缩短工期，减少投入；然后利用纠偏过程中的掏土钻孔，采用小型旋喷桩对基础进行全面加固，以保证水闸的正常使用。

加固后的运用实践表明，纠偏加固效果良好。

（2）地基应力解除法纠偏实例

珠海市某水闸受各种因素影响，水闸基础发生了较大的不均匀沉降，表现为两侧低、中间高，在不到 16 m 单边宽度范围内，沉降差高达 1.0 m。由于闸基的倾斜，原设计两组水闸之间的中缝，出现上宽下窄的现象，缝宽达 1.5 m。倾斜的闸门难以顺利开启操作，其中有两孔水闸的闸门已基本失去使用功能，严重威胁水闸的安全（王士恩，2002）。因此，必须对其进行纠偏加固处理，方可发挥其原有功能。

经分析发现，该水闸闸基直接建造在厚度达 25 m 的软弱淤泥层上，产生较大沉降是必然的。若这种沉降均匀发生，并不会对水闸的使用产生大的影响，但由于闸基底部与闸两侧堤段受力不同，难免引起水闸的不均匀沉陷。

根据水闸所处的工程环境，地基土层的条件诸因素综合考虑，拟采用地基应力解除法纠偏，堆载加荷作为辅助施工手段，促进纠偏沉降的进行。

为消减水闸中部地基应力，促其沉降，并保持两端相对稳定。经征求多方意见，原设计在水闸中部布置应力解除孔 1 排，孔距 1.5 m，孔深 15.0 m，即孔口深度必须在闸底板底部以下 5.0~12.0 m。左右中墩各布置应力解除孔 1 排，孔距 2.0 m，孔深 10.0 m。必要时左右边墩各布应力解除孔 1 排，孔距 3.0 m，孔深 5.0 m，护壁套管下端应放置于闸基砂垫层之下 2.0 m 左右。

为防止掏而无土的现象，促使纠偏沉降加速，在中间两孔闸上方铺设槽钢，其上堆载砂包促沉。

纠偏施工过程应在有效的监控之下进行，监测内容包括沉降、倾斜变化、孔内回淤、地面变形、建筑物性状等等。观测频率将根据观测项目的不同而有所区别，回淤情况每天都要分孔观测，而回倾数值一般 3~5 d 观测 1 次，必要时还应加密观测次数，控制纠偏速率在 30 mm/d 以下，根据闸基变形协调情况而定。为确保闸基的安全稳定，监测工作应延续到纠偏完成后 2~3 个月，当沉降变形基本稳定时才可结束，以观后效。

水闸纠偏加固前后的效果对比见图 4-2 和图 4-3。根据施工竣工后的监测结果判断，水闸各监测点沉降变形基本稳定。各组水闸闸门开启与关闭顺畅自如，恢复了其应有的使用功能，表明应力解除法用于该水闸的纠偏加固施工是有效可行的。

图 4-2   水闸纠偏前状况　　　　　　　图 4-3   水闸纠偏后状况

4.3   灌浆加固地基法

灌浆的主要目的是对地基土体加固和防渗，为确保灌浆效果，应选择合适的浆料，一方面浆料要有渗入土体的性能，另一方面需要有长期的稳定性以保持处理效果。灌浆材料可分为水泥类和化学类。

灌浆法是利用压力或电化学原理，将可以固化的浆液注入地基中或建筑物与地基的缝隙中。灌浆浆液可以是水泥浆、水泥砂浆、黏土水泥浆、黏土浆；各种化学浆材，如聚氨酯类、木质素类、硅酸盐类等。

4.3.1   普通水泥灌浆

普通水泥灌浆材料具有结石体强度高、造价比较低廉、材料来源丰富、浆液配制方便、操作比较简单等特点，但其颗粒较粗，对于 0.2 mm 以下的微细岩体裂隙、中、细砂层和较大的集中渗流的防渗处理，其可灌性受到限制，容易产生失水变浓和溶蚀等不良现象，影响灌浆质量。

一般按灌浆工程的地质条件、浆液扩散能力和渗透能力分为以下几类：

①充填灌浆法。适用于大裂隙、洞穴的岩土体灌浆。充填灌浆的目的是通过地基土体内部孔隙灌浆，提高水闸基础的应力和整体抗滑稳定性，加强水闸地基防渗

堵漏能力。

②渗透灌浆法。渗透灌浆是指在压力作用下，使浆液充填土的孔隙和岩石的裂缝，排挤出孔隙中存在的自由水和气体，而基本上不改变原状土的结构和体积。渗透灌浆法主要用于沙砾层地基的灌浆。

③压密灌浆法。用较高的压力灌注浓度较大的浆液，使浆液在灌浆管端部附近形成浆泡，浆液在灌浆压力作用下挤入地层，多呈现脉状或条形胶结地层。这种方法在黏性土中使用较多。

④劈裂灌浆法。劈裂灌浆是目前应用较广的一种软弱土层加固方法，它既可应用于渗透性较好的砂层，又可用于渗透性差的黏性土层。劈裂灌浆采用高压灌浆工艺，将水泥或化学浆液等注入土层，以改善土层性质。在灌浆过程中，灌浆管出口的浆液对四周地层施加了附加压应力，使土体发生剪切裂缝，而浆液则沿着裂缝从土体强度低的地方向强度高的地方劈裂，劈入土体中的浆体便形成了加固土体的网络或骨架。

由于浆液在劈入土层过程中并不是与土颗粒均匀混和，土除受到部分的压密作用外，其他物理力学性能变化并不明显，故其加固效果应从宏观上来分析，即应考虑土体的骨架效应。

4.3.2 化学灌浆

化学灌浆是将一定的化学材料（无机或有机材料）配制成真溶液，用化学灌浆泵等设备将其灌入地层或缝隙内，使其渗透、扩散、胶凝或固化，以增加地层强度，降低地层渗透性，防止地层变形和进行混凝土建筑物裂缝修补的一项加固基础、防水堵漏和混凝土缺陷补强技术，即化学灌浆是化学与工程相结合，应用化学科学、化学浆材和工程技术进行基础和混凝土缺陷处理（加固补强，防渗止水），保证工程的顺利进行或借以提高工程质量的一项技术。

化学灌浆材料具有颗粒细、强度高、黏度低，以及流动性、稳定性、可灌性均好，胶凝或固化时间能按工程需要进行调节等优点。但是成本高、运输、贮存不便、施工工艺复杂，且大都具有不同程度的毒性，包括刺激性、腐蚀性、致敏性及易燃易爆等，同时，因试验、施工操作和排放废弃料等引起环境污染，包括对地下水的污染。

化学灌浆的方法有单液法和双液法。一次配制成的浆液或两种浆液组分在泵送灌注前先行混合的灌浆方法称为单液法。两种浆液组分在泵送后才混合的灌浆方法称为双液法。化学灌浆在灌浆过程中应注意进浆量和灌浆压力的变化，以防堵管等突然事故的发生，并及时做好现场记录。施工工序主要为灌浆孔的布置设计、钻孔、钻孔冲洗、预埋灌浆管、灌浆、终灌浆结束和封孔、数据分析。

由于化学灌浆是溶液，因此采用填压式灌浆，灌浆压力需在短时间内上升到设计最大允许压力，以保证灌浆的密实性，增大有效扩散范围。由于化学灌浆浆液使用的材料在凝结前均有不同的毒性，有的具有易燃、易爆和腐蚀等性能，因此对施工设备的选择有特定的要求。施工人员应经过专门培训，采取必要的安全防护措施，以保证人体健康和避免污染环境。

化学灌浆的设备选择应遵循以下原则：

①制浆设备选择原则：多使用搪瓷桶或硬质塑料桶和叶片式搅拌器等；制备好的浆液存入浆液桶，浆液桶一般由玻璃钢、塑料或不锈钢等材料制成；桶与桶或桶与灌浆泵体间可多用胶管快装接头连接。

②灌浆泵的选择原则：能在设计要求的压力下安全工作；能灌注规定浓度的化学浆液；具有较强的耐化学腐蚀性；排浆的量可在较大幅度内无级调节；压力平稳，控制灵活；操作简单，便于拆洗和检修。

4.3.3 黏土灌浆

黏土灌浆是指利用灌浆泵或浆液自重，通过钻孔把黏土浆液压送到土体内的工程措施。适用于水闸土基裂缝修复加固及临时性的沙砾石层地基灌浆。黏土灌浆的作用包括：充填劈裂或洞穴，恢复土体的完整性，堵塞渗漏通道；改善土体内的应力条件，增加土体稳定性；消除土体内管涌、流土、接触冲刷，减小或消除拉应力。

（1）黏土灌浆的浆料

黏土灌浆一般使用黏土即可，制备黏土浆的土料，应以含黏粒 25%～45%、粉粒 45%～65%、细砂 10% 的重填土和粉质黏土为宜。土料黏粒含量过大则析水性差，固结后收缩变形大，易产生缝裂，必要时可加入水玻璃或水泥调节灌浆效果，浆液的水土比控制在（1∶0.75）～（1∶1.25）。泥浆密度控制在 1.25～1.50 g/cm³，必要时可经试验确定。

（2）黏土灌浆的施工方法

施工程序：钻孔→安放灌浆管并孔口封堵→浆液制备→灌浆→封孔。

①钻孔。黏土灌浆孔通常不深，一般可用钻机钻孔。钻孔可以采用套管法或泥浆循环护壁法。钻孔孔径 25～90 mm 均可，依所用钻具而定。钻孔深度应达到地基薄弱层以下。对准孔位后，采取冲击成孔的方法钻进，当钻进到淤泥、淤泥质土、粉砂和细砂时，下入导管护壁，然后采取捞砂筒取砂成孔的方法。

②安放灌浆管并孔口封堵、灌浆。灌浆管下端设置 0.7～1.0 m 长且下端封口的花管，花管孔径 φ8，孔隙率 15% 左右；在花管外壁包扎一层软橡皮，以防流沙涌进花管导致灌浆无法进行。当成孔达到预定深度后，将灌浆管安放到位，灌浆可采取全孔灌注或分段灌注。

当采用全孔灌注时，先将水泥袋放入孔中水稳定层底部，包裹灌浆管并接触孔壁，即"架桥"，然后投入黏土，分层夯实至孔口，开始灌浆。

也可采用自上而下孔口封闭分段纯压式灌浆法，即自上而下钻完一段灌注一段，直到预定孔深为止。灌浆压力采取二次或三次升压法来控制，即灌浆开始采用低压（小于 0.1 MPa）或自流式灌浆，当吸浆量较大时采取间歇灌浆或用砂浆灌注，终灌时的压力要达到设计值，灌浆结束标准严格按设计执行。

多排孔要先灌边排、后灌中间排，每排内要分序加密。灌浆过程中要经常检查泥浆质量，查看灌浆孔周围有无漏浆、冒浆、串浆、塌陷、隆起等现象，以及土体的沉降、位移、渗漏情况等，发现异常及时采取措施处理。

③灌浆结束。进行充填灌浆时，当灌浆孔孔口压力小于设计值，且孔内不再吸浆，持续灌浆 30 min 即可结束。

④封孔。在灌浆结束，泥浆排水凝结后，再进行封孔。封孔可用泥球分层填塞、捣实；也可注入浓泥浆（密度大于 1.6 g/cm^3）封填，孔口用黏土夯填密实。

（3）异常情况下的技术处理措施

在灌浆过程中，发现浆液冒出地表即冒浆，采取如下控制性措施：降低灌浆压力，同时提高浆液浓度，必要时掺砂或水玻璃；限量灌浆，控制单位吸浆量不超过 30~40 L/min 或更小一些；采用间歇灌浆的方法，即发现冒浆后就停止，待 15 min 左右再灌。

在灌浆过程中，当浆液从附近其他钻孔流出即串浆，采取如下方法处理：加大第 1 次序孔间的孔距；在施工组织安排上，适当延长相邻两个次序孔施工时间的间隔，使前一次序孔浆液基本凝固或具有一定强度后，再开始后一次序钻孔，相邻同一次序孔不要在同一高程钻孔中灌浆；串孔若为待灌孔，采取同时并联灌浆的方法处理，如串孔正在钻孔，则停钻封闭孔口，待灌浆完后再恢复钻孔。

4.3.4　改性灌浆

一般来说，灌浆材料分水泥灌浆材料和化学灌浆材料两大类。水泥灌浆材料因具有强度高、材料来源广、灌浆工艺较为简单且价格较低等特点，至今仍然占据灌注工程中的主导地位。

改性灌浆水泥是一种由普通硅酸盐水泥掺入特殊的灌浆剂细磨而成的灌浆新材料。其颗粒较细，对于 0.1 mm 以下的微细岩体裂隙，经浆材性能试验和现场灌浆试验及应用表明，其可灌性、流动性、稳定性均较好，结石结构致密，对提高结石力学性能、抗渗性和耐久性很有利，在某些方面已达到或超过了化学灌浆材料。改性灌浆基本上沿用普通水泥灌浆工艺，在微细裂缝（孔隙）岩层基础帷幕防渗补强灌浆、固结灌浆、接缝灌浆和漏水处理施工中得到广泛应用。

改性灌浆水泥基本上沿用普通水泥灌浆工艺：按所需水灰比（2:1 或 1:1）配浆→高速搅拌机制浆→低速搅拌机储浆并调整浓度→灌浆泵→钻孔灌浆。

由于改性灌浆水泥比表面积大，颗粒细小，又掺有调节性能的灌浆剂，在性能上与普通水泥有很大的差别，因此在灌浆过程中，在工艺的控制和操作上与普通水泥有所不同。改性灌浆水泥水灰比宜控制在 2 以下为好，过大则水泥颗粒沉降快，浆体不稳定，可灌性差；过小则浆体流动阻抗增大，克服阻抗需要更大的灌浆压力，要根据裂隙的发育情况和灌浆中的变化来选定或调整合适的水灰比。高速搅拌制浆对提高改性灌浆水泥浆液的稳定性和水泥颗粒的化学活性有益，但连续搅拌时间过长，对浆液的黏度、析水率等性能会产生不利的影响，一般控制在 60 min 以内为宜。在条件允许的情况下，使用较高的灌浆压力有利于灌注和浆体的脱水，以提高水泥结石的性能。考虑改性灌浆水泥的可灌性比普通水泥好，浆液比级的变换在注入量上可降低为 200~300 L，或在灌注时间上适当缩短。

应用实例：

福建省九龙江北溪引水工程，北港桥闸 25 孔，每孔净宽 10 m。工程存在渗流稳定和消能防冲问题。1994 年对北港桥闸基础进行加固，修建垂直混凝土防渗墙 2 033 m²（长 6~9 m），闸基灌入水泥 31.2 t，改造排水孔 453 个和修补防冲设施等。加固后运行和观测情况表明，垂直混凝土防渗墙、闸基础灌浆补强和改造下游排水孔的处理减小了闸基的渗透压力，尤其是排水孔的修复，明显改善了水闸渗流状况，达到预期目的。

5　水闸防渗排水设施修复

5.1　水闸渗流破坏及成因

受上下游水位差的影响，水闸在建成后，闸基、边墩、翼墙的背水侧会产生渗流，渗透变形主要包括管涌、流土和接触破坏3种形式，常常发生于渗流出口。渗流破坏对水闸形成的负面影响包括：使闸室的抗滑稳定性降低，使边墩和翼墙的侧向稳定性降低；掏空闸基或两岸连接处，掏空地基因而引起沉陷，造成闸室的倾斜和护坦的坍塌；造成水量损失；加速地基内可溶物质的溶解，严重危及水闸安全（郑琼丹，2013）。

引起水闸渗流破坏的原因很多，其主要原因有：

①闸基渗漏：由于设计水头提高或地下轮廓和两岸边墙后原防渗布置考虑不周、施工质量不良、管理运用不当等原因引起闸基的异常渗漏。

②闸侧绕渗：绕渗破坏的原因可能由于两岸填土质量不好，产生不均匀沉陷时就会使砌石护坡及下垫的黏土护坡开裂；有些水闸上游未做黏土防渗护坡，仅靠浆砌石护坡防渗并不可靠；也可能由于沥青麻布止水施工质量差，没有很好地贴在边墩或混凝土刺墙上，或刺墙竣工后，未堵塞固定模板用的对销螺栓孔，上游渗水就会从螺栓孔渗向下游；也可能由于止水形式不当或沥青麻布止水太窄等原因，都可能导致绕渗破坏。

③防渗止水设施失效：排水反滤设施失效（郑建媛，2013）；水闸设计考虑不周，运行管理不当、长期超负荷运行及地震等方面的原因而产生裂缝（特别是贯穿性裂缝）、止水撕裂等（图5-1）。

水闸工程中，止水伸缩缝发生渗漏的原因很多，有设计、施工及材料本身的原因等，但绝大多数是由施工引起的。施工过程中引起渗漏的原因一般有以下几种：

a. 止水片上的水泥渣、油渍等污物没有清除干净就浇筑混凝土，使得止水片与混凝土结合不好而引起渗漏；

b. 止水片有砂眼、钉孔或接缝不可靠而引起渗漏；

c. 止水片处混凝土浇筑不密实造成渗漏；

d. 止水片下混凝土浇筑得较密实，但因混凝土的泌水收缩，形成微间隙而引起渗漏；

e．相邻结构由于出现较大沉降差造成止水片撕裂或止水片锚固松脱引起渗漏；

f．垂直止水预留沥青孔沥青灌填不密实引起渗漏或预制混凝土凹形槽外周与周围现浇混凝土结合不好产生侧向绕流渗水。

图 5-1　闸墩下游侧伸缩缝渗漏

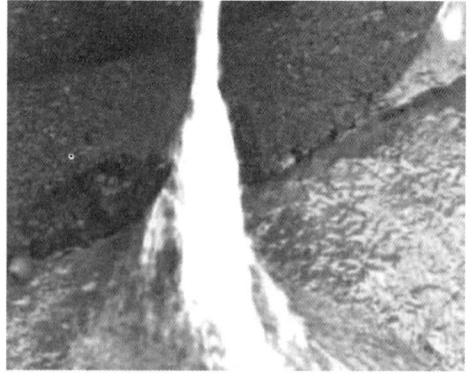

图 5-2　泄洪闸闸墩漏水

④地基土本身的特性与缺陷：由于生成物质的多样性，沉积条件与生成过程的多变性，往往是不均匀的。但由于水或风的搬运，多为松散的粒状堆积，因而属于互相连通的多孔介质。特别是坐落在砂砾石等强透水层地基的水工建筑物，渗流破坏问题更为严重。

⑤其他原因引起的渗流破坏：施工质量差，自然原因和管理维修不善等（图 5-2）。

应该注意到，地基的渗流破坏和闸室的不均匀沉降、止水失效之间会相互影响，形成恶性循环。如闸室产生不均匀沉降，伸缩缝止水失效，将可能产生渗漏通道，造成管涌、跌窝、流土等严重险情，反过来又促使地基下沉加速，基础更趋不稳定。

5.2　水平防渗设施修复

水闸的水平防渗设施主要指防渗铺盖。铺盖一般分为柔性铺盖和刚性铺盖，主要有黏土及壤土铺盖、复合土工膜铺盖、混凝土及钢筋混凝土铺盖。其中，黏土及壤土铺盖、复合土工膜铺盖属于柔性铺盖，混凝土及钢筋混凝土铺盖属于刚性铺盖。

5.2.1　黏土、混凝土及钢筋混凝土铺盖

在水闸除险加固设计中，根据不同病险和不同铺盖类型，一般可采用接长、修复、拆除重建铺盖的处理措施。对于受条件限制水平防渗设施不能满足要求的，可以增加垂直防渗措施。对于黏土铺盖，无论是长度不满足要求，还是铺盖出现裂

缝、冲击破坏，由于黏土铺盖不允许有垂直施工缝存在，因此一般采取拆除重建措施。

对于混凝土及钢筋混凝土铺盖，可以采用接长、修复、拆除重建的处理措施。当铺盖出现裂缝、渗漏等缺陷，而其长度和结构强度都满足要求时，可对混凝土的裂缝、渗漏等缺陷进行修复；当混凝土及钢筋混凝土铺盖长度不够而结构强度都满足要求时，具备场地条件的可以进行铺盖接长设计，但应处理好新旧混凝土之间的施工缝，并对原铺盖存在的裂缝、渗漏进行修复处理；经过经济技术比较，混凝土及钢筋混凝土铺盖也可以拆除重建。

对于铺盖的拆除重建，不应受原铺盖的限制，设计单位可依据相关规范重新进行设计，结合其他地基处理措施改为合适的防渗形式。同时应尽可能采取比较成熟的新技术、新工艺，如复合土工膜铺盖等。

5.2.2　复合土工膜铺盖

复合土工膜是将土工膜和土工织物通过共同压制或用聚合物黏合等方式复合在一起的土工制品。它有一布一膜、两布一膜、三布两膜等多种形式。所用的土工膜的原材料一般是聚乙烯（PE）和聚氯乙烯（PVC）。而所用的土工织物为有纺和无纺土工织物两种，应用较多的是两布一膜的聚乙烯无纺针刺土工织物，其具有强度高，延伸性能较好，变形模量大，耐酸碱、抗腐蚀，耐老化，防渗性能好等特点。由于其选用高分子材料且生产工艺中添加了防老化剂，所以可在非常规温度环境中使用。常用于堤坝、水闸、排水沟等水利工程的防渗处理。

复合土工膜用作水闸铺盖的防渗材料具有良好的技术和经济效果（王力威，2006）。主要表现在：

①防渗效果好。土工膜具有极低的渗透系数，比黏土铺盖渗透系数低很多，而且具有长期稳定的防渗效果。

②施工简单易行，进度快，施工质量容易保证。

③具有一定的保温和防冻胀作用，可减少防冻胀成本。

④复合土工膜具有较好的力学性能，比普通土工膜抗拉、抗顶破和抗撕裂强度更高，具有较高的适应变形能力；而且复合土工膜外层的土工织物具有很好的与土结合的性能，复合土工膜与土之间的摩擦系数较普通土工膜大，抗滑稳定性好。

⑤工程造价较低。

（1）复合土工膜铺盖设计要点

①确定足够的铺盖长度。铺盖长度计算时，按土工膜不透水考虑，采用 Darcy 定理 Dupuit 假定，进行铺盖段、闸室段、下游护坦段的地基渗透量和渗透坡降的验算，以满足要求的渗透流量和渗透坡降确定铺盖长度。一般为作用水头的 5~6 倍。

②选择好膜的厚度。应根据有关规范，按照膜的作用水头、工程重要性、膜下土体

可能产生的裂缝、膜的应力应变性能等因素进行估算，一般膜的厚度可为0.3~0.6 mm。

③要做好土工膜与闸室及上游翼墙接触部位的连接。可采用钢板将土工膜固定到建筑物基础侧壁或埋入基础混凝土中以及与混凝土胶粘到一起等方式，以保证铺盖土工膜和闸室底板、两岸连接建筑物形成完整的防渗体系。

④做好防护层、上垫层和下垫层。在膜上铺设上垫层和防护层，在膜下铺设下垫层可以有效保护膜免于受到紫外线和机械物理等的损害，有利于膜的长期有效运行。对预制或现浇混凝土及钢筋混凝土防护层可不设上垫层，直接在膜上铺设混凝土板或混凝土。浆砌石和干砌石防护层需要设置上垫层，可分别采用粒径小于2 cm和4 cm的碎石或卵石，厚度15~20 cm。上垫层也可采取先铺一层砂再铺一层碎石或卵石的结构。在复合膜的下部都宜设10~20 cm厚的沙砾料做下垫层。复合土工膜铺盖铺设示意图详见图5-3。

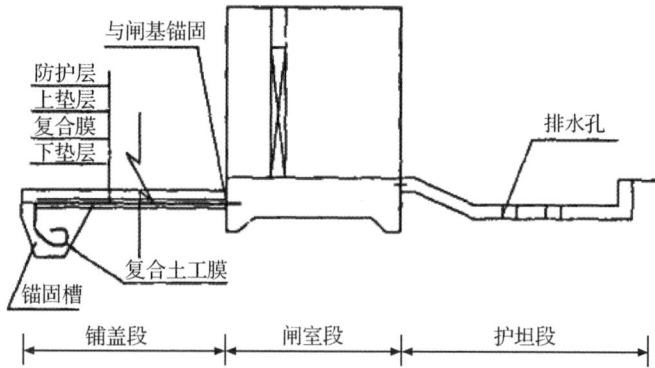

图5-3　复合土工膜铺盖铺设示意图

⑤采取适当的保持土工膜稳定的措施。当土工膜下有可能出现使膜向上浮起或顶破的积水或积气压力作用时，应视具体情况预先采取压重、设置逆止阀、盲沟等工程措施。

⑥设置好锚固槽。在铺盖的前端，挖1个2 m深的锚固槽，土工膜埋入槽中，以起到固定防渗膜，增加防渗效果的作用。锚固槽的前端可按一般水闸设计设防冲槽，防冲槽要与膜上的防护层连到一起。

⑦视地域气候特点，考虑冻胀因素，做好铺盖下地基土的防冻设计。在季节性冻土区，当铺盖下地基土为冻胀性土时，应对冻胀量大小进行评价，据此采取相应防冻措施。

（2）复合土工膜铺盖施工工序

①基面找平。为了减少复合土工膜下的渗水，使复合土工膜与黏性土结合良好，要求在铺设前首先要剔除表面的坚硬尖状物，以防止刺破土工膜，对于部分凹陷变形较大的基面，要用黏土将其找平压实。

②复合土工膜铺设。宜按照自上而下、先中间后两边的顺序进行铺设；在展开

土工膜的过程中，一定要避免强力生拉硬拽，也不得压出死折，同时保证有一定的松弛度，以适应变形和气温变化；铺设时尽可能减少土工膜受日光照射的时间；应该选择在干燥天气下进行，并做到随铺设随压实。

③接头焊接。复合土工膜接头的拼接方法常用的有热熔焊法、胶粘法等。在进行焊接时，要求膜体接触面无水、无尘、无褶皱，搭接长度应满足要求。

④质量检查。复合土工膜焊接完成后，应及时进行焊接缝检查，对检查发现质量缺陷的，应采取相应措施进行处理，质量检查可以采用目测与充气相结合的方法。

⑤上覆保护层。复合土工膜焊接完成并经质量检查合格后，应在其上面及时覆盖保护层，以防止复合土工膜在紫外线照射下老化和其他因素引起直接破坏。

尽管复合土工膜是一种合成材料，具有极好的防水防渗性，但实际应用于工程施工时，如果材料本身没有做好防渗操作，那么材料运用时的防渗性能依然会受到影响。因此，在实际施工中，除了要注意土工膜材料铺设质量外，还要注意控制好材料本身的质量，尽量选择质量优良的土工薄膜，以免土工薄膜自身发生透水。另外，在施工中工作人员应穿胶底鞋，以避免损伤复合土工膜；在土工膜上部先垫一层厚度为 20 cm 左右的细砂壤土，避免其他材料刺破复合土工膜；保护层填筑应分层超宽碾压密实。

5.3　垂直防渗设施修复

水闸工程的垂直防渗设施主要有板桩（如木板桩、钢筋混凝土板桩和钢板桩）、地下连续混凝土防渗墙、防渗帷幕、垂直土工膜、微劈裂灌浆等。

水闸的垂直防渗破坏后，对原防渗设施一般无法直接进行修复，但可以在原防渗设施上游重新设计垂直防渗；当条件许可时，也可以采取其他防渗措施进行抗渗处理，如在上游接长防渗铺盖等。重新设置垂直防渗设施时，原则上板桩、地下连续墙、垂直土工膜均可采用，但考虑到水闸一般建在河道中或河堤上，地基土质以软土为主，同时设备和作业条件受到较大限制，所以一般也可采用混凝土防渗墙。

混凝土防渗墙是通过钻孔及挖槽机械，在松散透水地基中以泥浆固壁，挖掘槽形孔或连锁桩柱孔，然后使用导管在槽（孔）内浇筑混凝土或回填其他防渗材料筑成的具有防渗等功能的地下连续墙。

混凝土防渗墙按结构形式可分为桩柱型防渗墙、槽孔型防渗墙、混合型防渗墙3 类；依据成槽方式，可分为射水成槽型防渗墙、链斗成槽型防渗墙、钻挖成槽型防渗墙等；依据墙体材料，可分为普通混凝土防渗墙、钢筋混凝土防渗墙、灰浆防渗墙、黏土混凝土防渗墙、塑性混凝土防渗墙；按布置方式，可分为封闭式防渗墙、悬挂式防渗墙、组合式防渗墙。

防渗墙分段建造，一个圆孔或槽孔浇筑混凝土后构成一个墙段，许多个墙段连接成一整道墙。墙的顶部与水闸防渗体连接，两端与岸边的防渗设施连接，底部嵌入基岩或相对不透水层中一定深度，截断或减少地基中的渗透水流，对保证地基的渗透稳定和水闸安全，充分发挥工程效益重要作用。

5.3.1 槽孔型混凝土防渗墙

槽孔型混凝土防渗墙施工程序主要有：造孔、终孔验收与清孔换浆、混凝土浇筑、全墙质量验收等。

5.3.1.1 造孔

（1）造孔前的准备工作

造孔前的准备工作包括：①施工场地准备；②收集、研究有关施工要求、施工条件的文件、图纸、资料和标准；③设置混凝土中心线定位点、水准基点和导墙沉陷观测点；④修建导墙、施工平台、泥浆系统、混凝土系统等辅助设施；⑤进行墙体材料和泥浆的配比试验，确定原材料和施工配比；⑥防渗墙中心线上有裸露的或已探明的大孤石时，在修建导墙和施工平台之前，应予以清除或爆破。

防渗墙轴线上的地质资料应详细描述，包括：①覆盖层的分层情况、厚度、颗粒组成及透水性；②地下水的水位，承压水层资料；③基岩的地质构造岩性、透水性、风化程度与深度；④可能存在的孤石、反坡、深槽、断层破碎带等情况。

（2）导向墙制作

导向墙的作用是：①为防渗墙开槽施工导向，使其有准确度、平直度和垂直度；②支承成槽机械设备荷重和顶拔接头管时承重；③容留泥浆，便于成槽施工中稳定泥浆液位；④维护地表土层稳定，以免发生槽口塌方。

各种导向墙的形式如图5-4所示。　　　　　　　　　　（单位：cm）

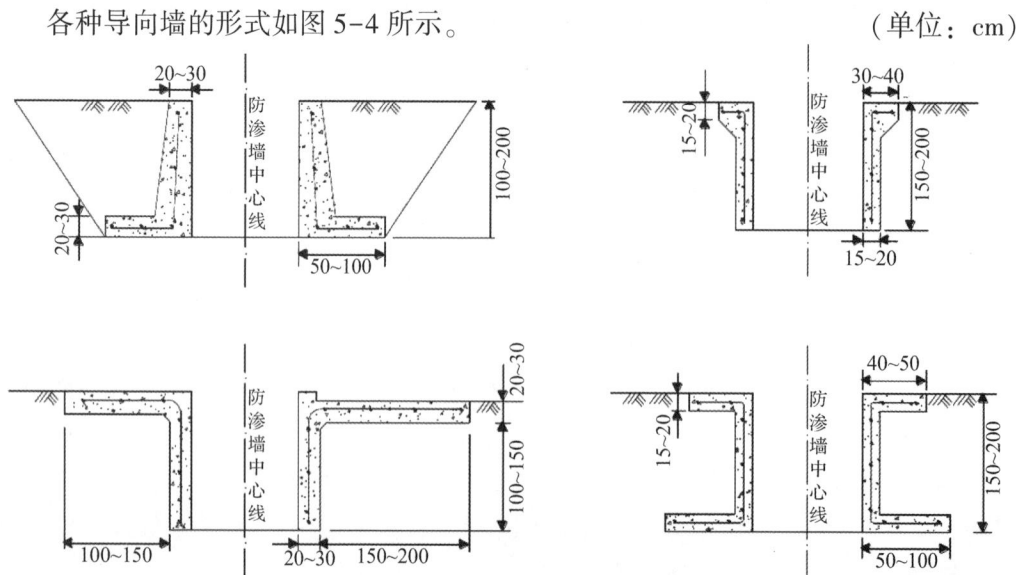

图5-4　各种导向墙形式

（3）泥浆固壁与造孔成槽

1）泥浆固壁。

泥浆固壁原理：由于槽孔内的泥浆压力要高于地层的水压力，使泥浆渗入槽壁介质中。其中较细的颗粒进入空隙，较粗的颗粒附在孔壁上，形成泥皮。泥皮对地下水的流动形成阻力，使槽孔内的泥浆与地层被泥皮隔开。泥浆一般具有较大的密度，所产生的侧压力通过泥皮作用在孔壁上，就保证了槽壁的稳定（林建洪，2006）。

泥浆材料主要有膨润土、黏土、水以及改善泥浆性能的掺和料，如加重剂、增粘剂、分散剂、堵漏剂等。制浆材料通过搅拌机进行搅拌，经筛网过滤后，放入专用的储浆池备用。集中制浆系统配制泥浆，通过专用管路送至泥浆中转站，再由中转站分送各施工槽孔。制浆土料的基本要求：黏粒含量大于50%，塑性指数大于20，含砂量小于5%，氧化硅与三氧化二铝的含量比值以3~4为宜。

为保护槽段孔壁，确保固壁效果和清孔换浆质量，泥浆应具有良好的物理性能、流动性能和化学稳定性能。固壁泥浆的性能指标如表5-1所示，泥浆配合比见表5-2。

表5-1 护壁泥浆性能指标

性能指标	阶段		
	新制泥浆	成槽过程中的泥浆	清孔后的泥浆
密度（g/cm³）	≤1.1	≤1.4	≤1.3
黏度(s)	40~50	30~50	32~50
含砂量(%)	不要求	不要求	≤1.4

表5-2 泥浆配合比

地层	配合比（%）				
	膨润	纯碱	CMC	聚丙烯酰胺	水
一般	6~9	0.3~0.5	0.05~0.1	0~0.05	100
漏失	11	0.3~0.5	0.1~0.2	—	100

泥浆循环管路布置和处理回收：施工过程中不得向槽内直接注入清水和渣土，新造泥浆在储浆池内一般静止24 h以上，最低不少于3 h，以便膨润土颗粒充分水化、膨胀；储浆池内泥浆要经常搅动，保证泥浆均匀，泥浆使用后，其黏度比重会发生变化，含砂量显著增加，造成泥浆部分废弃，废弃泥浆在沉淀池经沉淀后，弃除至指定地点。

2）造孔成槽。

造孔成槽工序约占防渗墙工期的一半。槽孔的精度影响防渗墙的质量。选择合适的造孔机具与挖槽方法，对于提高施工质量、加快施工速度至关重要。开挖槽孔的机具，主要有冲击钻机、回转钻机、钢丝绳抓斗及液压铣槽机。其工作原理、适用的地形条件及工作效率有一定的差别。对于复杂多样的地层，一般要多种机具配合使用。

冲击钻机是一种垂直往复运动依靠冲击力进行钻孔的工程钻机设备，其工作原理类似于凿岩的锤子，都是靠冲击力进行钻孔作业，适用于无黏性土、硬土或夹有石子的较为复杂的土层；回转钻机是利用钻头或铰刀头的旋转来切削和破碎土石，土渣通过泥浆循环排出槽外。钻头的动力机可位于地面以上，也可位于地面以下。动力机位于地面以下称为潜水电钻，是最常用的回转式钻机；钢丝绳抓斗采用分序抓取法成槽，对地层适应性较强；液压铣槽机通过液压系统驱动下部两个轮轴转动水平切削、破碎地层采用反循环出渣。

3）槽段划分。

造孔成槽时，为了提高功效，要先划分槽段，然后在一个槽段内，划分主孔和副孔，通常采用钻劈法、钻抓法、分层钻进法等方法。

钻劈法又称"主孔钻进，副孔劈打法"，它是利用冲击式钻机的钻头自重，首先钻凿主孔，当主孔钻到一定深度后，就为劈打副孔创造了临空面，再使用冲击钻劈打副孔，钻进与出渣间歇性作业。这种方法一般要求主孔先导 8～12 m，适用于砂砾石等地层。

钻抓法又称"主孔钻进副孔抓取"法，它是先用冲击钻或回转钻钻凿主孔，然后用抓斗抓挖副孔（图5-5），这种方法可以充分发挥两种机具的优势，抓斗的效率高，而钻机可钻进不同深度地层，主要适用于粒径较小的松散软弱地层。

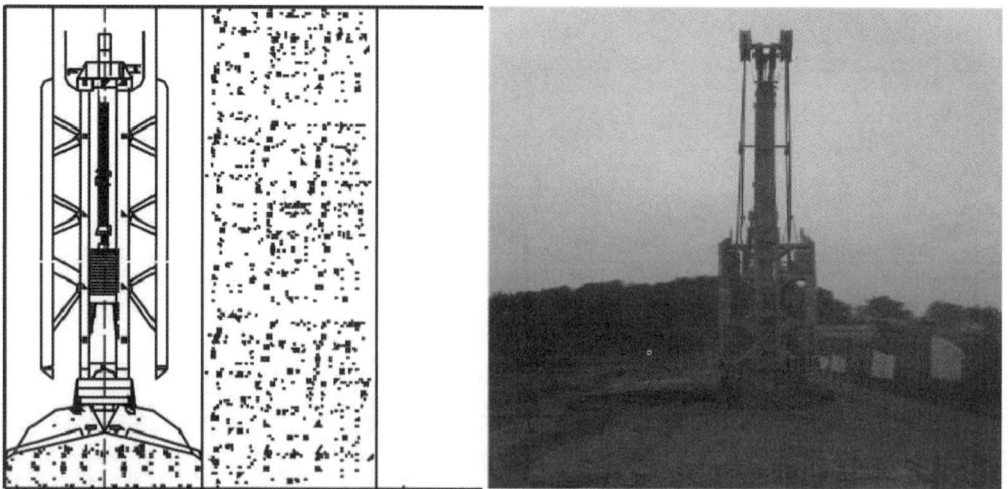

图5-5　液压抓斗钻抓法施工

分层钻进法常采用回转式钻机造孔，分层成槽时，槽孔两端应领先钻进导向槽。它是利用钻具的重量和钻头的回转切削作用，按一定程序分层下挖，用砂石泵经空心钻杆将土渣连同泥浆排出槽外，同时，不断地补充新鲜泥浆，维持泥浆液面的稳定，适用于均质细颗粒的地层，使碎渣顺利通过。

铣削法采用液压双轮铣槽机，先从槽段一端开始铣削，然后逐层下挖成槽，液压双轮铣槽机是目前一种比较先进的防渗墙施工机械，它有两组相向旋转的铣切刀轮，对地层进行切削，这样可抵消地层的反作用力，保持设备的稳定，切削下来的碎屑集中在中心，由离心泥浆泵通过管道排除到地面。

（4）槽孔间的连接

相邻二期槽孔的连接方式可以采用钻凿法、接头管法和铣削法。

1）钻凿法连接。

钻凿法即施工二期墙段时在一期墙段两端套打一钻孔的连接方法（图5-6）。其接缝呈半圆弧形，一般要求接头处的墙厚不小于设计墙厚。钻凿法适用于冲击钻机造孔或墙体材料为低强度混凝土的条件。优点是结构简单、施工简便、对地层和孔深的适应性较强，造价较低；缺点是接头处的刚度较低、需重复钻凿接头孔、费工费时、浪费墙体材料，特别是孔形、孔斜不易控制。

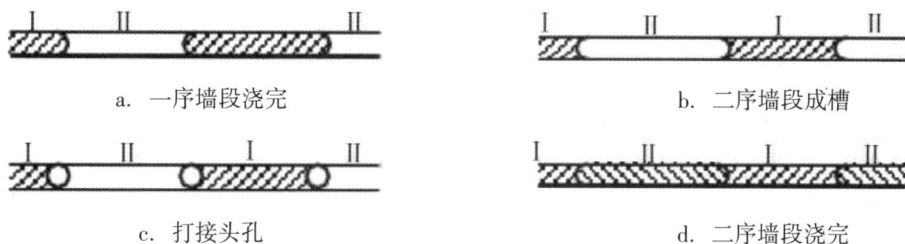

a. 一序墙段浇完   b. 二序墙段成槽

c. 打接头孔   d. 二序墙段浇完

图5-6 钻凿法连接图

2）接头管法连接。

接头管法的施工程序是在浇筑一期槽孔前，在槽孔的两端下设接头管，开浇一定时间后，逐步拔出接头管而形成接头孔，然后将该接头孔作为相邻二期槽孔的端孔。接头管法一般用于墙深小于60 m，墙厚小于1.2 m的情况。优点：这种方法避免了重复钻凿接头孔所造成的工时和材料浪费，并具有接触面光滑、接缝紧密（缝宽可以控制在1 mm以下）、孔斜易控制、搭接厚度有保证等优点；缺点：要有专门的设备，施工工艺较为复杂，特别是在防渗墙深度较大的情况下。

下设接头管及拔管（宋洪明，2013）程序：

①一期槽段槽孔终孔并清孔换浆完毕，即可接着下设接头管，下设前，检查接头管底阀开闭是否自如，接头管接头的卡块、盖是否齐全，锁块活动是否自如等，并在接头管外表面涂抹润滑油。

②接头管吊装作业，选用汽车吊承担，先起吊底节接头管，对准端孔中心，垂直徐徐下放，一直下到ϕ120 mm销孔位置，用ϕ108 mm钢管对孔插入接头管，继续

将底管放下，使钢管担在拔管机抱紧圈上，松开公接头保护帽固定螺钉，吊起保护帽放在存放处，用清水冲洗接头配合面并涂抹润滑油。

③然后吊起第二节接头管，卸下母接头保护帽，打开卡块盖（用三大卡块卡接时，拨开销钉将卡块转出），用清水将接头内圈结合面冲洗干净，对准公接头插入，动作要缓慢，接头之间决不能发生碰撞，否则会造成接头唇部发生变形，使公母接头连接困难，因为公母接头配合间距只有 2～3 mm，用卡块卡接时，将卡块旋入并锁定。吊起接头管，抽出 108 mm 钢管，下到第二节接头管销孔处，插入 108 mm 钢管，下放使其担在导墙上，再按上述方法进行第三节接头管的安装。

④重复上述程序直至全部接头管下放完毕。

接头管下设施工程序见图 5-7，接头管法连接施工工艺流程见图 5-8。

```
┌─────────────────────────┐
│      接头管场地平整        │
└─────────────────────────┘
            │
┌─────────────────────────┐
│   汽车起重机、拔管机就位    │
└─────────────────────────┘
            │
┌─────────────────────────┐
│  接头管底管下设用拔管机锁定  │
└─────────────────────────┘
            │←──────────┐
┌─────────────────────────┐  │
│     下节接头管吊装就位      │  │
└─────────────────────────┘  │
            │                │
┌─────────────────────────┐  │
│       定位销连接           │  │
└─────────────────────────┘  │
            │                │
┌─────────────────────────┐  │
│  接头管下设、拔管机重新锁定  │──┘
└─────────────────────────┘
            │
┌─────────────────────────┐
│   顶节管就位、安装、下设     │
└─────────────────────────┘
            │
┌─────────────────────────┐
│        下设完成           │
└─────────────────────────┘
```

图 5-7   接头管下设施工程序图

拔管时间确定：拔管法施工关键是要准确掌握起拔时间，起拔时间过早，混凝土尚未达到一定的强度，就会出现接头孔缩孔和垮塌；起拔时间过晚，接头管表面与混凝土的黏结力使摩擦力增大，增加了起拔难度，甚至接头管被抱死拔不出来，造成重大事故。

拔管作业前应进行模拟试验，取得混凝土初、终凝时间，获得拔管作业时机参数。

拔管注意事项：

①混凝土正常浇筑时，应仔细分析浇筑过程是否有意外，并随时从浇筑柱状图上查看混凝土面上升速度情况以及接头管的埋深情况；

②由于混凝土强度发展越快，与管壁的凝结力增长越快，其起拔力增长得也越

快。因此，必须准确检测并确定出混凝土的初、终凝时间，尽量减小人为配料误差。浇筑混凝土时，随着混凝土面的不断上升，分阶段做混凝土试件，从而更精确地掌握混凝土的初、终凝时间；

③控制接头管的垂直度。发生接头管偏斜主要有两方面因素：其一，由于端孔造孔时孔形不规则，致使下设接头管时容易偏斜；其二，浇筑混凝土时受到混凝土的侧向挤压，使其偏斜。一旦发生接头管偏斜，应立即采取纠偏措施，即在混凝土尚未全凝结之前，通过垂向的起拔力重塑孔型，使接头管尽可能垂直或顺直；

④安排专职人员负责接头管起拔，随时观察接头管的起拔力，避免人为因素发生抱管事故；

⑤接头管全部拔出混凝土后，应对其新形成的接头孔及时进行检测、处理和保护。

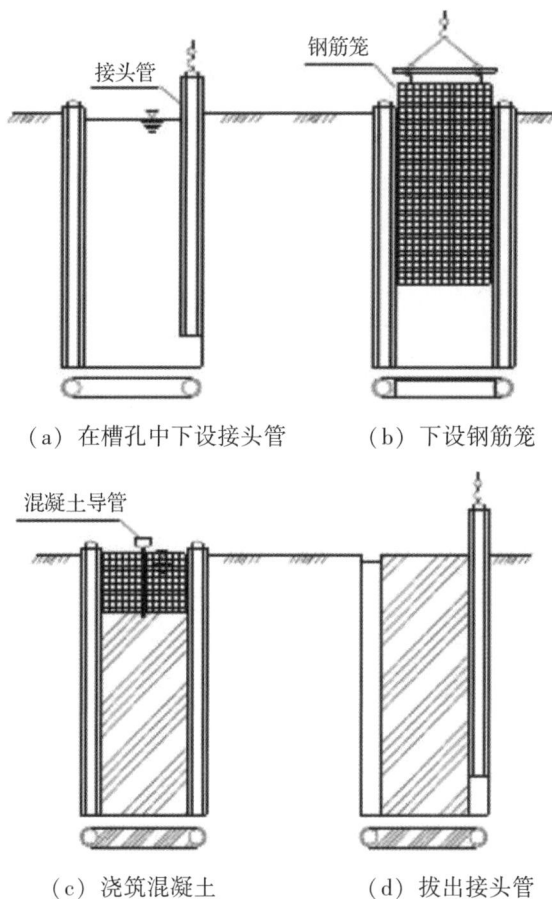

(a) 在槽孔中下设接头管　　(b) 下设钢筋笼

(c) 浇筑混凝土　　(d) 拔出接头管

图 5-8　接头管法连接施工工艺流程图

3）铣削法连接。

铣削法连接是在两个一期墙段之间留出比铣槽机长度略小的位置作为二期槽孔。该槽孔铣槽施工时，同时将两端已浇筑混凝土的一期墙段的端部铣去 10~20 cm，并形成锯齿形的端面。二期墙段浇筑后，墙段接缝也为锯齿形，适用于采用双轮液压铣槽机造孔的防渗墙工程。这种接缝的阻水性能和传力性能均优于平面接缝。

5.3.1.2 终孔验收与清孔换浆

槽孔终孔后报监理工程师进行孔位、孔深、槽孔长度及孔斜等全面检查验收，验收合格后方可进行清孔换浆。终孔验收的项目与要求见表5-3。

表5-3 终孔验收项目与要求

终孔验收项目	终孔验收要求	终孔验收项目	终孔验收要求
槽位允许偏差	≤3 cm	相邻槽段接头处中心线偏差	≤6 mm
槽宽要求	设计墙厚	槽孔水平断面	没有梅花孔、小墙
槽孔孔斜	≤0.4%	槽孔嵌入基岩深度	满足设计要求
槽段长度方向允许偏差	±50 mm	槽段厚度方向允许偏差	±20 mm

清孔换浆目的是在混凝土浇筑前，对留在孔底的沉渣进行清除，换上新鲜泥浆，以保证混凝土和不透水地层连接的质量。清孔换浆应达到的标准是经过1 h后，孔底淤积厚度不大于10 cm，孔内泥浆比重<1.3 g/cm³，黏度不大于30 s，含砂量不大于10%，在30 min内失水量<30 mL。

清孔换浆结束，经监理工程师验收合格后方可进行混凝土浇筑作业。

二期槽孔换浆结束前，用钢丝钻头刷洗两端的一期槽孔混凝土孔壁上的泥皮，以刷子钻头上基本不带泥屑为合格标准，可保证混凝土防渗墙接头部位Ⅰ、Ⅱ期混凝土能充分形成铰链咬合，保证接头部位封闭。

5.3.1.3 混凝土浇筑

一般要求清孔换浆以后4 h内开始浇筑混凝土。如果不能按时浇筑，应采取措施防止落淤，否则在浇筑前重新清孔换浆。

混凝土浇筑时要注意：①不允许泥浆与混凝土掺混形成泥浆夹层；②确保混凝土基础以及一、二期混凝土之间的结合；③连续浇筑，一气呵成。

浇筑方法：浇筑混凝土采用泥浆下直升导管法（图5-9）。混凝土高差控制在0.5 m内，上升速度不小于2 m/h。导管埋深不小于1 m，不大于6 m，每隔30 min测量1次槽孔内混凝土面高度。槽孔浇筑应严格遵循先深后浅的顺序。从最深的导管开始，由深到浅一个一个导管依次开浇。这样布置有利于全槽混凝土面的均衡上升，有利于一、二期混凝土的结合，并可以防止混凝土与泥浆掺混（吴张清，2005）。

混凝土浇筑时具体要求如下：

①浇筑混凝土采用泥浆下直升导管法，导管内径以20~25 cm为宜，浇筑前，导管进行密闭承压试验，导管的连接和密封必须可靠，接头处和管壁严禁漏浆。

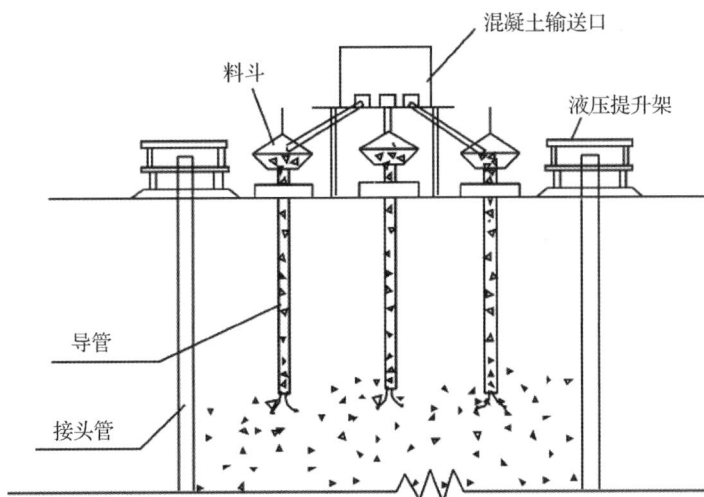

图 5-9　混凝土浇筑示意图

②槽孔内使用两套以上导管时，间距不得大于 3.5 m。一期槽孔两端的导管距孔端小于 1.5 m，二期槽孔两端的导管距孔端小于 1.0 m，导管间距不大于 3.5 m。当孔底高差大于 25 cm 时，导管中心放在该导管控制范围内的最低处。导管的连接和密封必须安全可靠。

③安装导管时，导管底部出口与孔底距离不得大于 25 cm，并不应大于 1.5 倍木球直径。浇筑前每个导管均应下入可浮起的木球（或排水胆）隔离球塞。

④浇筑混凝土前，应先在导管内注入适量的水泥砂浆，并准备好足够数量的混凝土，以使导管中的木球塞被挤出后，能将导管底端埋入混凝土内。槽孔底部高低不平时，先从低处浇起。

⑤混凝土浇筑时，在槽口入口处随机取样，检验混凝土的物理力学性能指标。

5.3.1.4　全墙质量验收

全墙质量验收的内容包括：

①槽孔检查：包括几何尺寸和位置、钻孔偏移、入岩深度等；

②清孔检查：包括槽段接头、孔底淤积厚度、清孔质量等；

③混凝土质量检查：包括原材料、新拌料的性能，硬化后的物理力学性能等；

④墙体质量检查：一般应在成墙 28 d 后进行，检查内容为墙体的物理力学性能指标、墙段接缝和可能存在的缺陷。检查方法有：开挖法、钻孔取芯法、注水实验法、超声波及地震透射层析成像（CT）技术等方法。

墙体检查时，检查孔的数量宜为每 10~20 个槽孔 1 个，位置应具有代表性。

工程实例：

福建省南港水闸建于 1980 年，水闸在设计和除险加固中曾分别采用木板桩、高压定喷、旋喷建造连续防渗墙进行地基处理，都未能根本解决问题，由于存在安全隐患，南港水闸被迫长期低标准运行，2003 年，除险加固工程应用抓斗成槽法建造混凝土防渗墙，除险加固的闸基防渗工程采用薄型抓斗成槽法建造连续防渗墙技术（图 5-10），其施工质量满足设计要求。经近两个汛期运行和多次洪水考验，根据扬压力观测结果，未出现异常情况。从工程施工情况看，该技术施工速度快，防渗墙体连续稳定，施工质量可靠。该项技术在福建省闸基地层为土层或砂卵石层（含有孤石和大夹块石）的水闸中是首次应用。

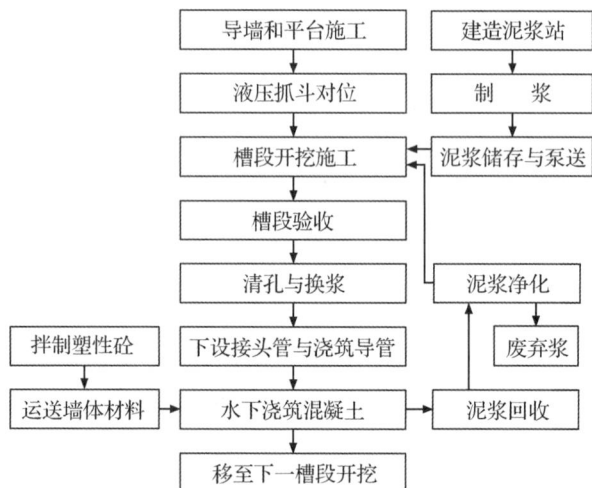

图 5-10　液压抓斗成槽法建造塑性混凝土防渗墙施工工艺

5.3.2　深层搅拌桩建造地下连续防渗板墙

深层搅拌桩技术由日本首创于 20 世纪 60 年代，中国于 70 年代末致力于对这项技术的开发并应用于工程实践，研制出各种型号的搅拌机，其中有单钻 HZJ-5 型、单钻 SJB-22 型及单钻 DJB-14D 型。这类搅拌机可在沙质、软土地基中建造地下桩柱体。其主机系统包括动力头、搅拌轴和搅拌头，搅拌头上端有一对搅拌叶片，下部为与搅拌叶片互成 90°、直径为 550 mm 的切削叶片，叶片的背后安装有两个直径为 8~12 mm 的喷嘴。机架采用螺栓连接，易于搬动，导管系统采用电动压浆泵控制，下水管与胶管的连接采用快速接头，机架移动采用电动行走轨道，固定机架采用 4 个铰支座的油压装置，所有的操作步骤快速轻便，灰浆制备系统也采用自动操作，并且配有刻度尺以便控制钻探深度。该机设计合理、结构简单、性能稳定、操作方便、工效高、造孔成本低，最深造孔可达 60 m。搅拌机示意图见图 5-11。

该机技术原理是在软弱地基内边钻进边往软土中喷射浆液或雾状粉末，同时借助于搅拌轴旋转搅拌，使喷入软土中的浆液（水泥浆、水泥砂浆）或粉体（干石灰粉、水泥粉）与软土充分拌和在一起，形成抗压强度比天然土体高得多并具有整体性、平稳性的桩柱，将深层搅拌桩柱体逐根紧密排列构成地下连续墙体，对于水闸

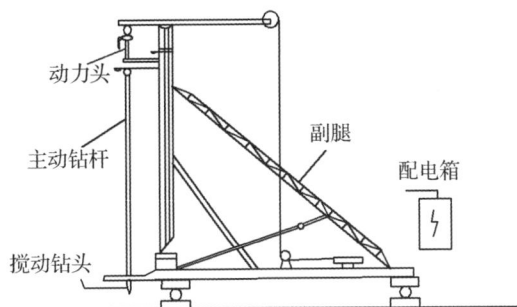

图 5-11 搅拌机示意图

防渗具有实际意义，也可由若干根这类桩柱体和桩周土构成复合地基。

（1）施工工艺及流程

1）浆液配制，采用 P. O42.5 普通硅酸盐水泥。要严格控制水灰比在 0.45~0.5 范围内，水泥掺入量 15%。使用砂浆搅拌机制浆时，每次搅拌不少于 3 min。制备好的水泥浆液不得停置时间过长，浆液在灰浆搅拌机中要不断搅拌，直到送浆。

2）深层搅拌桩施工流程：桩机就位→钻进喷浆到底→提升搅拌→重复喷射搅拌→重复提升复搅→成桩完毕，如图 5-12 所示。

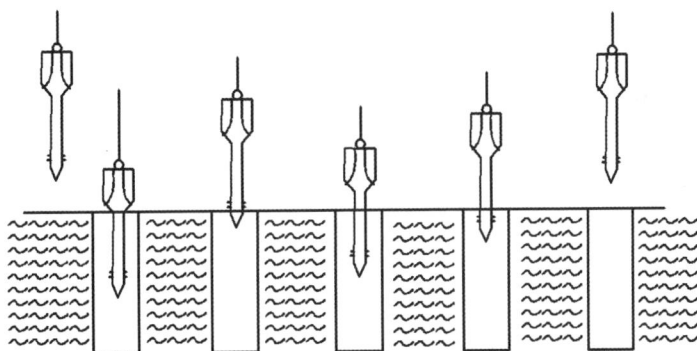

图 5-12 成桩工艺流程图

①桩机就位：开动绞车，移动深层搅拌机到达指定桩位，对中应使用定位卡，确保桩位对中误差不大于 2 cm；

②喷浆成桩：开动灰浆泵，证实浆液从喷嘴喷出时启动桩机，向下旋转钻进，喷浆成桩并连续喷入水泥浆液，升降速度控制在 0.6~0.8 m/min，转速 60 r/min 左右，喷浆压力控制在 1.0~1.4 MPa，喷浆量控制在 30 L/min，钻进喷浆成桩到设计桩长后，原地喷浆 0.5 min，再反转匀速提升，深度误差不得大于 5.0 cm；

③提升搅拌：搅拌头自桩底反转匀速搅拌提升，达到地面，搅拌头如被软黏土包裹时，应及时清除；

④重复钻进搅拌：按上述②操作要求进行，如喷浆量已达到设计要求时，只需

复搅不再送浆；

⑤重复搅拌提升：按照上述③操作步骤进行，将搅拌头提升到地面；

⑥成桩完毕：连同③、④、⑤共进行 3 次复搅，即可完成一根搅拌桩的作业，开动灰浆泵清洗管路中残存的水泥浆，桩机移至另一桩位，施工另一根搅拌桩，重复上述过程即形成连续防渗墙。

（2）施工过程存在的问题及对策

1）施工中遇大石块、树根等障碍物，机具无法下沉，电流值高、电机跳闸等情况，应及时挖除障碍物；

2）机具下沉搅拌中遇有硬土层阻力大、下沉慢且搅拌钻进困难时，应增加搅拌机自重，然后启动加压装置加压或边输入浆液边搅拌钻进成桩。不宜采用冲水下沉搅拌，凡经过输浆管冲水下沉的桩，喷浆前应将输浆管内的水排尽；

3）应保证搅拌机喷浆时连续供浆，因故停浆时，须立即通知桩机操作者，为防止断桩应将搅拌机下沉至停浆位置以下 0.5 m（如采用下沉搅拌送浆工艺时，则应提升 0.5 m），待恢复供浆时再喷浆施工，若因故停机超过 3 h，应拆卸输浆管彻底清洗管路；

4）若因故相邻桩施工间隔时间超过 24 h，应视情况补桩或加大邻桩水泥量，遇土体深层障碍物不能成桩的应在桩位附近加桩；

5）输浆管堵塞爆裂，应及时拆洗输浆管，调节喷浆口球阀使其间隙适当；

6）搅拌钻头和混合土同步旋转时，若不是灰浆浓度过大，应调整叶片角度或更换钻头；

7）喷浆未到桩顶面（或底部桩端）标高，集料斗浆液已排完，应重新标定灰浆输浆量，检修灰浆泵，喷浆到设计位置，集料斗中剩浆液过多，应重新标定拌浆用水量，清洗输浆管路。

5.3.3　高压喷射灌浆防渗修复

高压喷射注浆法就是利用工程钻机钻孔至设计处理的深度后，用高压泥浆泵，通过安装在钻杆（喷杆）杆端置于孔底的特殊喷嘴，向周围土体高压喷射固化浆液（一般使用水泥浆液），同时钻杆（喷杆）以一定的速度边旋转边提升，高压射流使一定范围内的土体结构破坏，并强制与固化浆液混合，凝固后便在土体中形成具有一定性能和形状的固结体。

高压喷射灌浆技术（张秀娟，2023）施工速度快，施工设备简便、灵活，具有较好的防渗止水性能。喷射形式有旋（旋转喷射）、定（定向喷射）、摆（摆动喷射）3 种，采用不同的喷射形式时，可在土层中形成各种要求形状的凝结体，如图 5-13 所示。

图 5-13　高压喷射灌浆旋、定、摆凝结体示意图

（1）高压喷射灌浆方法

按照喷射介质及其管路多少，高压喷射注浆可分为单管法、二管法、三管法及多管法等。

1）单管法。单管法是利用高压泥浆泵装置，以 10~25 MPa 的压力，把浆液从喷嘴中喷射出去，以冲击破坏土体，同时借助灌浆管的提升或旋转，使浆液与从土体上崩落下来的土混合掺搅，经过一定时间的凝固，便在土中形成凝结体。由于需要高压泵直接压送浆液，对泵的要求较高，且易磨损，因此形成凝结体的长度（柱径或延伸长）较小。

2）二管法。二管法是利用两个通道的注浆管通过在底部侧面的同轴双重喷射，同时喷射出高压浆液和空气两种介质射流冲击破坏土体，即以高压泥浆泵等高压发生装置喷射出 10~25 MPa 压力的浆液，从内喷嘴中高速喷出，并用 0.7~0.8 MPa 的压缩空气，从外喷嘴（气喷）中喷出。在高压浆液射流和外圈环绕气流的共同作用下，破坏泥土的能量显著增大，与单管法相比，其形成的凝结体长度可增加 1 倍左右（在相同的压力作用下）。

3）三管法。三管旋喷法是使用分别输送水、气、浆 3 种介质的三重灌浆管，利用高压水射流（30~50 MPa）和外围环绕的气流（0.7~0.8 MPa）同轴喷射冲切破坏土体，在高压水射流的喷嘴周围加上圆筒状的空气射流，进行水、气同轴喷射，可以减少水射流与周围介质的摩擦，避免水射流过早雾化，增强水射流的切割能力。喷嘴边旋转喷射，边提升，在地基中形成较大的负压区，再由泥浆泵注入压力为 0.2~0.7 MPa、比重 1.6~1.8 g/cm³、浆量为 80~100 L/min 的稠浆进行充填，就会在地基中形成直径较大、强度较高的固结体，起到加固地基的作用。浆液多用水泥浆或黏土水泥浆。这种方法可用高压水泵直接压送清水，机械不易磨损，可使用较高的压力，形成的凝结体较二管法大，较单管法则要大 1~2 倍。

4）多管法。这种方法必须先在地面上钻一个导孔，然后置入多重管，用逐渐向下运动旋转的超高压射流，切削破坏四周的土体，经高压水冲切下来的土和石，随着泥浆用真空泵立即从多重管中抽出。如此反复冲和抽，便在地层中形成一个较大的空间；装在喷嘴附近的超声波传感器可及时测出空间的直径和形状，最后根据需要，利用浆液、砂浆、砾石等材料填充，在地层中形成一个大的柱状固结体。在砂性土中固结体直径可达 4 m。

以上 4 种高压喷射注浆法，前 3 种属于半置换法，即高压水（浆）挟带一部分土颗粒流出地面，余下的土和浆液搅拌混合凝固，成为半置换状态；第 4 种方法属于全置换法，即高压水冲击下来的土，全部被抽出地面，而在地层中形成孔洞（空间），以其他材料充填之，成为全置换状态。

（2）高压喷射灌浆施工工艺

三管法高压喷射灌浆的施工工艺为：平整场地，挖排泥沟→放线定位→钻机就位→钻孔→钻机退出→高喷台车就位下喷管→定喷射方向→送水、送气、喷水泥黏土浆液→高喷台车退出→注浆回灌。

（3）高压喷射灌浆浆液材料

水泥是喷射灌浆的基本材料，水泥类浆液可分为以下几种类型：

1）普通型浆液。一般采用普通硅酸盐水泥，不加任何外加剂，水灰比一般为0.8∶1～1.5∶1，固结体的抗压强度（28 d）最大可达1.0～20 MPa，适用于无特殊要求的工程。

2）速凝—早强型。适于地下水位较高或要求早期承担荷载的工程，需在水泥浆中加入氯化钙、三乙醇胺等速凝早强剂。掺入2%氯化钙的水泥-土的固结体的抗压强度为1.6 MPa，掺入4%氯化钙后为2.4 MPa。

3）高强型。喷射固结体的平均抗压强度在20 MPa以上。可以选择高标号的水泥，或选择高效能的扩散剂和无机盐组成的复合配方等。

在水泥浆中掺入2%～4%的水玻璃，其抗渗性有明显提高。如工程以抗渗为目的，最好使用"柔性材料"。可在水泥浆液中掺入10%～50%的膨润土（占水泥重量的百分比）。此时不宜使用矿渣水泥，如仅有抗渗要求而无抗冻要求，可使用火山灰水泥。

（4）高压喷射灌浆注意事项

1）灌浆深度大时，易造成上粗下细的固结体，影响固结体的承载能力或抗渗作用，因而需采用增大压力和流量或降低旋转和提升速度等措施补救；

2）当发现喷浆量不足而影响工程质量时，可采用复喷技术；

3）在旋喷桩施工过程中，往往有一定数量的土颗粒随着一部分浆液沿着注浆管管壁冒出地面。通过对冒浆的观察，可及时了解地层情况，判断旋喷的大致效果和确定旋喷参数的合理性等。根据经验，冒浆（内有土粒、水及浆液）量小于灌浆量20%为正常注浆，当冒浆量大于灌浆量的20%时，可采用提高喷射压力、缩小喷嘴直径、加快提升速度和旋转速度等措施，对冒出的浆液，可回收利用；若出现不冒浆或断续冒浆，且为松软土质时，则视为正常现象，可适当进行复喷，若附近有孔洞、通道，则应提升注浆管，继续注浆直到冒浆为止；或拔出注浆管待浆液凝固后重新注浆，直至冒浆为止，也可采用速凝剂，使浆液在注浆管附近凝固，孔洞、通道应根据情况另行处理。

4）根据工程需要调节喷射压力和灌浆量，改变喷嘴移动方向和速度，控制喷射固结体的形状，即圆盘状、圆柱状、大底状、糖葫芦形状、大帽状和墙壁状。

5）喷灌后的浆液有析水现象，可造成固结体顶部出现凹穴，对地基加固及防渗不利。为此，可采用静压灌浆或浆液中添加膨胀材料等措施预防。

（5）高压喷射灌浆防渗工程实例

实例1：高压喷射灌浆建造防渗帷幕

刘家湾涵闸闸基直接坐落在强透水性的粉细砂层，由于开挖进、出水口，涵闸前后地表覆盖几乎被揭除，涵闸建造在浅层沙基上，既无截渗措施，又无出口反滤保护，水平防渗长度不能满足防渗要求，闸出口附近发生管涌（刘川顺，2000）。该闸地层属第四系全新统冲积层，自上而下依次为：①重沙壤土，层厚0.3~2.9 m；②粉细砂土，层厚2.1~3.0 m；③粉质黏土，层厚15.4~18.7 m；④黏土夹碎石。故采用以高压喷射灌浆建造防渗帷幕为主的防渗加固方案（图5-14）。经围井注水试验，渗透系数为$3.8×10^{-8}$ cm/s，表明防渗性能良好。

图5-14 高压喷射灌浆施工现场

实例2：高压旋喷灌浆建造防渗墙

位于长江流域水阳江水系老郎川河入口处的中斗闸，坐落于泥质粉砂岩和深厚的砂砾石地基基础上，建闸时，为提高闸基承载力和防止振动液化，对闸基进行了重夯加固处理，但由于防渗处理不彻底，闸基缺乏可靠的深层截渗，造成闸基严重渗漏。初步拟定了两个方案：方案一，薄壁抓斗塑性混凝土防渗墙，墙厚0.3 m；方案二，高压喷射灌浆防渗墙，墙厚0.2 m。综合考虑技术、经济因素，选用了方案二，即高压旋喷防渗墙方案（安裕民，2012）。其具体设计如下：

防渗墙布置：沿闸底板上游齿槽底高程，在铺盖末端齿槽底部开挖一底宽1.5 m、边坡1:2的深槽，槽内回填水泥土，防渗墙顶部嵌入水泥土内1.0 m。防渗墙两端分别延伸至闸室两侧岸墙以外50 m处，截渗墙总长181.84 m，墙厚0.2 m。两岸防渗墙顶高程高于设计洪水位0.3 m。防渗墙底部深入泥质粉砂岩层内1.0 m，加固剖面见图5-15。

初拟灌浆参数：初拟高压摆喷为单排，孔距1.5 m，采用摆喷折接形式，折接摆角30°~90°，摆喷工艺采用双管法，水泥采用P.O42.5普通硅酸盐水泥，水泥细度要求是通过4900孔/cm^2标准筛的筛余量小于5%，高喷凝结体板墙厚度不小于0.2 m，渗透系数$K≤i×10^{-5}$ cm/s，抗压强度标准值$R_{28}≥8~10$ MPa。

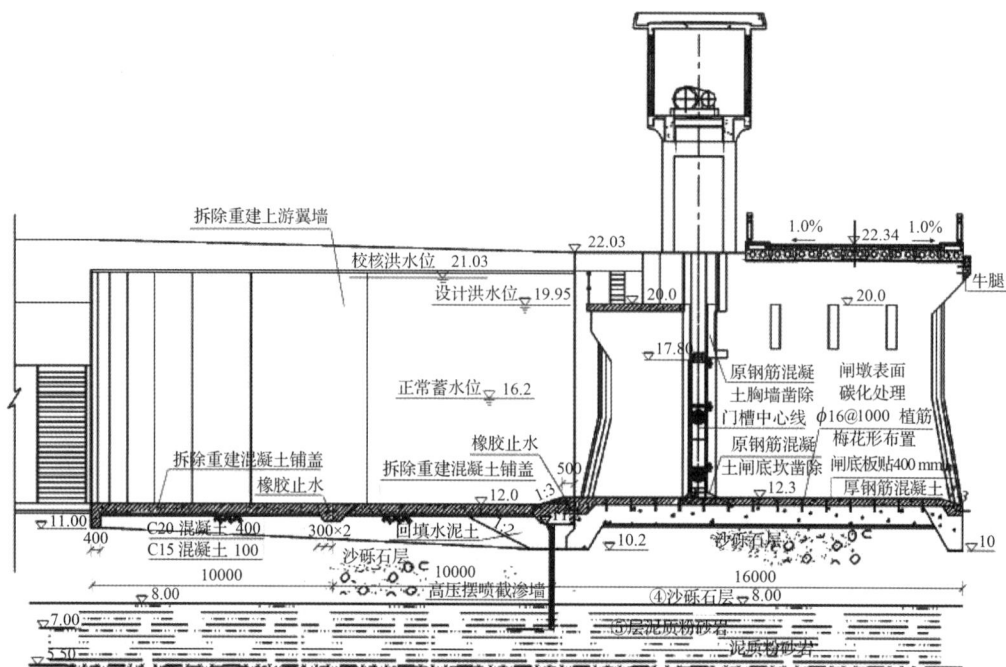

图 5-15   高压旋喷灌浆加固剖面

闸室地基经过防渗处理后，渗透坡降大大降低，处理后闸基土的渗透坡降及侧向绕渗出逸坡降均小于允许值，能满足规范要求，证明了该防渗处理措施可行。

5.4   水闸止水伸缩缝渗漏修复

5.4.1   水闸止水伸缩缝渗漏的预防措施

（1）止水片上污渍杂物问题

施工过程中，模板上涂刷脱模剂时，易使止水片沾上脱模剂污渍，所以模板上涂刷脱模剂这道工序要安排在模板安装之前并在仓面外完成。浇筑过程中不断会有杂物掉在止水片上，故在初次清除的基础上还要强调在混凝土掩埋止水片时再次清除这道工序。

另外，浇筑底层混凝土时就会有混凝土散落在止水片上，在混凝土掩埋止水片时，前期落上的混凝土因时间过长而初凝，这样的混凝土会留下渗漏隐患，应及时清除。

（2）止水片砂眼、钉孔和接缝问题

在止水片材料采购时，应严格把关。不但止水片材料的品种、规格和性能要满足规范和设计要求，对其外观也要仔细检查，如有砂眼、孔洞、裂纹（隙）等瑕疵的材料应及时更换。

止水片安装时，有的施工人员为了固定止水片，采用铁钉把止水片钉在模板上，这样会在止水片上留下钉孔，这种方法应避免，正确的做法是采取模板嵌固的方法来固定止水片。

止水片接缝也是常出现渗漏的地方，金属片（现在一般都用紫铜片）接缝一定要采用与母材相同的材料焊接牢固。为了保证焊缝质量和焊接牢固，可以使用铆接加双面焊接的方法，焊缝均采用平焊，并且搭接长度不得小于 20 mm。转角及交叉处接缝，受力条件较复杂，应预先在内场预拼焊接，并留有适当长度的直线段以便外场搭接。直线段的止水片也要在内场预拼到相当长度，外场只留极少数水平段的接头，用铆接加顶面单面焊接，以减少薄弱环节。橡胶止水片的接头可用热压粘接，也可用氯丁橡胶粘接，但热压法的接头强度较大、较可靠，国内已有单位通过对这两种接头做破损对比试验得到验证。因此重要部位止水片接头应热压粘接，接缝均要做压水检查，验收合格后才能使用。

（3）止水片处混凝土浇筑不密实问题

止水处混凝土振捣要细致谨慎，选派的振捣工既要有较强的责任心又要有熟练的操作技能。振捣要掌握"火候"，既不能漏振欠振，也不能过振（过分振捣会使混凝土发生离析），振捣时振捣器一定不能触及止水片。混凝土要有良好的和易性，易于振捣密实。另外止水片在混凝土浇筑层中的位置也很重要，水平止水片下的混凝土难以振捣密实，因此止水片翼缘要避免在浇筑层的界面处，而应将止水片翼缘置于浇筑层的中间，这在确定浇筑方案时就要考虑到。

对于施工时地基下有承压水冒出的情况，基础混凝土浇筑前一定要先处理好冒水问题，否则承压水会在新浇的基础混凝土中随处渗透，承压水渗透流经止水片，将带走止水片周围水泥浆，形成渗漏通道。冒水处理有两种方法：一是直接在垫层混凝土施工时把冒水封堵住；另一种方法是在垫层混凝土施工时，用导管把冒水引流出仓面或引到高于基础混凝土顶面，等到基础混凝土施工结束并有一定强度后再把管子封堵住。前一种方法适合于承压水压力不大的情况，后一种方法适合于承压水水头高、压力大，一时封堵不住的情况。承压水引流一定要注意设置反滤装置，以免引起地基淘空（陈芳，2009）。

还有一种情况需引起注意：承受双向水头的水闸（长江下游地区）设计中消力池兼作防渗铺盖的很多，消力池与闸底板交界处一般设平台和斜坡（图5-16）。混凝土浇筑振捣时，止水处混凝土易向斜坡低处流淌，水平止水片下的混凝土与止水片会有脱空现象，形成渗漏缝隙。这种情况可采用预留二次混凝土浇筑带的方法予以解决。

（4）止水处混凝土的泌水收缩问题

选用合适的水泥和级配合理的骨料能有效减小混凝土的泌水收缩。矿渣水泥的析水率比普通硅酸盐水泥要大 10% 左右。矿渣水泥的保水性较差，泌水性较大，收

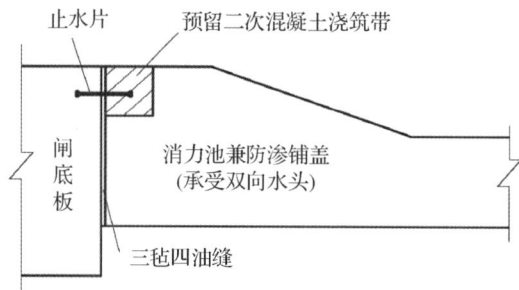

图5-16　平台斜坡处二次浇筑带

缩性也大，因此止水处混凝土最好不要用矿渣水泥而宜用普通硅酸盐水泥配制。

另外混凝土坍落度不能太大，流动性大的混凝土收缩性也大，一般选5~7 cm坍落度为佳。泵送混凝土由于坍落度大不宜采用。根据经验，在前段浇埋的混凝土初凝前实行二次振捣，可以有效减小泌水收缩，更好地保证止水片与混凝土的牢固结合。

（5）沉降差对止水结构的影响问题

沉降差很难避免，有设计方面的原因，也有施工方面的原因。结构荷载不同，沉降量一般也不同，大的沉降差一般出现在荷载悬殊的结构之间。水闸建筑中，防渗铺盖与闸首、翼墙间荷载相差较悬殊，会有较大的沉降差。小的沉降差一般不会对止水结构产生危害，因为止水结构本身有一定的变形适应能力（如紫铜片水平止水可适应1 cm的沉降差）。

从施工角度，一方面可采取预沉和设置二次浇筑带的施工措施来减小沉降差；另一方面，在施工计划安排时宜先安排荷载大的闸首、翼墙施工，让它们先沉降，待施工到相当荷载阶段，沉降较稳定后再施工相邻的防渗铺盖，或在沉降悬殊的结构间预留二次浇筑带，等到两结构沉降较稳定后再浇筑二次混凝土浇筑带。

（6）垂直止水缝沥青灌注密实问题及混凝土预制凹槽与现浇混凝土结合问题

垂直止水缝中常预留沥青孔，一侧采用每节1 m长左右的预制混凝土凹形槽，逐节安装于已浇筑止水片的混凝土墙面上，缝槽用砂浆密封固定，热沥青分节从顶端灌注。需要注意的是，在安装预制槽时要格外小心，沥青孔中不能掉进杂物和垃圾。因为沥青孔断面较小，一旦掉进去很难清除干净，必将留下渗漏隐患，所以安装好的预制槽顶端要及时封盖，避免掉进杂物和垃圾。常温下，融化成液体状的热沥青一般可灌注密实，但在寒冷气候下沥青流动性会减小，灌注时容易形成空隙，所以应尽量避免在寒冷气候下灌注沥青，如果无法避免，则应采用电热元件加温灌注。此外，沥青孔中不能有积水，否则灌注沥青会形成冷缝，造成渗漏。至于预制混凝土槽与周围现浇混凝土的结合问题，只要在预制混凝土槽安装前对其外表进行凿毛处理，注意现浇混凝土的质量，振捣密实即可。

5.4.2　水闸止水伸缩缝渗漏化学注浆修复措施

止水伸缩缝渗漏按严重程度可分成严重和一般。如果渗漏严重，渗漏范围广，渗漏量大，止水片基本失效，止水伸缩缝存在严重质量问题。这种情况须返工处理，即完全打开伸缩缝，凿出止水片，重新制作和安装止水片（凿出的止水片由于严重变形和损伤不宜再使用），重新浇筑止水伸缩缝混凝土。

实际工程中碰到的止水伸缩缝渗漏并不是很严重，一般只有轻微和局部渗漏，可用压力注浆的方法进行封闭堵漏处理，封闭止水片与混凝土之间的缝隙。这种情况下，止水片与混凝土之间的缝隙很细微（在0.1 mm以下），而且是在有渗水的工作环境中，用普通的修补材料不适合，可采用水溶性聚氨酯化学注浆，它能较好地胜任这种作业，其最大特点就是有极强的可注性，有缝就钻并且能够带水作业。

止水伸缩缝渗漏一般很难准确找到渗漏位置，只能采用逐段堵漏处理，逐段排查的方法，直到整条伸缩缝均无渗漏为止。

水溶性聚氨酯封闭堵漏处理（盛华兴，2005）施工工艺如下：

①清缝。用扁凿凿除伸缩缝止水片外侧的填料，凿除深度5 cm左右，并把缝中碎屑清除干净。

②埋注浆管和封缝。沿伸缩缝长度每隔20~30 cm插入1根孔径10 mm的注浆管（软塑管），然后用快速固化水泥封掉缝槽，注浆管外露一定长度（10 cm以上）以便与注浆泵连接（图5-17）。

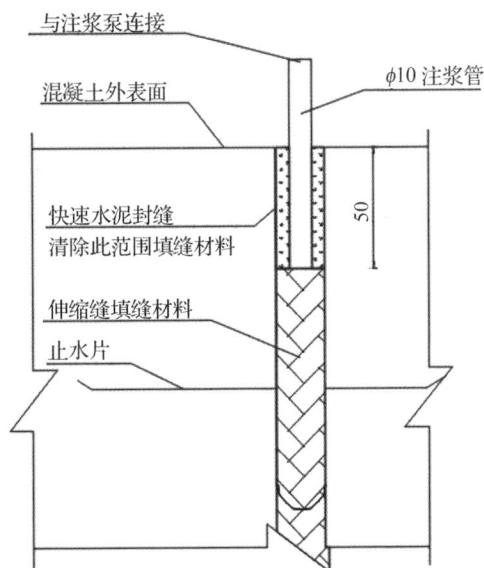

图5-17　清缝、封缝与埋设注浆管剖面图

③注浆。快速固化水泥固化15 min左右就可进行注浆。用注浆泵（压力

0.3 MPa 的手压泵即可）将水溶性聚氨酯从注浆管中压入伸缩缝中。注浆时垂直伸缩缝按先下后上（若为水平伸缩缝，则从一端向另一端）的次序进行（图 5-18）。当邻近注浆管冒浆时，关闭冒浆管后再继续压浆，使浆液沿着逆水通道向前推进，压到不再进浆时，则停止注浆。该注浆管压浆结束后，关闭该管（用铁丝扎紧），然后移至另一注浆管继续注浆，直到所有注浆管注浆结束。

④表面处理。对处理过的伸缩缝进行一段时间的观察，确认不再渗漏后再进行表面处理。首先用切割机割开封缝水泥，截去注浆管外露部分（比表面凹进去 2 cm），然后在割开的缝中浇灌沥青。

可见，止水伸缩缝渗漏要以预防为主，防治结合。止水伸缩缝渗漏防治涉及的都是一些具体的工艺，精工细活。这要求设计和施工人员要有高度的责任感和良好的职业道德，尤其要求施工人员有熟练的技能，注重施工中的每道工序、每项环节、每个细节的质量，细心谨慎，一丝不苟，严格规范操作，杜绝粗心大意和马虎麻痹思想。另外，不可忽视质量管理和检查监督，只有双管齐下，才能使预防措施真正落到实处。

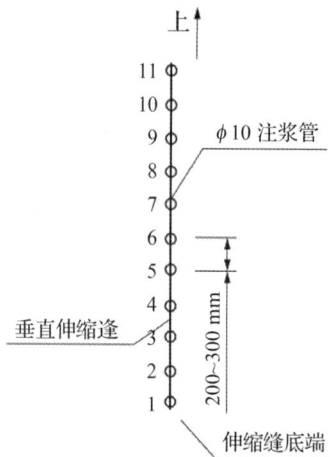

图 5-18　注浆次序

5.4.3　水闸永久缝止水表面封闭可伸缩止水材料修复措施

永久缝止水表面封闭可伸缩止水材料的修复方法，主要有遇水膨胀止水条、U形止水带、止水胶板、聚合物砂浆、GS胶防水材料、弹性环氧树脂、钢压板等，也可多种材料并用，以达到修复目的。

永久缝止水修复的一般施工工序为：施工准备→永久缝开槽→槽面清理与修补→止水材料安装→槽面封闭→进行切缝。

永久缝止水维修示意图见图 5-19，具体的施工工艺如下：

①施工准备工作。根据选择的施工方案，准备施工材料、人员及相关的施工机

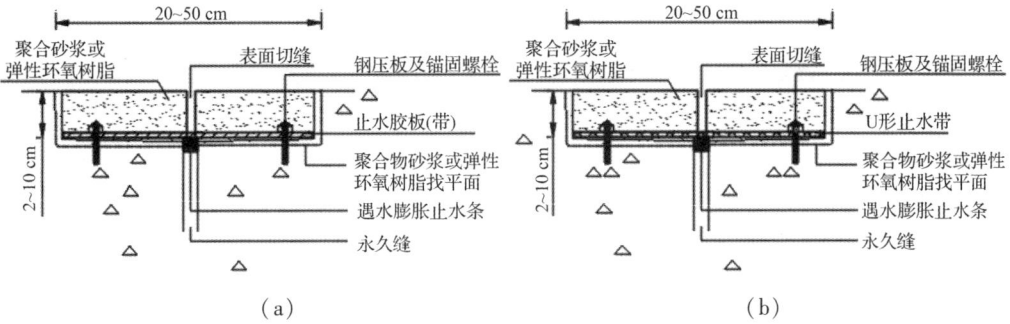

图 5-19　永久缝止水维修示意图

械设备，并清除永久缝两侧 50 cm 范围内混凝土表面的附着物；

②永久缝的开槽。沿着永久缝两侧开 U 形槽，根据施工方案的不同，U 形槽的宽度为 20~50 cm，槽的深度为 2~10 cm。开槽时应清除松动的混凝土，在开槽深度较大时应注意保护好结构内钢筋；

③槽面清理与修补。U 形槽开槽完成后，应采用高压水枪清理槽面，去除混凝土表面的灰渣，然后采用混凝土修补材料将槽的底部修补完整，修整前应进行结合面界面处理；

④止水材料安装。按照选定的施工方案安装止水材料。遇水膨胀止水条可以直接进行嵌填，U 形止水带、止水胶板采用钢压板跨缝隙禁锢在槽底。压紧钢板的螺栓宜采用植筋或锚栓锚固技术加以固定；

⑤槽面封闭与切缝。采用聚合物砂浆或弹性环氧树脂将槽修补平整，在材料初凝后用薄钢板或其他片状物在永久缝对应位置切缝，切缝时应注意不要损伤止水材料。

在选取施工方案时，可采用以上一种或多种止水材料联合运用。例如，可选择遇水膨胀止水条和止水胶板联合使用，首先嵌填遇水膨胀止水条，再安装止水胶板。永久缝的修复处理，不能灌注刚性灌浆材料，而应当灌注弹性灌浆材料，防止永久缝处产生变形失效而引起结构产生新的裂缝。

5.4.4　水闸止水伸缩缝渗漏治理实例

5.4.4.1　水闸伸缩缝止水"螺栓+钢板"修复处理实例

容桂联围某水闸位于桂州水道下游，正对洪奇沥水道，受台风直接影响，在防洪、排涝及交通方面发挥着较大作用。该闸始建于 1975 年，并于 1999 年拆除原址重建。由于水闸基底分布有深厚的淤泥质土，地质条件较差，而重建时对于这一情况处理措施有限，因此在运行过程中该水闸地基基础产生了不均匀沉降，其表现为原本平顺连接的伸缩缝两侧形成了较大的沉降差和水平相对位移，伸缩缝本身的宽度较建成之初有不同程度的增大。由于上、下游连接段的 U 形槽与前闸室段之间设有止水，三者共同构成了抵御外江洪水的防渗体系，因此它们之间的伸缩缝尤为重要，而根据现场观察，上游U形槽较前闸室段的沉降约有300 mm，且止水顶端已拉断并外露，下游U形槽较前闸室的沉降略少，约有150 mm，尚未见止水（图5-20和图5-21）。根据现场情况初步判断，该水闸上、下游连接段的U形槽与前闸室段之间的止水已经基本拉断失效，仅靠前闸室自身来支撑整个防渗体系，抵御外江洪水，严重影响水闸的防洪安全，对围内的人民群众生命财产安全造成威胁。

图5-20 上游U形槽与
前闸室伸缩缝现状

图5-21 下游U形槽与前闸室伸缩缝现状

该水闸上、下游连接段的U形槽与前闸室段之间伸缩缝止水采用的是传统形式——埋入式，即将止水埋置于伸缩缝两侧的混凝土内，缝内填沥青杉板。若对上述止水采用直接更换的方式进行修复，则必须凿除止水周边原有混凝土，破坏范围较大，对建筑物的结构安全有影响，严重的甚至会使结构内部产生裂缝。因此，该水闸伸缩缝止水修复采用"螺栓+钢板"从表面固定新设止水的方法进行修复（孙刘伟，2017）。

具体的修复方案如下：

（1）上游U形槽与前闸室底板伸缩缝修复

上游连接段与前闸室底板之间高差较大，且该处为消力池的斜坡段，为保证新旧结构之间的结合效果，增强对水流冲刷的抵抗能力，该处采用现浇钢筋混凝土找平伸缩缝两侧高差（图5-22）。具体方案如下：

①凿毛上游U形槽消力池斜坡段底板老混凝土表面，从而形成凹凸麻面，以便于新老混凝土能够形成一个整体，凿毛深度不少于50 mm；

②在凿毛范围的两端（顺水流方向），采用化学植筋的方式分别将1排ϕ16钢筋固定于U形槽底板，植筋间距为300 mm，植筋定位时应利用钢筋探测仪等设备错

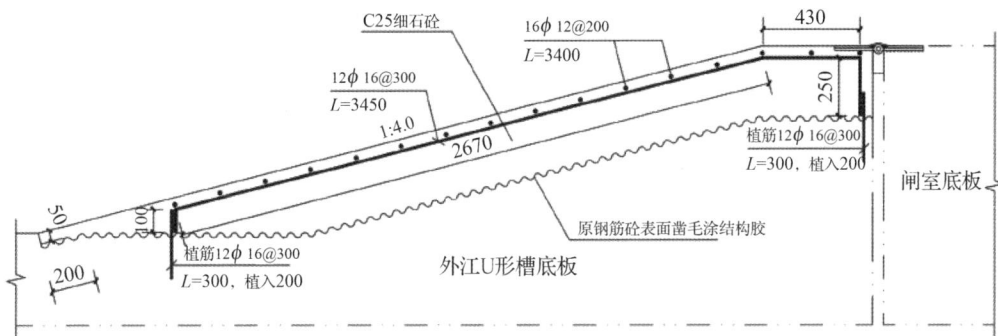

图 5-22　上游 U 形槽与前闸室底板伸缩缝新浇混凝土找平做法

开原结构钢筋位置；

③待植筋完成固化后，将装配好的 φ16 钢筋网与植筋双面焊接，从而构成上游 U 形槽消力池斜坡段新的面层钢筋；

④用水冲洗干净凿毛混凝土表面，并充分湿润不少于 24 h；

⑤清除残留在混凝土表面的积水，涂结构胶，新浇一层 C25 细石混凝土找平闸室与上游 U 形槽底板；

⑥待新浇混凝土养护 7 d 后，用膨胀橡胶止水条填塞闸室与上游 U 形槽之间的伸缩缝，填塞深度不少于 100 mm；

⑦凿低新设止水范围的闸室和上游 U 形槽底板约 18 mm，涂结构胶找平并粘贴新的橡胶止水；

⑧伸缩缝两侧各采用一排 M16 不锈钢膨胀螺栓以及一块不锈钢板（200 mm× 8 mm）加强固定新橡胶止水于底板面（图 5-23）。

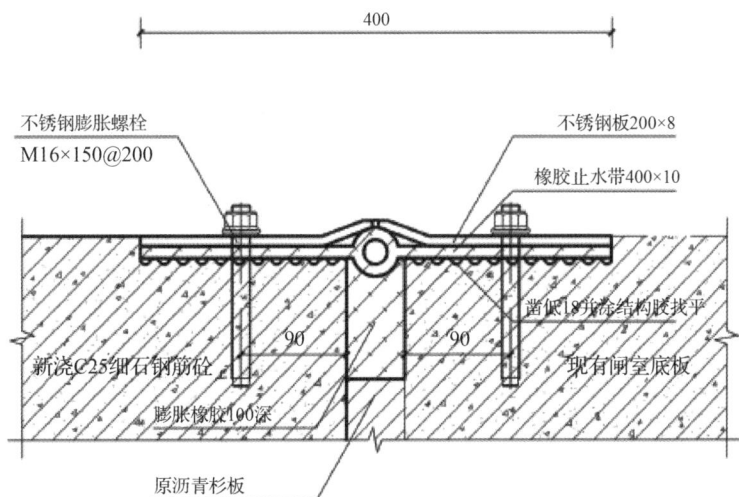

图 5-23　上游 U 形槽与前闸室底板伸缩缝新设止水做法大样

（2）下游 U 形槽与前闸室底板伸缩缝修复

下游 U 形槽较前闸室沉降了约 150 mm，沉降差相对较小，且下游 U 形槽水流流态较为稳定，因此，该处伸缩缝两侧高差采用高强改性环氧水泥砂浆找平（图 5-24）。具体的方案如下：

①凿毛下游 U 形槽预计找平范围底板老混凝土表面，凿毛深度约为 18 mm。将凿毛范围清洗干净并充分湿润不少于 24 h；

②清除残留在混凝土表面的积水后涂结构胶，按水平段长约 180 mm、找平坡度 1：4.0 浇筑高强改性环氧水泥砂浆，并养护 72 h；

③待新浇砂浆养护 7 d 后，用膨胀橡胶止水条填塞闸室与下游 U 形槽之间的伸缩缝，填塞深度不少于 100 mm；

④凿低新设止水范围的闸室和下游 U 形槽底板约 18 mm，涂结构胶找平并粘贴新的橡胶止水；

⑤伸缩缝两侧各采用一排 M16 不锈钢膨胀螺栓以及一块不锈钢板（200 mm× 8 mm）加强固定新橡胶止水于底板面。

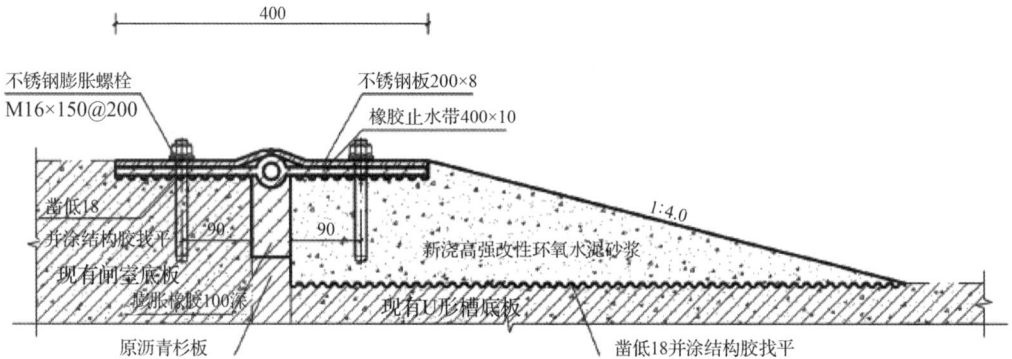

图 5-24　下游 U 形槽与前闸室底板伸缩缝修复做法

（3）上、下 U 形槽与前闸室侧墙（边墩）伸缩缝修复

上、下 U 形槽与前闸室的不均匀沉降主要表现为伸缩缝两侧有明显高差，伸缩缝宽度被拉大。如果上、下 U 形槽与前闸室侧墙（边墩）伸缩缝之间没有像底板一样发生明显错位，就不需要采取额外的措施平顺连接，处理相对简单。具体的方案（图 5-25）为：

①用膨胀橡胶止水条填塞闸室与上、下游 U 形槽之间的伸缩缝，填塞深度不少于 100 mm；

②凿低新设止水范围的闸室和上、下游 U 形槽底板约 18 mm，涂结构胶找平并粘贴新的橡胶止水；

③伸缩缝两侧各采用一排 M16 不锈钢膨胀螺栓以及一块不锈钢板（200 mm× 8 mm）加强固定新橡胶止水于底板面。

（4）上游 U 形槽与挡墙伸缩缝修复

受不均匀沉降影响，上游 U 形槽与挡墙伸缩缝拉开宽度过大，原填缝料沥青杉板起不到密封作用，墙后填料受外江水流淘刷不断流失，致使墙后出现空洞。

该处伸缩缝不需要设止水，因此分缝填料采用聚乙烯闭孔泡沫板。另外，为了防止墙后填料在外江水流淘刷下持续流失，伸缩缝临水面粘贴一层 400 宽度土工布（400 g/m²），同样在伸缩缝两侧各采用一排 M16 不锈钢膨胀螺栓以及一块不锈钢板（195 mm×8 mm）固定土工布（图 5-26）。

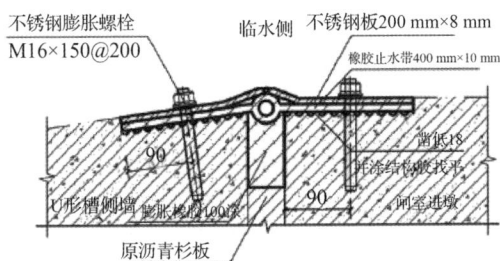

图 5-25　上、下游 U 形槽与前闸室侧墙（边墩）伸缩缝修复做法

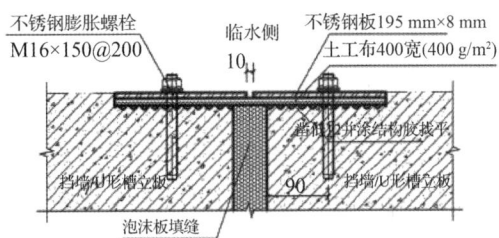

图 5-26　上游 U 形槽与挡墙伸缩缝修复做法

可见，伸缩缝止水是水闸防渗体系中的关键部位，也是其中较为薄弱的一环。通过对该水闸伸缩缝的修复处理，有效解决了水闸墙后填料流失以及挡水时的渗漏隐患。经过汛期的考验，至今未再发现有关问题。

5.4.4.2　骑缝凿槽后铺填 GS 胶进行表面止水实例

葛洲坝 3 号船闸自 1981 年投入运行以来，尚未进行过大的修补，直至 1996 年经检查发现：基础排水廊道淤积严重，渗漏量大，部分结构有明显的挤压破坏，特别是闸室底板两条纵缝及分流口支廊道部位的渗漏量为最大（张新军，1999）。经研究，确定对渗漏部位采用骑缝凿槽后铺填 GS 胶进行表面止水的处理方式。

GS 胶材料主要成分为改良聚氨基甲酸酯，是双组分反应型流状或膏状密封材料，使用寿命长，该材料固化后生成不溶于水的网状构造高分子橡胶体，具有良好的弹性、黏结性、耐水性及抗压性能。

表面止水施工流程：骑缝凿槽→清槽→梯形槽顶部用 903 水泥砂浆找平→GS 胶底涂→充填底部 GS 胶→涂刷二道环氧基液或 GS 胶→粘贴塑料止水片→安装扁钢压条→充填上部 GS 胶→盖塑料薄膜→盖预制混凝土（C20）盖板。

底板两条纵缝表面止水构造如图 5-27 所示。

具体的施工工艺如下：

①骑缝凿槽，上部矩形槽平均宽度 65 cm，深 7 cm；下部梯形槽顶宽平均值 17 cm，底宽平均值 14 cm，平均深度 12 cm；

②清除槽内杂物后用钢丝刷刷净混凝土表面；

③903 水泥砂浆找平；

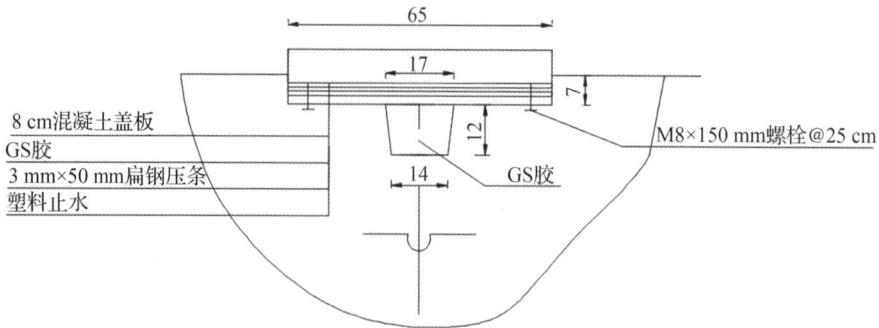

图 5-27　底板两条纵缝表面止水构造（尺寸单位：cm）

④清除梯形槽内杂物，用风吹净、烘干，而后涂刷底涂料，底涂料主要成分为硅烷偶联剂，有很强的黏结性；

⑤充填底部 GS 胶。GS 胶充填分 3 层施工，即底层、中层、面层，每层厚约 4 cm；底层材料为 I 型材料，表干时间约 6 h，表干后铺防粘层；中层材料为 II 型材料，表干时间约 24 h，分 2~3 道施工，表干后铺防粘层；面层材料为 III 型材料，表干时间约 12 h，分 2~3 道施工；

⑥粘贴塑料止水片。粘贴前在表干的 GS 胶上均匀涂刷二道环氧基液（局部用 GS 胶粘接），而后边粘贴边用力均匀压紧，直至基液从止水片边缝挤出，并加混凝土盖板预压；塑料止水片接头处覆盖长约 10 cm 的止水片，用黏合剂黏结，接头处均进行凿毛处理；

⑦安装扁钢压条。先布设压条（3 mm×50 mm），而后在压条预留孔内用电锤造孔，埋膨胀螺栓（M8×150 mm@25 cm），旋紧螺母直至压条紧压止水片；

⑧充填上部 GS 胶。压条安装完毕除去灰尘、杂物后铺填 GS 胶，GS 胶分两层施工，选用 II、III 型材料；

⑨盖混凝土盖板。混凝土盖板标号 C20，尺寸为 58 cm×29 cm×8 cm。

5.4.4.3　缝内化学灌浆修复上游止水系统实例

赵山渡引水工程坝址所在河床上部为沙砾卵石层覆盖层，厚度为 5~15 m，属于强-极强透水层；下部为含泥沙砾卵石层，属于弱透水层；含泥沙砾卵石层下部为强与弱风化岩，属于弱-微弱透水层（郑建媛，2013）。

泄洪闸闸室均为单孔独立缝墩式结构，相邻闸墩间设沉降缝，内设有铜片、橡胶及沥青松板三道止水；各闸室缝墩分别设置了垂直向铜片和橡胶止水带。闸室段上游采用封闭式混凝土防渗墙，两端与厂房和重力坝基础防渗帷幕相连接，形成防渗体系。防渗墙头部和上游护坦间设伸缩沉降缝，缝内设铜片和橡胶二道止水，经上游护坦缝内的水平止水带与闸室水平止水带相连。混凝土防渗墙墙底嵌入弱风化基岩至少 0.5 m，槽孔平均深度 38.64 m，最大孔深为 51.2 m，成墙面积约 5500 m²。泄洪闸防渗止水系统结构见图 5-28。

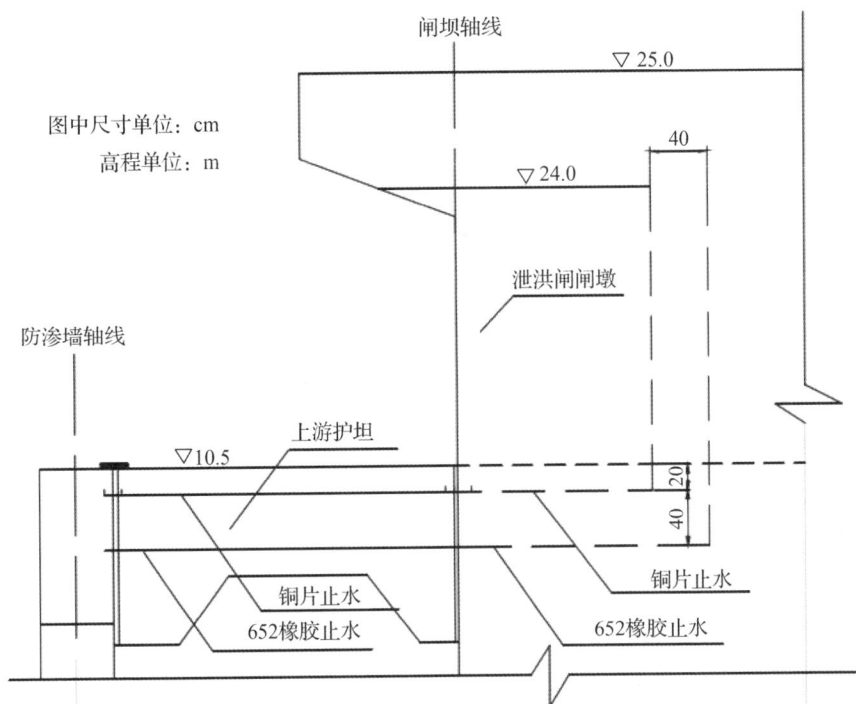

图 5-28 泄洪闸防渗止水系统结构剖面图

（1）渗漏问题的发展过程

2004 年 10 月，最早发现浅滩区个别闸墩下游渗漏，漏水量很小，一般以湿印状态显露。2006 年 11 月，对 13 个闸墩伸缩缝、溢流面及消力池范围进行了水下普查，发现共有 7 处闸墩下游伸缩缝渗漏，个别闸墩上游伸缩缝有破损；2008 年 1 月，再次检查浅滩区下游排空后泄洪闸的漏水情况，发现 7 个闸墩下游侧伸缩缝均存在漏水现象，漏水情况发展迅速，对比 2006 年 11 月和 2008 年 1 月两次检查结果，经过 1 年多时间的发展，浅滩区泄洪闸的渗水情况从部分伸缩缝浸湿发展为喷水、射流，渗漏恶化的趋势十分明显；2008 年 2—3 月，采取水下录像和水下喷墨（高锰酸钾溶剂）的方式，对泄洪闸进行了水下的全面检查和记录。结果显示：泄洪闸 17 个闸墩中有 10 个闸墩伸缩缝上游侧存在不同程度的渗漏；浅滩区防渗墙上游侧与混凝土保护体之间缝内几乎整条都存在比较明显的渗漏，主槽区上游护坦也存在多处明显渗漏。

（2）防渗处理措施

1）竖向伸缩缝的化学灌浆。

最初分析认为，闸墩竖向伸缩缝可能存在渗漏通道，于是采取在闸墩骑缝钻孔进行化学灌浆的方式进行防渗处理。灌浆过程中发现闸墩上、下游两侧都有白浆出现。由于化学灌浆没有取得防渗效果，随即停止。

2）上游止水系统的修复。

2008年2月水下检查发现，泄洪闸上游止水系统破损较为严重，决定采取结构缝表面防渗处理的工艺修复上游止水系统。修复时采用缝内化学灌浆方法，灌注水溶性聚氨酯浆材填充封堵漏水的结构缝段，再以SX防渗模块对结构缝表面进行表面封闭防渗。主要部位包括：防渗墙头部伸缩缝、防渗墙与上游护坦间伸缩缝、上游护坦间伸缩缝、闸墩与上游护坦间的竖向结构缝、闸墩间伸缩缝等。处理后通过检查验收，上游各结构缝表面未发现吸水现象，处理部位均不存在渗漏问题，但闸墩伸缩缝漏水量没有显著变化，从而排除了上游止水系统引起大规模渗漏可能。

3）防渗墙头部的灌浆检查。

由于防渗墙头部和防渗墙体之间施工缝存在漏水的可能，因此对浅滩区防渗墙头部进行了钻孔检查。施工时，在浅滩区防渗墙轴线40 cm范围内，每隔2 m间距，钻24个孔深1.6 m以上的检查孔，穿过防渗墙头部施工缝，用0.2 MPa压力进行压水实验。实验结果显示，只有一个检查孔发现有漏水现象，对该检查孔进行灌浆处理，但下游漏水情况并没有减轻。因此，排除了防渗墙头部施工缝存在较大渗漏通道的可能。

4）防渗墙的灌浆防渗。

经过上述检查和修复工作，基本排除了闸墩伸缩缝、上游止水系统、防渗墙施工缝大规模渗漏的可能，最终将主要渗漏通道锁定在浅滩区泄洪闸的防渗墙本体。

根据防渗处理"上堵下排"的原则，经综合分析后决定在防渗墙上游侧钻孔灌浆封堵渗漏通道。灌浆时，确定泄洪闸浅滩区为施工范围，渗漏特别严重的部位为重点区段，处理时由重点区段向一般区段逐步扩展；灌浆深度为防渗墙头部以下20 m，实际深度根据封堵效果调整。

施工时，在防渗墙上游侧设2排灌浆孔，轴线距防渗墙上游面分别为1.4 m和0.40 m，每排孔的孔距2.0 m，按两个次序自下而上分段进行施工。根据需要选用水泥浆材、水泥-水玻璃浆材、特种水泥浆材、聚氨酯浆材等作为灌浆浆材。施工初期采用二次成孔法，后期调整为一次成孔法，用3台XY-2型钻机进行钻孔，配备3台制浆机和2台浆液输送泵，保障两孔同时进行正常灌浆的需要。

防渗墙灌浆钻孔施工过程中，出现了浅滩区闸下结构缝漏水变浑、闸底板与下游护坦接缝有浑水溢出等现象，且不同钻孔区段、深度对应不同部位的漏水变浑。随着灌浆防渗处理的逐步完成，泄洪闸下游渗漏水逐渐减小、消失。

对比灌浆处理施工前后浅滩区泄洪闸扬压力数据发现，灌浆处理后扬压力大幅度下降，施工后的扬压力值与下游水位相差很小，泄洪闸基底扬压力已完全恢复正常。这表明灌浆处理封堵了防渗墙本体的渗漏通道，彻底解决了赵山渡泄洪闸渗漏问题。

5.5　水闸闸基及翼墙侧绕渗修复技术

（1）实例1：水闸闸基及翼墙侧绕渗渗漏处理

某沿海排水闸建成于2005年，2013年8月，水闸管理人员在巡查时发现上游侧护坦与闸底板间出现冒水、翼墙趾脚出现渗水，基本判断出水闸闸室底部及翼墙背侧形成了渗水通道。

通过分析，渗水通道形成的主要原因大致有以下几方面：水闸底板下基础采用PHC管桩处理，管桩采用锤击法施工，在锤击过程中，桩群间挤土现象比较严重，对闸底板下基础土层扰动严重；管桩桩底伸入硬土层，闸室本身受"托顶"原因控制沉降较好，而上部淤泥质土层因自身固结，导致闸底板与土层产生收缩性缝隙；闸室两侧未进行有效的基础处理，两侧土体沉降引起的附加应力加速了闸室底板下土层的收缩；车辆通行时的震动很有可能破坏了闸底板下的混凝土垫层结构及橡胶止水带设施；侧向渗水主要是闸室两侧连接段部位出现了较大的沉降，导致闭气土方与构筑物"脱缝"（夏旭光，2014）。

鉴于水闸闸室底板及侧向目前已形成了渗漏通道，因此在防渗处理方案中，首要任务就是截渗，其次是堵漏，最后减少并控制沉降。闸下截渗：可设置围堰进行临时堵水，将竖向防渗墙设置在上游侧临近闸底板位置。防渗墙采用ϕ80高压旋喷桩形成，桩顶与新建铺盖设置止水铜片，最终形成达15 m的防渗渗径；侧向截渗：截水墙设置在翼墙与边墩接触位置，截水墙与边墩、护坦增设水平、垂直止水，形成完整的防渗体系，内侧回填优质黄泥；堵漏：基础堵漏采用充填灌浆的方法进行，在充填灌浆开始前，首先对上游护坦与闸底板之间的漏水缝隙用聚氨酯材料进行灌填密实，充填灌浆分两次进行，第一次先基本堵住渗水，降低浆液在基础下的流动性；第二次灌浆以加压一次性灌入的方式彻底充填闸底板下可能的孔隙或通道，进一步巩固充填效果；控制沉降：通过深层水泥搅拌桩加固闸室两侧软土层为主，减少两侧基础土层的固结收缩。施工过程中要严格遵守"围堰→搅拌桩加固→充填灌浆→防渗墙→截水墙→充填灌浆"的施工顺序。

实践表明，该水闸的渗漏处理方案可行，效果明显。

（2）实例2：微劈裂灌浆在大型水闸侧向防渗加固中的应用

大型水闸的运行安全因素众多，其中土体侧向绕渗的控制是水闸安全运行的基础。江苏省洪泽区境内的高良涧闸是一座兴建于1952年的大型水闸，2006年在汛期运用过程中，出现裂缝发展，墙后绕渗水位增高的现象，经过侧向绕渗分析，已影响土体渗流稳定，为确保工程安全度汛，决定对侧向绕渗系统及翼墙地基进行加固。

分析原因：裂缝及土体位移提高了墙后水位，侧向渗径长度变短，下游出逸点渗透坡降变大,翼墙伸缩缝老化严重,局部已失去止水作用,墙的变化使墙底板断裂,出现裂缝,并使墙后土体出现位移及裂缝。

侧向绕渗及翼墙地基加固方案:为达到侧向绕渗加固,顺便加固地基的目的,选用了劈裂灌浆技术,并对劈裂技术进行适当改进,自创微劈裂灌浆技术(仇金标,2007)。即土体在起劈压力下,经过微劈裂后,以工程安全运行工况允许压力为灌浆控制指标,同时利用水泥浆与土体的固结性能,在加固墙后侧向绕渗的同时提高翼墙地基承载力,彻底消除高良涧闸翼墙运行隐患。

微劈灌浆在高良涧闸侧向绕渗及地基加固应用中的原理:高良涧闸上游翼墙一面临水,背后为无限连续均质土体,土体最小主应力沿着翼墙轴线,利用最小主应力和翼墙轴线方向一致的规律,顺翼墙方向合理布孔,适当地控制微劈裂灌浆压力,劈裂墙后土体,可沿墙轴线形成防渗帷幕,灌浆孔深入地基 0.5 m 以下,水泥浆与地基土体固结提高地基承载力;常见灌浆材料分为固体灌浆材料和化学灌浆材料两大类,固体灌浆材料是利用固体颗粒和水组成的悬浮液,有黏土浆、水泥浆、水泥黏土浆、水泥粉煤灰浆等几种,考虑可灌性、灌浆效果及加固翼墙地基,采用普通硅酸盐水泥,浆液水灰比 0.7 左右。

侧向绕渗加固微劈裂灌浆施工流程:测量放样→布孔→造孔→注浆→复灌→终灌→封孔。

微劈裂灌浆施工控制要点和成效。灌浆顺序:先施工翼墙外侧注浆孔,等固结后灌内侧注浆孔,以减少灌内排孔时的翼墙土压力,为增加灌浆效果,用间隔孔灌注的施工方法;微劈裂灌浆压力:按“稀浆开始、浓浆灌注、先疏后密、少灌多复、控制浆量、控制压力”的原则,微劈裂土体后立即降低灌浆压力,本工程正常灌浆压力控制在 1.0 kg/cm^2。灌 1~2 次后,灌浆管提升 1~2 m,任何情况下都不能超过翼墙安全灌浆控制压力 1.24 kg/cm^2;监测:施灌时按设计监测项目加强观测,任何一项控制指标超过警戒值时,应立即停灌,待水泥浆固(本工程间歇时间为 24 h)、翼墙变化回复到警戒值范围内再灌浆;终灌:裂缝开展控制在 2.0 cm 之内,连续 3 次不吃浆,可终灌,直观上以饱、满、实为度;封孔:在终灌后,先将注浆管插入孔底,再注入浓浆将稀浆或清水置换掉,直到浓浆填满全孔为止,待浆液析水沉淀后再进行第二次封填,直到钻孔封满为止;微劈裂灌浆加固效果:微劈裂灌浆施工一个多月后,管理人员对墙后水位进行了观测,并与加固前的水位进行了比较,发现墙后土体的侧向防渗能力进一步提高,同时翼墙地基与水泥浆发生固结,地基承载力也相应提高,抗滑能力得到改善,彻底消除了翼墙运行的隐患。

(3)实例 3:软土地基水闸渗漏处理

滨海水闸为一座挡潮排涝闸,主要承担着围垦区的水向外海排水和挡潮作用,水闸为Ⅲ等工程,水闸为 3 级建筑物。设计防潮标准 50 年一遇。水闸共分 3 孔,净宽 6 m,闸孔总净宽 18 m,闸室段及左侧配电房和右侧管理房采用空箱结构,交通箱涵及其两侧为空箱，上下游翼墙亦为空箱结构。

　　该水闸建成不久，涨潮时，内海侧左右两侧空箱式翼墙与2#空箱之间结构分缝处存在明显的渗漏现象；落潮时，外海侧左右两侧空箱式翼墙与1#空箱之间结构分缝处存在明显的渗漏现象，左右两侧空箱与填筑土存在明显的沉降差。分析原因如下：在空箱式翼墙和空箱之间结构分缝未设置垂向止水；水闸建在深厚软土地区，闸室地基采用桩基处理，控制沉降较好，两侧采用水泥搅拌桩处理，控制沉降较差，两侧填土引起的附加应力和车辆通行的震动，加剧了不同处理方式之间的不均匀沉降，导致左右两侧边墩与1#、2#空箱间的垂向橡胶止水带设施破坏；由于垂向止水破坏，引起绕闸渗漏，闸室两侧回填土土料质量差，施工时单层填筑厚度较大，压实度不足，加上填土速度过快，加剧不同结构之间的差异沉降，使闸室两侧连接段出现较大的沉降，导致构筑物与回填土之间出现"脱缝、错缝"现象。在潮汐作用下，两侧填土被淘空。

　　处理方案：闸墩与2#空箱之间结构缝重新设置垂向止水，采用聚氨酯化学灌浆；在1#、2#空箱后填土部分采用水泥黏土浆进行灌浆（李红文，2017）。

　　处理难点：由于受潮涨潮落的影响，灌浆的位置、材料、时段、压力的选择尤为重要。结构缝灌浆施工工艺流程为：钻孔→两端埋设膨胀橡胶止水→中间埋设灌浆管（排气管）→结构缝顶端封闭→灌浆→封孔。

　　化学灌浆：化学灌浆选择在高平潮进行灌注，要求1个潮位灌完。在封闭空间进行灌浆是保证化学灌浆成功的关键，尤其两端膨胀橡胶是否能有效阻止浆液外泄更为重要，必须做到钻孔垂直（完全骑缝）和膨胀橡胶充分膨胀。①垂直度控制：选择性能较好的钻机，立轴应竖直，底座用水平尺调平，采用膨胀螺栓固定在混凝土上，钻杆和钻具必须严格保持垂直，其倾斜应小于0.1%，钻进时要确保低速、小压力、小流量，每1 m检测钻孔的倾斜值，发现孔斜超限，应及时采取相应措施加以修正；②膨胀橡胶充分膨胀：尽量选用和钻孔直径接近的膨胀橡胶，膨胀橡胶顶端采用圆形木楔顶端封闭，保证橡胶左右前后膨胀，安装后采用水箱滴灌淋浴膨胀橡胶，使其充分膨胀。

　　充填灌浆：①灌浆位置选择：为减少浆液损失，保证灌浆质量，先进行内海、外海侧外排充填灌浆，再进行里排灌浆，由于受潮涨潮落的影响，首序孔速凝早强是保证灌浆成功的关键。②灌浆压力选择：灌浆采用低压加密布孔或逐步增大灌浆压力的方法，灌浆压力分3级，自重无压-0.1～-0.005 MPa，首先采用自重压力下的间歇灌浆，根据灌浆量的多少掺加粉细砂、锯末等充填材料和明矾等膨胀剂填充大的孔隙，掺入适当木糖或苯磺酸盐系等高效减水剂和水玻璃、偏硅酸钠等速凝剂，以降低浆液的黏度和加快胶凝速度，控制浆液扩散距离，等内、外海侧灌浆孔在自重压力下不吃浆时，增加灌浆压力，如发生压力突降或灌浆量突然增加情况，应减小灌浆压力，增加速凝剂的掺量。③灌浆时段选择：涨潮时灌注外海侧，退潮时段灌注内海侧。

灌浆结果表明：①两侧采用膨胀橡胶封堵，中间灌入聚氨酯浆液，通过用聚氨酯封闭沉降缝一段，起到恢复垂向止水作用，既可以有效封堵裂缝，又可以大大减小施工的费用。②填土采用水泥黏土浆进行充填灌浆，能堵塞填土下面被海水掏空的空隙，从而堵塞渗漏，还能对填土起到充填加固的作用，有效减小了土体的沉降。

通过压水和注水试验检查，渗透性满足规范要求，灌浆取得圆满成功，且水闸经过多年运行考验不再渗漏。

5.6　水闸施工降水与排水设施修复

（1）除险加固中施工降水方法

按照降水机制的不同，施工降水分为重力式降水和强制式降水两种。重力式降水又叫排水沟及集水井降排水，是普遍常用的一种基坑降水方式，适用于基岩或粒径较粗、渗透系数较大的砂卵石覆盖层。强制式降水又叫井点法降水，其适用于粉、细沙或地下水位较高、挖基较深、坑壁不易稳定和用普通排水方法难以解决的基坑，强制式降水是通过对地下水施加作用力来促使地下水的排出，从而达到降低地下水位的目的。根据井点的布置方式、施加作用力的方式以及抽水设备的不同，井点降水一般有轻型井点、喷射井点、射流泵井点、电渗井点、管井井点和深井井点等方法。各种井点法使用范围如表 5-4 所示。

布置井点：根据工程实际情况选用合适的井点法类别，然后根据以往施工经验和参考资料对整个管井进行详细的管井井点布置（崔晓云，2012）。

表 5-4　井点法使用范围

序号	井点法类别	土层渗透系数（m/d）	降低水位深度（m）
1	轻型井点法	0.1~80	≤6~9
2	喷射井点法	0.1~50	8~20
3	射流泵井点法	0.1~50	≤10
4	电渗井点法	0.002~0.1	5~6
5	管井井点法	20~200	3~5
6	深井井点法	10~80	>15

管井井点施工按照测放井位→埋设护口管→钻孔→吊放井管→回填滤料→洗井→安泵试抽的工艺流程。测放井位是根据降水点平面布置图测放井位；埋设护口管是开挖安放护口管；钻孔一般采用冲击钻钻孔，钻孔至设计深度后清除孔内杂物；吊放井管采用钻机缓缓下放，吊放井管要垂直，并保持在井孔中心，为防止雨水泥

沙或异物掉入井内，井管高出地面不小于 20 cm；回填滤料：井管下入后立即回填滤料，填料时，随填随测填入高度，当填入量与理论计算量不一致时，及时查找原因，洗井后如滤料下沉过大，及时进行补填；洗井：反复进行抽洗，直至水清沙净。洗井在成井后尽快进行，以免时间过长，护壁泥皮逐渐老化，影响渗水效果，洗井过程中观测水位及出水量变化情况；安泵试抽：洗井完，出水量正常且一直保持清水，正式排水，在排水过程中，派专人看护水泵和观测每个井的水位变化情况。即完成管井井点降水，可为后续施工创造良好的施工条件。

如海子湾水库枢纽泄洪闸工程施工中，采用管井井点降水方法，该方法减少了开挖工程量，节省了施工成本，管理方便，人员设备投入相对较少，同时也方便下基坑施工道路的布置，保证了后续钢筋混凝土施工能够顺利快速进行，效果显著。

（2）砂基水闸排水加固实例

广东省鹤山市西南部的将军陂水闸属于中型水闸，建于 1964 年，水闸位于址山河中下游，水闸下游设三级消力池，1998 年洪水过后发现三级消力池和护坦的部分护面被掀翻，有的则被顶成拱形，护面下原有的浆砌石被冲走，使三级消力池和护坦出现了一个个的深坑，其中最深的坑达 1.5 m，严重威胁着该水闸的正常运行，需要及时加固处理。

破坏原因分析：水闸的基础为粗砂，闸基的渗透系数大，因此闸基础底板所受的扬压力很大；该水闸采用自动翻板闸门挡水，闸门启动泄水时，水流的流速很大；洪水过闸后发生远驱式水跃，增加了过闸洪水的冲刷力。综合以上因素，水闸护坦被掀起的主要原因是洪水到达，闸门即将启动时，上下游水位差最大，此时闸基底所受的扬压力也达到最大，当闸门启动，洪水冲下来时，底板在扬压力和洪水共同作用下，一顶一冲造成面板被掀翻或变形，原有的浆砌石被洪水掏出，冲到下游（叶文明，2011）。

加固设计：为了降低工程造价、方便施工，本工程采用了柔性加固设计方案。本次加固的三级消力池长 13.95 m，护坦加固的长度为 15 m；消力池和护坦都采用分块 C20 混凝土护底设计方案，单块混凝土长为 2 m，宽为 1.5 m，厚度为 250 mm，块与块之间设 50 mm 的分缝，缝底面设土工反滤布，缝隙间回填碎石，并挤压密实；消力池和护坦横向每隔 4.05 m（每 2 块混凝土板）设一排宽为 400 mm，厚为 250 mm 的无砂混凝土横向排水体；纵向每隔 7.5 m（每 5 块混凝土板）在护板底设一道 1 m 宽的纵向排水盲沟，此排水盲沟顺水流方向直通到下游，为了消除下游发生的远驱水跃，本次设计在三级消力池的末端增设了一道 600 mm 高的消力坎，从而抬高水位，使下游发生淹没水跃，减少水流的冲刷力。

工程施工完成后，顺利通过了多场洪水考验，没有发现消力池及护坦的护底混凝土板出现损坏或变形，排水盲沟导渗亦正常，表明本次加固的设计方案是成功的。

6　水闸混凝土裂缝修复及加固

6.1　混凝土开裂成因

　　裂缝是水闸最普遍、最常见的病害之一，水闸翼墙、工作桥、底板、闸墩等混凝土结构均可能出现裂缝，如图 6-1 所示。

（a）翼墙出现裂缝

（b）工作桥排架出现裂缝

（c）闸底板出现裂缝

（d）闸墩处出现裂缝

图 6-1　水闸各部分混凝土结构裂缝问题

　　不同裂缝对水闸的危害程度不一，严重的裂缝不仅危害水闸的整体性和稳定性，还会产生大量的漏水，使水闸的安全运行受到威胁。此外，裂缝往往会引起其他病害的产生与发展，如渗漏溶蚀、环境水侵蚀、冻融破坏及钢筋锈蚀等等。这些病害与裂缝形成恶性循环，会对水闸的可靠性产生很大危害。

　　混凝土裂缝往往是多种因素联合作用的结果。除结构整体变位特别是不均匀沉降会引起沉降裂缝和结构缝张开外，还有其他原因会引起混凝土开裂，如沉陷裂缝、温度裂缝、收缩裂缝、腐蚀裂缝、碱骨料反应裂缝及施工裂缝等。

　　（1）沉陷裂缝

　　沉陷裂缝是由于地基土质不均、松软，建筑物建成后各部分发生不均匀沉降而引起的。在混凝土施工中，因模板刚度不足、支撑间距过大、过早拆模等因素也会导致混凝土出现裂缝，特别是在冬季，模板支撑在冻土上，冻土化冻后产生不均匀沉降，会致使混凝土结构产生裂缝。这类裂缝沉陷方向一致且多为深进、贯穿性的，其走向与沉陷情况有关，一般沿垂直地面30°～40°方向发展，较大的沉陷裂缝多数会有一定的错位，裂缝宽度与沉降量成正比关系，裂缝宽度与温度没有直接关系，当地基变形稳定后，沉陷裂缝也基本趋于稳定（李景卫，2014）。水闸翼墙的八字形或倒八字形的裂缝是一种典型的沉陷裂缝。

　　另外，导致建筑物不均匀沉降而引起开裂的原因还有：回填土不实或浸水；地层中含有软弱下卧层；建筑物在使用过程中地基被水（雨水、生活用水等）长期浸泡等。在新建工程的地基施工中，如果不做好必要的措施（如设挡土墙、地下连续墙）防止土坡失稳或地下水倒灌，会削弱相邻老建筑物的地基承载力，从而引起建筑物沉陷开裂。

　　（2）温度裂缝

　　在混凝土施工过程中，水泥会释放出大量的水化热，使混凝土内部温度剧烈变化，急剧升高而后下降。由于混凝土表面散热快、内部散热慢，所以在内外形成温差。为协调温度变形，混凝土表面将产生温度应力，当应力超过抗拉强度后将导致混凝土产生开裂。此类裂缝多发生在混凝土表面配筋薄弱之处，且在温差大的地区出现较多，裂缝为贯穿性的，会导致结构的整体刚度降低，一般在混凝土施工中后期出现。此外，如果混凝土在养护期间受到寒流侵袭，也会引起混凝土的温度裂缝，但一般较浅，危害性较小；阳光照射、大气及周围温度、电弧焊接等也是混凝土出现温度裂缝的环境因素。

　　温度裂缝在混凝土建筑物中是很难避免的。水闸工程中，温度裂缝多发生在工作桥、人行桥、胸墙、护坦、底板及闸墩与底板接触处。胸墙和闸墩上部的桥梁等结构由于断面尺寸远小于闸墩，在温度变化过程中，会受闸墩约束而不能自由伸缩，因而温降时常因拉应力过大而产生裂缝。基岩上的闸墩底部受到基础的约束常产生温度裂缝，其开裂的原因是基岩的收缩率远小于混凝土的收缩率，在外界产生温降时，基岩约束闸墩自由收缩导致自下而上的竖直向裂缝，这在基岩上装置弧形闸门的闸墩上最为多见。经常露出水面的护坦和底板，由于冬夏温差过大以及寒流而产生裂缝，表现为不规则的龟裂，逐渐由浅入深，最终成为贯穿裂缝，闸墩表面亦常出现这类裂缝（李长城，2000）。

（3）收缩裂缝

收缩裂缝是由湿度变化引起的。在施工中，为保证混凝土的和易性，往往加入比水泥水化作用所需的水分多 4~5 倍的水。多出的这些水分以游离态形式存在，在硬化过程中逐步蒸发，会使混凝土内部形成大量毛细孔、空隙甚至孔洞，造成混凝土体积收缩。粗、细集料中含泥量过大，集料颗粒级配不良，碎石的掺配比例不均匀，粗集料中针片状含量过高等因素都会引起混凝土的收缩裂缝。另外，混凝土硬化过程中水化作用和碳化作用也会引起混凝土体积收缩。

根据收缩裂缝的形成机制与形成时间，常见的收缩裂缝主要有塑性收缩裂缝、沉降收缩裂缝和干燥收缩裂缝 3 类，此外，还有自身收缩裂缝和碳化收缩裂缝。

1）塑性收缩裂缝。

塑性收缩裂缝是由于混凝土浆体中水分流向表面且迅速蒸发，随失水的增加，毛细负压产生的收缩力会使混凝土表面产生急剧的体积收缩。而此时混凝土强度尚未形成，从而导致混凝土表面开裂；或者混凝土自身水化热过高也会产生塑性收缩裂缝。这类裂缝发生在混凝土塑性阶段，终凝之前，特别是炎热的夏秋季或者大风天气更易出现。裂缝多出现在混凝土表面，形状不规则，长短宽窄不一，成龟裂状，且互不连贯，深度一般不超过 5 mm。

2）沉降收缩裂缝。

沉降收缩裂缝是由于粗骨料石子在振捣过程中下沉时受到钢筋或模板的阻碍，会产生大小不一的空隙，水泥净浆上浮，混凝土因剪切而开裂。此外，在表面形成的浮浆层也会因泌水而开裂。这种裂缝多数在混凝土浇筑后半小时发生，并在硬化时停止，多出现在混凝土表面，且沿主筋或箍筋通长方向分布，中间宽两端窄，是一种常见的早期裂缝。另外，在施工过程中，如果模板支撑不牢、向下沉陷或位移，也会出现这种裂缝。

3）干燥收缩裂缝。

干燥收缩裂缝是由于混凝土硬化后，长期暴露于不饱和的空气中，导致物理的、化学的失水，但是内外水分蒸发程度不同导致变形不同，当表面较大的变形受到混凝土内部约束时，产生较大的拉应力使混凝土表面被拉裂。所以，相对湿度越低，水泥浆体干缩越大，干缩裂缝越容易产生。通常来讲，干缩产生的混凝土速率变化非常慢，而且混凝土徐变产生的松弛可抵消部分干缩应变。但混凝土设计的体积与表面积的比值、分布钢筋的布置、混凝土的配合比及混凝土所处环境的温度等都会导致干缩裂缝（崔进强，2007）。此类裂缝多出现在混凝土养护结束后的一段时间或浇筑完毕 1 周左右，一般产生在表面很浅的位置，多沿构件短方向分布，平行线状或网状，宽度多为 0.02~0.5 mm，严重时可贯穿整个构件截面。

4）自身收缩裂缝。

自身收缩裂缝与外界湿度变化无关（朱耀台，2003），而是由于水泥熟料在水化反应的过程中，反应后生成物的平均密度变小而引起体系的体积收缩（称为化学减缩）所致。主要是由于自由水转化为水化产物的一部分，使它的比容降低 1/4（0.25 cm³）。因此，化学减缩量的大小取决于水泥水化产物中化学结合水量的多少。

5）碳化收缩裂缝。

碳化收缩裂缝是碳化作用所产生的游离态水蒸发，引起浆体的收缩所致，易出现在干湿交替的环境下，且一般仅发生在表面。碳化作用是指大气中的 CO_2 在有水的条件下与水化产物作用生成 $CaCO_3$、铝胶、硅胶以及游离态水，这部分水蒸发引起混凝土体积收缩（称为碳化收缩），其实质是碳酸对水泥石的腐蚀作用。一般水泥水化产物的碱度与空气中 CO_2 浓度越高且湿度适中（50%左右）时，越易发生碳化作用。

（4）腐蚀裂缝

腐蚀裂缝是由于结构长期处于腐蚀性气液的环境下引起的，它包括混凝土自身的腐蚀以及钢筋的锈蚀。由于混凝土保护层厚度或质量原因，钢筋混凝土构件受 CO_2 侵蚀碳化，腐蚀钢筋，或因为侵入氯化物，氯离子在钢筋周围聚集，均可引起钢筋表面氧化破坏，钢筋中铁离子与侵入的氧气和水发生化学反应，其生成物体积比原来增长了 2~4 倍，对周围混凝土产生膨胀应力，导致保护层混凝土膨胀开裂或剥离（张廷君，2014）。腐蚀裂缝大多由于混凝土振捣不密实所致，出现顺筋裂缝并在混凝土表面产生锈迹，如图 6-2 所示。在干缩裂缝、温度裂缝等共同作用下，导致腐蚀裂缝不断扩展，削弱结构的耐久性。

图 6-2　水闸工作桥钢筋锈蚀裂缝

（5）碱骨料反应裂缝

当碱骨料反应产生一定数量吸水性较强的凝胶物质，在水分充足时，就会在混凝土中产生较大的膨胀作用，导致混凝土产生裂缝，如采用海水或碱质泉水拌制的混凝土，或采用含碱外加剂，就会加速结构碱骨料反应。这种裂缝的形貌及分布与钢筋限制有关，当限制力很小时，常出现地图状裂缝，并在缝中伴有白色浸出物；

当限制力强时则出现顺筋裂缝，如图 6-3 所示。

图 6-3　碱骨料反应裂缝

碱骨料反应与其他原因产生的裂缝不同，主要有以下一些特点：

1）碱骨料反应引起混凝土局部膨胀，裂缝的两个边缘出现不平状态（错台），是碱骨料反应裂缝的特有现象。

2）碱骨料反应与环境湿度有关，在同一工程中潮湿部位出现裂缝，而干燥部位却完好无损，是碱骨料反应裂缝区别其他原因裂缝的外观特征差别之一。

3）从裂缝出现的时间来判断，碱骨料反应裂缝出现的时间较晚，多在施工后 5~10 年内出现。

（6）施工裂缝

施工裂缝是由于施工中操作不当或构件本身的刚度不够等因素引起的，在混凝土结构浇筑、构件制作、起模、运输、堆放、拼装及吊装过程中，若施工工艺不合理、施工质量低劣，容易产生纵向的、横向的、斜向的、竖向的、水平的、表面的、深进的和贯穿的各种裂缝，特别是细长、薄壁结构更容易出现。在预应力工程中，张拉不当会使构件因尚未形成强度或强度不足而开裂；模板工程中，若混凝土与模板黏结则拆模或提升模板时易将混凝土拉裂；吊装工程中，会因构件侧向配筋少、刚度差或吊点不正确等原因而出现裂缝。

裂缝出现的部位和走向、裂缝宽度因产生的原因而异，比较典型的有：

1）混凝土保护层过厚，或乱踩已绑扎的上层钢筋使承受负弯矩的受力筋保护层加厚，导致构件的有效高度减小，会形成与受力钢筋垂直方向的裂缝。

2）混凝土振捣不密实、不均匀，出现蜂窝、麻面、空洞，导致钢筋锈蚀或在荷载作用下结构出现裂缝。

3）混凝土浇筑过快，混凝土流动性较低，在硬化前因混凝土沉实不足，硬化后沉实过大，容易在浇筑数小时后产生裂缝，即塑性收缩裂缝。

4）混凝土搅拌、运输时间过长，使水分蒸发过多，引起混凝土坍落度过低，使得在混凝土体积上出现不规则的收缩裂缝。

5）施工质量控制差。任意套用混凝土配合比，水、砂石、水泥材料计量不准，结果造成混凝土强度不足和其他性能（和易性、密实度）下降，导致结构开裂（李志荣，2015）。

6.2 混凝土裂缝控制与修复措施

6.2.1 裂缝控制措施

混凝土裂缝为混凝土结构老化病害的主要表现形式，目前几乎所有混凝土结构都存在不同程度的裂缝，只不过裂缝大小、多少不同而已，对其防治应注意原料选择、施工温度控制、混凝土浇筑工艺选择等方面。当然，对于不同类型的裂缝还应采取相应的控制措施。

（1）沉陷裂缝控制措施

沉陷裂缝往往严重影响建筑物外观，并危及结构的耐久性，其防控措施有：

①在基础设计时确保持力层的承载力与地基的均匀受力，在层高不同的部位以及新老建筑物连接处设置沉降缝。

②在施工中，模板要有足够的强度和刚度，并支撑可靠；另外，注意施工顺序，如先高层后低层，先主体后裙房。

③施工前要做好地质勘测工作，尽量选择好的持力层，竣工后要避免地基受到雨水等浸泡。

（2）温度裂缝控制措施

控制温度裂缝的产生主要是从降低温差入手，可采取以下防治措施：

①在材料方面，宜采用粉煤灰水泥或 C_3A 和 C_3S 含量低的低热水泥，尽量减少水泥用量，可掺加缓凝高效减水剂，对大体积混凝土，可适当掺入块石，在拌和水中掺冰屑并对骨料进行喷水冷却。

②在施工方面，应合理安排施工工序，改进施工工艺，如浇筑大体积混凝土时，在混凝土中布设水管循环导热或分块分层浇筑；改善结构约束条件，如较长结构要设温度缝或后浇带，在基岩上浇筑闸底板时，满足抗滑稳定前提下，可铺设 50~100 mm 砂层以消除其嵌固作用。

③在设计方面，主要是做好温度应力计算，根据可能产生的温度应力采取相应的构造措施，如适当配置温度钢筋，分担混凝土温度应力。

④此外，需加强混凝土养护，做好表面保温措施（如蓄水养护或覆盖潮湿的草垫等），适当延长拆模时间，使混凝土表面缓慢散热；对于大体积混凝土，控制入模温度，并进行测温跟踪，控制混凝土内外温度差在 25 ℃ 以内。

（3）收缩裂缝控制措施

一般来说，水灰比越大、水泥强度越高、骨料越少、环境温度越高、表面失水越多，则收缩值越大，越易产生收缩裂缝。所以针对收缩裂缝的防治可采取以下措施：

①选择粗、细集料时，应选择含泥沙量小、级配良好、质地坚硬、粒径小于5 mm 的河沙，尽量选择质地坚硬、针片状含量少、级配良好的粗骨料；宜优先选用石灰岩作为粗骨料，因为它对收缩的抗裂性优于安山岩和砂岩；应严格控制骨料的含泥量，砂率不宜过大。

②选用水泥时，应能使所配制的混凝土强度达到要求，收缩小，和易性好，宜采用早期强度高、保水性好的普通硅酸盐水泥。对受潮或存放时间超过 3 个月的水泥，重新取样检验，并按其复验结果使用。对大体积混凝土宜选用矿渣水泥，火山灰水泥、粉煤灰水泥、复合水泥；尽可能降低水泥用量，增大粗骨料的含量。

③对于早期收缩裂缝的防治，除加强早期养护外，宜在混凝土终凝前进行二次抹压，在材料上可掺加促凝剂；对于干缩裂缝的防治，可以适当延长养护时间。

④降低自身收缩裂缝的有效方法是尽量使用 C_3A 含量低的水泥，因为硅酸盐水泥熟料中 C_3A 的化学减缩量最大。

⑤防止碳化收缩裂缝关键是降低生成物的碱度，对新浇混凝土做好湿水养护，而对使用当中的混凝土结构要尽量保持干燥，在以 CO_2 等腐蚀性气体含量高的环境下要做好防腐措施。

⑥混凝土浇筑抹光后要及时用潮湿的草垫或塑料薄膜覆盖，风季施工时应设挡风设施。

（4）钢筋锈蚀裂缝控制措施

预防钢筋锈蚀引起的混凝土构件裂缝，可以采用以下措施：

①提高混凝土的密实度和抗渗性，在混凝土拌制时添加适量的减水剂和引气剂，降低水灰比，减少水的用量；

②可在混凝土表面增加防水涂层；

③施工时保护好钢筋表面的涂层；

④适当加大保护层的厚度。

（5）施工质量差导致的裂缝控制措施

对于施工质量差导致的裂缝应注意以下几点（曲伟，2015）：

①浇筑混凝土前，认真检查模板支设的标高、截面尺寸、轴线位置和各种钢筋的品种、规格、根数、连接情况，认真检查模板及其立柱、斜撑等的强度、刚度和稳定性等情况；

②检查钢筋保护层垫块和上层钢筋支撑马凳的分布是否正确、牢靠，以及浇捣混凝土时所需马凳和走道板是否已准备齐全；

③浇捣混凝土时应安排有责任心的技术工、钢筋工全程跟踪混凝土浇捣，一旦发现模板或钢筋有下沉、位移、松扣等现象，应及时纠正或责令暂停施工，经整改完善后方可继续施工；

④分层或分段浇筑混凝土时，要用界面剂处理好接口和施工缝；

⑤同条件养护试块强度达到设计允许值时才可拆模；

⑥混凝土一次振捣和抹压后应立即覆盖塑料薄膜，冬期施工时还应在塑料薄膜上加盖草帘等保温材料，确保混凝土保湿、保温养护7~14 d。

（6）添加 BTL 混凝土强效剂防控裂缝

BTL 混凝土强效剂是一种新型混凝土外加剂。它可以增加水泥颗粒的分散性，减少水泥颗粒团聚，提高水泥水化程度，激发矿物掺和料的活性，使得硬化混凝土的结构更密实，从而提高混凝土的抗水渗透、抗碳化、抗氯离子渗透性能，即提高了混凝土耐久性能。在早期强度满足设计施工要求的前提下，减少水泥用量10%～15%时，对混凝土的后期强度、密实性等均有显著的改善。

6.2.2 裂缝修复措施

混凝土结构一旦出现开裂应立即采取相应处理措施。裂缝处理除了以恢复防水性和耐久性为主要目的外，也要考虑到经济性和结构的美观性。一些肉眼几乎看不见的细微裂缝，并不影响建筑物安全，只要考虑美观在外部进行涂刷处理即可；但是对于出现的严重裂缝，在应用荷载作用下，或外界环境影响下，会逐渐变宽，引起混凝土碳化，有的构件混凝土保护层剥落，钢筋外露锈蚀，削弱钢筋混凝土构件强度和刚度，降低耐久性，甚至导致建筑物坍塌，影响其正常使用。对于这类严重裂缝，须予以高度重视，采取相应措施进行修补。修补裂缝的方法很多，目前主要有表面粘贴法、表面嵌填法、化学灌浆法、表面喷涂法和内部裂缝的处理方法。同时，不同的修补方法也有不同的修补材料。

（1）表面粘贴法

表面粘贴法是最直接也是最简单的方法，可处理那些对于结构承载力没有明显影响的表面裂缝或深层裂缝，或用于修复混凝土表面大面积龟裂、漫渗等缺陷。根据其修补面积不同，可分为部分涂覆法和全部涂覆法两种。这种方法主要是通过在混凝土表面粘贴片状防水材料来防止渗漏。一般采用橡胶防水卷材（如三元乙丙橡胶防水卷材、氯化聚乙烯橡胶防水卷材等）、其他片状纤维材料（如玻璃纤维、碳纤维等）或钢板条加固，但要求黏合剂能够在潮湿或有明水的界面快速黏结固化（孙志恒，2008）。

表面粘贴法的示意图如图 6-4 所示，其施工工序为：施工准备→基面处理→底胶涂抹→卷材粘贴→面层处理。

表面粘贴法应用工程实例：

表面粘贴防水卷材

裂缝

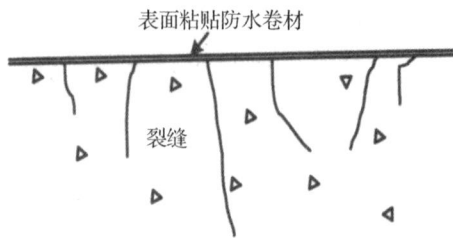

图 6-4 表面粘贴法施工示意图

1）近尾洲工程

水利水电枢纽工程泄洪闸薄壁闸墩由于混凝土收缩外加设计荷载下的受拉和温度应力造成了 352 条裂缝，此外，工程还存在着钢筋配筋面积不足、闸墩受拉区裂缝失控等问题，裂缝的出现加快了钢筋锈蚀，导致了闸墩混凝土开裂破坏。

加固设计：采用封缝胶封堵裂缝，采用灌缝胶注满裂缝；扇形区域钢筋不足的混凝土闸墩用在浅槽里粘钢板条加固，提高闸墩配筋率；在下游部分的闸墩表面粘贴碳纤维布以控制裂缝开展（徐鹏，2015）。

加固措施：采用 15 块钢板条浅槽粘贴法对薄壁闸墩进行加固处理。具体步骤如下：①处理构件表面：打磨黏合面；在闸墩局部受拉区较新的混凝土表面沿扇形发散的方向凿出浅槽并冲洗擦拭；②竖缝自下而上，平缝自一端向另一端进行裂缝灌浆封闭；③用喷砂打磨钢板条表面，并用脱脂棉沾丙酮擦拭干净；④放下闸墩检修门对被加固构件进行卸荷；⑤现场配制黏结剂；⑥涂胶粘钢板条，涂抹黏结剂，厚度 1~3 mm；⑦钢板条粘贴好后立即用螺帽夹紧、固定，并适当加压至胶液刚从钢板边缝挤出为度；⑧粘贴碳纤维布。将底胶均匀涂抹于闸墩混凝土表面，厚度不超过 0.4 mm，用整平胶找平，最后涂抹黏胶料，贴碳纤维布。

加固结果：与粘贴整块钢板法比，浅槽粘贴钢板条法粘贴牢固、结构美观、材料节省、实施简便，有效解决了近尾洲水电厂泄洪闸薄壁闸墩混凝土开裂和配筋不足问题。

2）华阳闸

华阳闸下游长江侧新建的长 80 m、宽 3.5 m 的混凝土防渗铺盖，由于沉陷的影响，铺盖出现了大量的裂缝。为防止江水渗透、增强混凝土铺盖的强度，2005 年对防渗铺盖较大、较深裂缝采用表面嵌填法进行了处理，对大面积龟裂及较小的裂缝采用表面粘贴法进行了处理，目前修补后的裂缝没有新的发展，效果良好。

（2）表面嵌填法

对于不渗水的裂缝，开口最大宽度<0.2 mm 的通常不需要进行内部灌浆，直接在表面涂刮聚脲弹性体或采用 HK966 弹性封边剂进行表面封闭即可。开口最大宽度>0.2 mm 的裂缝需先进行内部灌浆，然后进行表面封堵、防护。当混凝土裂缝对结构物的承载力和安全性存在较大影响时，或者混凝土的防渗性有较大要求时，一般采用对裂缝灌浆嵌缝充填法，沿裂缝凿槽，并在槽中嵌填止水密封材料，封闭裂缝，以达到防渗、补强的目的（李卫，2014）。

宽度为 0.2~3 mm 的结构裂缝，一般可采用压力注浆法，选用聚合物砂浆、环氧砂浆、弹性环氧砂浆或聚氨酯砂浆等强度较高的材料封闭裂缝。修补工艺如下：清理混凝土表面尤其是裂缝周边的杂物油脂，再将注浆嘴与封闭裂缝粘贴，进行试漏检查，再配置注浆液，然后使用压力机进行一次和二次注浆，注浆完毕，清理混凝土表面。当混凝土表面裂缝交错密布、数量众多时，则要采取特殊做法。

对于有渗漏的裂缝，当结构物可以允许在表面开槽或者是混凝土表面裂缝宽度较大且数量不多时，可采用开槽填补法，在填入遇水膨胀止水条后再用聚合物砂浆、环氧砂浆、弹性环氧砂浆或聚氨酯砂浆等封闭。其施工工序为：施工准备→裂缝开槽→槽面清理→涂刷界面处理浆→压抹聚合物砂浆→养护。

（3）化学灌浆法

化学灌浆法是使用高压灌浆设备将柔性化学浆液灌注到裂缝内部进行封堵止水，采用的化学浆液要具有一定的强度，且具有适应裂缝变形的能力。渗水（浸水）区域的裂缝灌浆材料以遇水膨胀型材料为主，固结后的弹性体能够较好地填充裂缝内部空间，必要时采用深孔灌浆、多次补浆、导流（张永先，2016）。

环氧灌浆材料作为较为常用的化学灌浆材料，具有力学性能高、固化收缩率小、黏结性能优异、固化配方设计灵活多样等优良特性。这些特点使得环氧树脂化学灌浆材料广泛地应用到土木建筑工程、水利工程防渗堵漏、补强加固等实际工程中（于腾，2014）。

1）裂缝灌浆工艺流程。

化学灌浆施工的工艺流程为：施工准备→查缝定位→布孔→钻孔→钻孔清理→安装检查嘴→压水、压气检查→安装灌浆嘴→裂缝表面临时性封堵→浆液配制→灌注浆液→质量检查（压水检测、取芯检测）→去除表面临时性封堵材料和验收。其处理工艺示意图见图 6-5。

2）主要技术参数。

孔径：14 mm；

钻孔深度：30~50 cm；

钻孔角度：最小 30°，最大 45°；

钻孔间距：20~60 cm；现场根据注水效果在 20~60 cm 范围内选取合适间距；

灌浆压力：最低 0.3 MPa，最高 0.5 MPa（裂缝内部压力）；

稳压时间：不少于 20 min，个别部位需要不少于 30 min。

3）化学灌浆施工各工序技术要点。

①查缝、布孔和钻孔。

根据裂缝发生部位和情况，确定裂缝类别，再检查裂缝的深度，根据裂缝检测

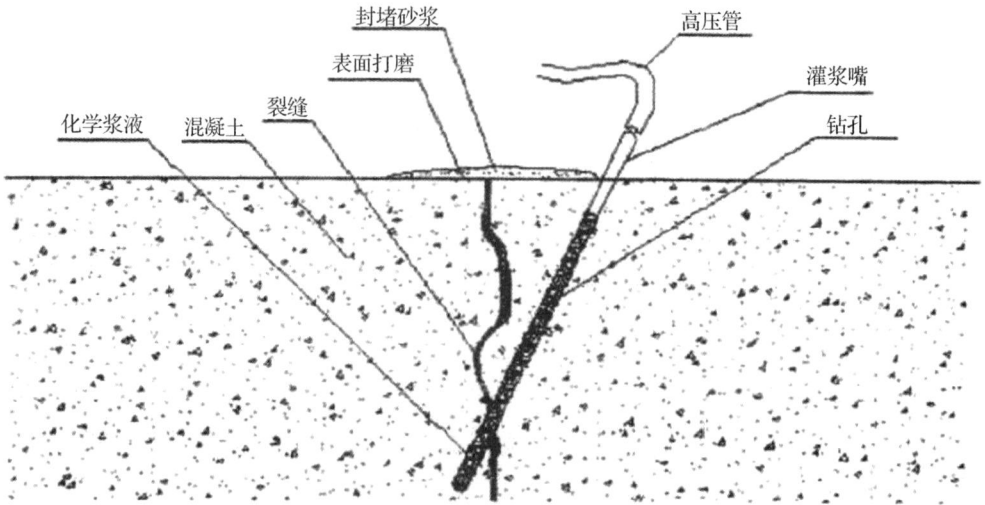

图 6-5　混凝土裂缝内部化学灌浆处理工艺示意图

情况及现场试验确定布孔、钻孔原则。采用钻孔机，在裂缝两侧、垂直裂缝表面走向、与开裂面间夹角小于 45°、错位钻孔，钻孔深度为结构厚度的 1/3～2/3，钻孔必须穿过裂缝，钻孔与裂缝间距小于结构厚度的 1/2。钻孔间距 20～60 cm。

②清理混凝土表面和清孔。

采用高压水流（0.3 MPa）清洗混凝土表面与注浆孔，清除表面松动颗粒、粉尘，保持表面干净、新鲜、润湿。现场采用压气法初步检查钻孔是否与缝连通。

③埋设注浆嘴（塞）。

在钻好的孔内安装注浆嘴，埋入钻孔内深度 4 cm 左右，并用专用内六角扳手拧紧环压螺栓，压缩橡胶套管，使注浆嘴固定在注浆孔内，并与孔壁密贴、无空隙、不漏水。

④注水及表面临时刚性封堵。

从最低处观察孔开始依次向上，用高压清洗机以 0.3 MPa 的压力向检查嘴内注入洁净水，观察其他注浆孔出水情况。若相邻上部的注浆孔有水涌出，说明该注浆孔与裂缝连通良好。移至涌水注浆孔的邻近上部注浆孔注水，直至全部注浆孔均与裂缝连通良好为止，注水检查完成后，用注浆嘴替换检查嘴。对宽度大于 0.5 mm 的裂缝在注水检查完成后进行表面临时刚性封堵。

⑤浆液配制，灌浆。

灌浆压力选择一般从建筑物的结构、裂缝开度、裂缝面积，以及浆液的可灌性等几个方面综合考虑。当裂缝面积大、开度大、可灌性好时，选用灌压可以小些，反之可以大些。依据裂缝情况结合现场试验最大持续灌浆压力选用灌浆压力。

根据温度、产品性能、浆液灌入量进行浆液配制，浆液要随配随用，配制浆液时，保持浆液温度在规定温度以下，以提高浆材可灌性。

水平裂缝由裂缝一端的钻孔向另一端的钻孔逐孔依次灌浆，垂直裂缝由下至上依次灌浆，灌浆压力由小到大逐渐上升，先灌深孔，从下层进浆管开始灌浆，待上层回浆管排出孔内水、气后，封闭回浆管。根据吸浆量情况逐步升至设计压力，当吸浆率小于 1 mL/min 时，保持压力延续灌注 3~5 min 即可结束灌浆，4~5 h 后检查灌浆效果，对管口不饱满的胶管进行第二次灌浆直至饱满。

⑥拆嘴。

灌浆完毕，待浆液终凝，一般灌浆完成 24 h 后，确认不漏即可去掉或敲掉外露的灌浆嘴。清理干净已固化的溢漏出的灌浆液。

⑦封口。

用速凝封堵材料进行注浆孔的修补、封口处理。

⑧表面处理。

将表面刚性封堵材料打磨掉，同时清理所漏出缝隙表面的已固化的浆液。

⑨验收。

灌浆结束后 48 h，按照每条缝抽检 3 处注浆孔的方式进行压水检查，对于检查不合格的区段进行补灌，直至再次检查合格，必要时进行钻芯检查。

化学灌浆法处理裂缝工程实例：

盘锦市双台子河闸于 2014 年进行除险加固，工程新建 18 孔水闸，共 19 个闸墩，在闸墩的施工期内，盘锦地区正处于大风干燥天气，因此在混凝土浇筑完 3~5 d 拆模后，立即采取用土工布包裹养生和越冬的措施，然而拆掉闸墩表面覆盖的土工布后，发现闸墩出现裂缝，裂缝基本处于闸墩中间位置。

经分析，裂缝可能是混凝土强度偏高导致水化热过大、闸墩内外温差大、底板约束、混凝土干缩、自生体积变形等原因产生的（李建，2019）。

研究后决定采用化学灌浆的方法进行裂缝处理，在低温时段 2015 年 5 月 20 日至 2015 年 6 月 5 日采用环氧树脂（E 型环氧树脂）、稀释剂（二甲苯）、固化剂作为灌浆材料进行施工（金碧，2018）。

施工过程如下：

①灌浆前对所有存在裂缝的闸墩进行统一编号；

②缝面清理及封缝：灌浆之前对缝面进行打磨，再用速凝防渗材料对裂缝进行表面封闭；

③布孔及钻孔：钻孔采用冲击钻，尽量减少废孔，根据局部试验情况确定中墩和缝墩均为双侧打孔；

④清孔：以孔内不出灰为准，清孔完成后检查和记录孔径、孔向、倾角和孔深，发现问题及时处理；

⑤灌浆嘴安装；

⑥灌浆：灌浆时按照从下至上的顺序，灌浆中缝内压力为 1.0~2.0 MPa，且不

低于 1 MPa；浆液温度保持在 25℃以下，以提高浆液的可灌性；灌浆时密切关注裂缝顶端扩展情况，待相邻孔冒浆时或稳压 1 MPa（屏浆压力为 2 MPa），进行下一孔灌浆工作，直至该缝最后一孔灌浆结束，即可结束灌浆；

⑦表面处理：灌注结束后待灌浆材料凝固后，将封缝所用的速凝防渗材料打磨平整，拆除孔口管，磨平灌浆嘴，采用处理拉条眼的方法对孔口进行封闭及表面修补处理。修补工艺达到与混凝土齐平，无明显的突出与痕印。

灌浆完成后，辽宁省水利水电工程质量检测中心对该工程闸墩裂缝化学灌浆质量进行了检测，结果显示，闸墩裂缝化学灌浆处理后，工程可达到设计要求。

（4）表面喷涂法

表面喷涂法（图 6-6）是指在混凝土表面喷射或涂刷防水材料达到防渗的目的。适用于混凝土表面存在面渗、大量细小龟纹等较大面积缺陷的修复。

图 6-6　表面喷涂法处理混凝土裂缝

在做喷涂施工前，应采取相应措施封堵渗水量较大的漏水点和渗漏裂缝，防止喷涂材料在固化前被水浸泡或冲刷。

表面喷涂的材料一般采用无机材料（如水泥基渗透结晶型防水材料等）和高分子材料（如聚氨酯、环氧防水涂料、聚脲弹性体、氯丁胶乳液、丙烯酸酯共聚乳液、羧基丁苯乳液等）。

于 1956 年所建的华阳闸，由于运行时间较长，混凝土碳化非常严重，闸室涵箱出现了大面积细小龟裂缺陷。1998 年加固时就是采用表面喷射法，对闸室涵箱的顶板、侧墙进行了挂网喷射 10 cm 厚混凝土补强，使用至今，效果较好，未出现新的裂缝。

1）水泥基渗透结晶型防水材料。

水泥基渗透结晶型防水材料，是一种含有活性化合物的水泥基粉状防水材料，如硅酸盐水泥、硅砂和多种特殊的活性化学物质等。其工作原理是其中特有的活化化学物质，利用混凝土本身固有的化学性质及多孔性，以水作为载体，借助渗透的作用,在混凝土微孔及毛细管中传输、充盈,催化混凝土内的微粒和未完全水化的成分再次发生水化反应,形成不溶性的枝蔓状结晶,并与混凝土结合成为一体,从而使任何方向来的水及其他液体被堵塞,达到永久性防水、防潮和保护钢筋、增强混凝土结构强度的效果。

水泥基渗透结晶型防水材料的施工工序为:施工准备→基面清理→材料涂刷→养护。

在施工过程中应注意基面清理干净,对混凝土表面的空洞进行修补,用高压水枪冲洗,保持基面湿润但无明水。涂刷时如需分层涂刷,应待第一层面干燥后进行。热天露天施工时,应尽量在早、晚或夜间进行,避免暴晒,防止涂层过快干燥,造成表面起皮、龟裂,影响施工效果。进行养护时应注意,在涂刷施工 48 h 内防止雨淋、沙尘暴、霜冻、污水。在空气流通很差的情况下,需要用风扇或鼓风机帮助养护。露天施工时要用湿草袋进行覆盖,以保持湿润状态,但要避免涂层积水,如果使用塑料薄膜作为保护层,必须注意架开,以保证涂层通风。

2)聚脲弹性体材料。

聚脲弹性体技术是在聚氨酯反应注射成型技术的基础上发展起来的,是一种新型无溶剂、无污染、节能环保的施工技术,它结合了聚脲树脂的反应特性和反应注射成型技术的快速混合、快速成型的特点,可以进行各类大面积复杂表面的涂层处理。该技术 1999 年引进国内,目前已经在水利水电工程各类防渗涂层施工中得到应用。

聚脲技术用于混凝土修复具有以下优势:

①聚脲弹性体材料是纯绿色材料,已通过国家建筑材料测试中心检测,无毒害,无污染,不含有机挥发物,符合环保要求,适合在密闭、狭小空间内施工;

②有优异的力学性能,主要表现在:拉伸强度可达 27.5 MPa,伸长率可达 1000%,硬度在 A30~D65 范围内可调,拥有 2.5 MPa 以上的附着强度,能适应复杂的环境条件。

③抗湿滑性好,在潮湿状态下的摩擦系数不降低;低温性能好,在 -30 ℃ 下对折无裂纹,其拉伸长度、撕裂强度和剪切强度在低温状态下均有一定程度的提高,可在 -28 ℃ 环境下施工。

④拥有超长的耐老化性能,聚脲弹性体材料能够耐受绝大部分介质的长期浸泡;防水、耐腐蚀、抗冻融、抗冲击、抗疲劳破坏等性能突出。

⑤反应耗时短,固化速度极快,5 s 凝胶,1 min 即可行人,施工工期短,效率高,施工时不存在流挂现象,因此可在任意复杂表面喷涂成型,涂层平整光滑,对基材形成良好的保护;

⑥化学活性高不需要添加任何催化剂,拥有超长的耐老化性能,寿命在 75 年以上(黄微波,2014)。

聚脲技术的施工工序为：

施工准备→基面清理→底胶喷涂→聚脲弹性体材料喷涂→密封胶施工。

①基面处理，基材处理的好坏直接影响聚脲的性能。施工时应保证基材表面坚实、完整、清洁、干燥，不得有蜂窝麻面、浮渣、浮土、脱模剂和油污等杂质。表面的毛刺用角磨机磨平，棱角和尖端突起处尽量做到圆弧过渡。裂缝、孔洞应事先修补好。

②底胶涂刷，在干燥、清洁的基面上均匀涂抹一层配套底胶，聚脲涂层的喷涂应在底胶施工后 24~48 h 内进行，如果间隔超过 48 h，在喷涂聚脲涂层前一天应重新喷涂一道底胶，然后进行弹性层施工。在喷涂前，应用干燥的高压空气清除表面浮尘。

③聚脲喷涂应用成套喷涂设备，喷涂前要对设备的完好性、易损件的完整性进行检查，设置喷涂设备参数；喷涂前应检查原料，原料应为均匀、无凝胶、无杂质的可流动液体，如发现原料有杂质、凝胶、结块现象应立即停止使用。喷涂前应充分搅拌原料，搅拌时应注意搅拌器不能碰触桶壁，防止产生碎屑堵塞喷枪。为防止喷涂过程产生的沉淀发生堵塞，可在喷射的同时采用冲击钻每隔 5 min 对原料进行搅拌，搅拌时间 3 min 左右。

喷涂时喷枪和基面间距 1 m 左右，并与基面垂直，喷涂时为了获得光滑的外观效果，可适当调整喷涂距离。

④密封胶施工在 24 h 内进行，采用密封胶将聚脲弹性体边缘与基材连接处进行封闭。

⑤应注意的问题：聚脲弹性体施工中严禁使用包装破损的材料，已开启包装的原材料若长时间不使用，应在包装内充氮气保护。施工完毕后应采用二氯甲烷等强有机溶剂对原料泵、喷枪进行清洗。喷涂聚脲技术的关键之一是设备，要做到选择合适的设备、正确安装、调试、维护、保养以及通过试验选择适当的操作参数。

聚脲技术涵盖了填充法、灌浆法和表面修补法的优点，且将修补和防护融为一体，有良好的发展前景。

（5）内部裂缝的处理

内部裂缝的处理常用钻孔灌浆：对浅缝和仅需防渗堵漏、不需要提高构件整体强度的裂缝，则采用骑缝灌浆处理；对于开度大于 0.3 mm 的裂缝，可采用水泥灌浆；对于开度小于 0.3 mm 的裂缝或对渗透流速较大（25 m/h）或受温度影响较明显的裂缝，采用改性水泥灌浆或化学灌浆，施工工艺流程图见图 6-7。

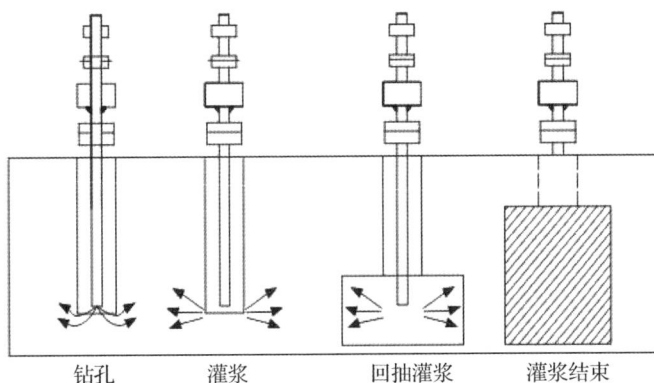

图 6-7 钻孔灌浆施工工艺流程图

根据技术规范要求，对长度大于 1.5 m、宽度大于 0.5 mm 的裂缝需要进行修补处理。经过多种比较与试验，对不同类型的混凝土裂缝分别采用中国香港 Sika 公司生产的 Sikadur752 环氧树脂注射材料、超细水泥和德国 CarborTech 公司生产的普隆材料分不同情况进行修补，采用缝面直灌法进行施工（潘志新，2000）。

Sikadur752 施工工艺是：

①沿裂缝每隔 30 cm 造直径 5 mm，深 15 cm 左右的浅孔，用高压风吹净孔内灰尘；

②将 Sikadur752 中的 A 组分和 B 组分按 2∶1（重量、体积比均可）置于干净容器中，低速搅拌约 3 min，直到混合成均匀的颜色，用抹刀涂抹在裂缝表面，与此同时将灌浆贴缝板粘贴在浅孔位置；

③将 Sikadur752 的 A 组分和 B 组分按 2∶1 的比例搅拌均匀，用微型灌浆泵施灌；

④灌浆沿裂缝自低向高逐次进行，待较高处灌浆进、止浆阀出浆，关闭本灌浆阀。最终灌浆压力达到 0.3 MPa 时，不吸浆为止。

6.3 混凝土结构加固技术

当混凝土裂缝影响到整个结构的性能时，就不能简单地修补裂缝，而应考虑对混凝土结构进行加固处理。

6.3.1 加大截面加固技术

加大截面加固法是增大结构构件或建筑物截面面积进行加固的一种方法，它不仅可以提高被加固构件的承载能力，而且可以加大其截面刚度，改变其自振频率，使正常使用阶段的性能得到改善和提高。加大截面加固法工艺简单，适用面广，但在一定程度上会减小建筑物的使用空间，增加结构自重，而且在加固钢筋混凝土构件时，现场湿作业的工程量较大，养护期较长，对建筑物的使用有一定影响。

（1）加固原则

①采用增大截面加固受弯构件时，应根据原结构构造要求和受力情况，选用在受压区或受拉区增加截面尺寸的方法加固。

②采用增大截面加固钢筋混凝土轴心受压构件时，应综合考虑新增混凝土和钢筋强度利用程度，并对其进行修正。

③采用增大截面加固法时，要求按现场检测结果确定原构件混凝土强度等级。

（2）施工工艺

施工工序为：施工准备→混凝土基面清理→结合面处理→钢筋种植、钢筋网绑扎→支模、混凝土浇筑→养护。

加大截面加固法示意图如图6-8所示。

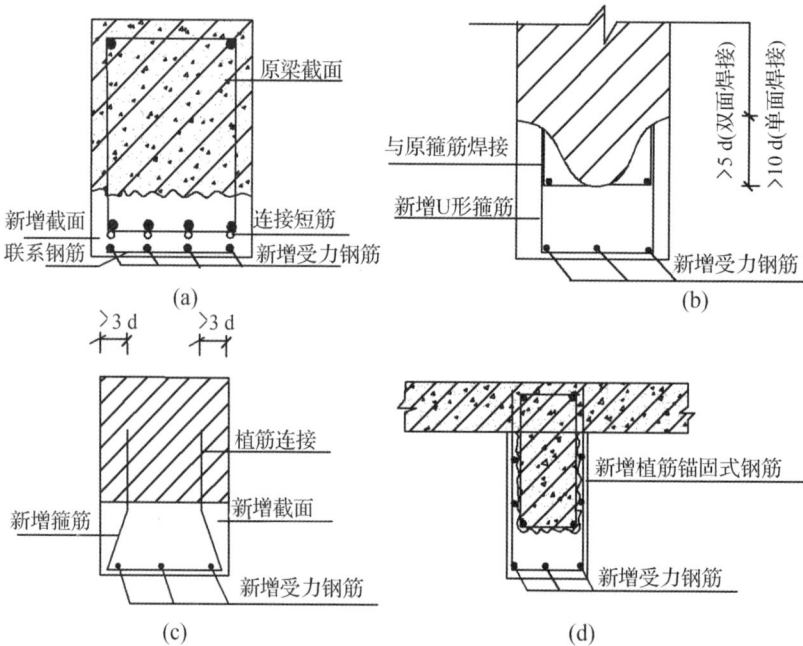

图6-8　加大截面加固法示意图

①施工准备。施工前应制定详细的施工方案，准备施工材料、人员及相关机械设备。

②混凝土基面清理。把构件表面的抹灰层铲除，对混凝土表面存在的杂物清理到密实部位，并将表面凿毛处理，要求打成麻面或沟槽，坑或沟槽的深度不宜小于6 mm，麻坑每100 mm×10 mm的面积内不宜少于5个；沟槽间距不宜大于箍筋间距或200 mm，采用三面或四面外包法加固梁或柱子时，应将其棱角打掉。清除混凝土表面的浮块、碎渣、粉末，并用压力水冲洗干净，如其表面凹处有积水，应用麻布吸除。

③结合面处理。为加强新旧混凝土的整体结合，在浇筑混凝土时，在原有混凝土结合面上先涂刷一层界面剂。界面剂种类很多，常用的有高强度等级水泥浆或水泥砂浆，掺有建筑胶水的水泥浆、环氧树脂胶、乳胶水泥浆及各种混凝土界面剂等。

④钢筋种植、钢筋网绑扎。为提高新旧混凝土黏结强度，增强混合面上的抗剪切能力，可采用植筋的技术在混凝土结合面上种植短钢筋。钢筋的直径和数量根据新旧混凝土结合面的抗剪切要求确定。新增纵向受力钢筋两端应可靠锚固，其工艺亦可采用种筋工艺。

新增钢筋和原有构件受力钢筋之间采用焊接连接时，应凿除混凝土的保护层并至少裸露出钢筋截面一半，对原有和新加受力钢筋都必须进行除锈处理，在受力钢筋上进行焊接前，应采取卸荷载或临时支撑措施。为了减小焊接造成的附加应力，进行焊接时应逐根分区、分段、分层和从中间两端进行焊接，焊缝要饱满，尽可能减少或避免对受力钢筋的损伤。对原有受力钢筋在焊接中由于电焊过烧可能对其截面面积的削弱，计算时应考虑一定的折减。

⑤支模、混凝土浇筑。混凝土中粗骨料宜采用坚硬卵石或碎石，其最大粒径不宜超过 20 mm，对于厚度小于 100 mm 的混凝土，宜采用细石混凝土。为了提高新浇筑混凝土的强度，并有利于新旧混凝土结合面的混凝土黏结，应选择黏结性好、收缩性小的混凝土材料。

由于构件的加固层厚度都不大，加固钢筋也比较稠密，如果采用一般支模、机械振捣浇筑混凝土会比较困难，也很难保证加固质量，因此要求施工严格，振捣要密实，必要时配以喇叭浇捣口，使用膨胀水泥等措施。在可能的条件下，还可以采用喷射混凝土浇筑工艺，这样施工简单、保证质量，同时也能提高混凝土强度和新旧混凝土的黏结强度。

⑥混凝土养护。浇筑的混凝土凝固收缩时，易造成界面开裂或后浇筑层龟裂。因此，在浇筑加固混凝土 12 h 内就开始洒水养护，在常温情况下，养护期一般为 14 d，要用两层麻袋覆盖，定时进行洒水。

（3）注意事项

增大截面加固法在设计构造方面必须解决好新加部分与原有部分的共同受力问题。实验表明，加固结构在受力过程中结合面会出现拉、压、弯、剪等各种复杂应力，其中关键是剪力和拉力。由于结合面混凝土的黏结抗剪强度及法向黏结抗拉强度远远低于混凝土本身强度，结合面是加固结构受力时的薄弱环节，即或是轴心受压破坏也总是首先发生在结合面。因此，结合面必须进行处理，涂刷界面剂，必要时对结合面从设计构造上配置足够的贯穿于结合面的剪切摩擦筋或锚固件将两部分连接起来，以确保结合面有效传力。

6.3.2　粘贴纤维复合材料加固技术

粘贴纤维复合材料加固技术是一种有效的加固方法。纤维复合材料是一种单向受力材料，它具有抗拉强度高、质量轻、施工简便等优点。纤维复合材料主要有碳纤维、芳纶纤维及玻璃复合纤维等。目前混凝土结构加固应用最广泛的是碳纤维复合材料，就是利用碳纤维用环氧树脂浸渍之后形成碳纤维增强复合片材，然后将该片材用专用的环氧树脂胶粘贴在混凝土表面裂缝处，固化后该片材就和混凝土结构成为一体，从而降低钢筋混凝土结构所受的应力，达到补强加固的效果。

（1）纤维复合材料加固须注意的问题

①纤维复合材料是单向受力材料，且价格较高，因此加固时只能考虑其受拉作用。如果加固设计中无特殊要求，当构件承载力需提高较大的幅度时，应优先考虑其他加固方法。

②纤维复合材料一般宜粘贴成条带状，在非围绕约束加固时，板材不宜超过 2 层，布材不宜超过 3 层。

③当采用围绕约束加固受压构件时，纤维复合材料条带应粘贴成环形箍，且纤维受力方向与受压构件纵轴线垂直。

④纤维复合材料沿纤维搭接方向的搭接长度不应小于 100 mm。当采用多条或多层纤维复合材料加固时，其搭接位置应相互错开；当采用纤维板材加固时一般不应进行搭接，应按设计尺寸一次下料完成。

⑤当纤维复合材料加固构件有外倒角时，构件表面棱角应进行圆化处理，圆化半径一般不小于 25 mm。对主要受力纤维复合材料不宜绕过内倒角。

⑥当多层粘贴时宜将纤维复合材料粘贴成"内短外长"形式，每层截断处外侧应加压条，多层纤维复合材料粘贴构造如图 6-9 所示。这种形式更有利于材料黏结，断点之间要留有距离，以免纤维复合材料的传递力在混凝土基层表面形成叠加，造成黏结失效。

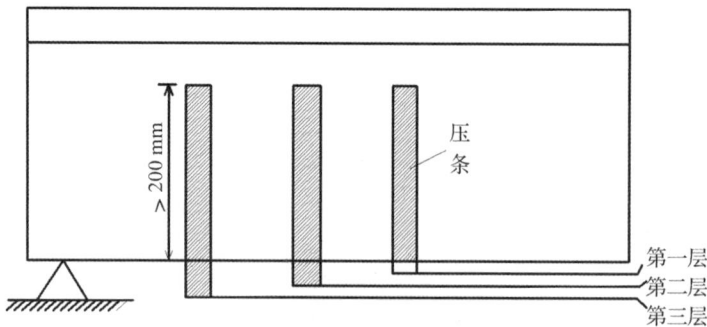

图 6-9　多层纤维复合材料粘贴构造

⑦对于抗弯曲构件进行加固时，在纤维复合材料端部附加锚固措施，抗弯曲加固时纤维复合材料端部附加锚固措施如图 6-10 所示。

（a）U形箍

（b）复合纤维材料压条

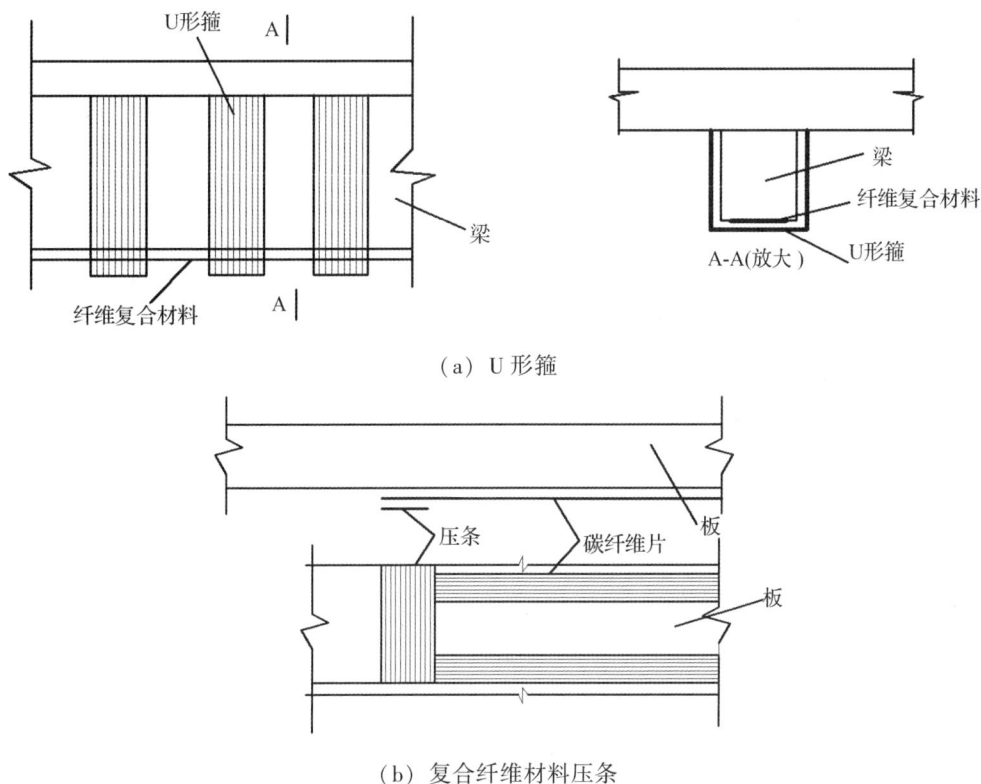

图 6-10　抗弯曲加固时纤维复合材料端部附加锚固示意图

（2）粘贴纤维复合材料加固施工工艺

粘贴纤维复合材料加固法施工工序为：施工准备→纤维复合材料剪裁→混凝土结合面打磨→基面清理→结构胶配制→底胶涂刷→纤维复合材料粘贴→质量检查→隐蔽。

①施工准备。施工前应制定详细的施工方案，准备施工材料、人员及相关机械设备。

②纤维复合材料剪裁。根据设计要求将纤维复合材料剪裁成适合的长度，剪裁时应注意预留搭接长度；剪裁的材料要卷成卷状，编号存放。

③混凝土结合面打磨。用角向磨光机将混凝土构件表面粘贴部位打磨至新鲜混凝土，打磨厚度一般为 0.5~1.0 mm，去除混凝土表面浮浆层。对混凝土表面有较大凸起的部位要打磨平整，对较大的孔洞、坑槽要用高强砂浆或结构胶修补平整后再打磨平整。混凝土有裂缝时应采取相应措施修补后打磨平整。粘贴处阳角应打磨成圆弧状，阴角用修补材料修补成圆弧倒角，圆弧的半径一般不小于 25 mm。

④基面清理。混凝土表面处理完成后，在正式粘贴纤维复合材料前，用高压空气将表面灰渣清除，并用干净的抹布蘸丙酮、二甲苯或其他挥发性强的有机溶剂擦拭混凝土构件的表面。

⑤结构胶配制。选取材料性能标准符合要求的粘贴纤维复合材料的专用结构胶，按说明书的比例配制。每次配制的数量不能太多，以 30 min 内使用完为准。粘贴纤维复合材料的专用结构胶流动性强、渗透性好，在使用过程中如果失去流动性后，应立即停止使用。

⑥底胶涂刷。配制好的胶液应及时使用，用一次性软毛刷或特制滚筒，将胶液均匀涂抹于混凝土表面，作为底胶层，不得漏刷、流淌或有气泡。等待胶液表面干燥后，立即进行下一道工序。如果时间间隔较长，应检查固化后的胶液表面，基面有毛刺或流淌的结构胶成为凸起物，应打磨平整后再进行下一道工序。

⑦纤维复合材料粘贴。粘贴纤维复合材料前，应对混凝土表面再次擦拭，确保粘贴面无粉尘。施工时用一次性软毛刷或特制滚筒，将胶液均匀涂抹于混凝土表面，不得漏刷、流淌或有气泡，涂刷应均匀。胶液涂刷完毕后，用滚筒自上而下将纤维复合材料从一端向另一端滚压，除去胶体与纤维复合材料之间的气泡，然后用硬质的塑料刮板沿同一方向刮擦纤维复合材料表面，使胶液渗入纤维复合材料，并确保浸润饱满。

当采用多条或多层纤维复合材料加固时，可重复以上过程，在前一层纤维复合材料的表面渗透出的胶液表面干燥时，立即粘贴下一层纤维复合材料。最后一层纤维复合材料施工结束后，在其表面均匀涂刷一层浸润胶液。对外粉刷有要求的工程，应在浸润胶液表面撒粗砂，以增加水泥砂浆与胶体间的黏结能力。

⑧质量检查。纤维复合材料粘贴完成后，应及时对粘贴质量进行检查，主要检查有无空鼓现象，如果发现有空鼓的质量问题，应在施工中用硬质塑料刮板反复刮压，直到除去气泡，否则应重新进行粘贴。纤维复合材料与混凝土面的黏结质量可用专用设备检测。

⑨隐蔽。粘贴的纤维复合材料经质量检查合格后，使胶液在自然环境中硬化，在常温下一般 36 h 即可完全固化。冬季气温较低时，胶液固化时间比较长，但不应超过 96 h。对于有外粉刷要求的，应在结构胶完全固化后进行隐蔽粉刷。

7　水闸的冲刷处理

7.1　水闸下游消能防冲设施破坏成因

水闸消能防冲设施损毁，不满足设计过闸流量的要求，或闸下未设消能防冲设施，都会危及工程整体安全。

水闸下游消能防冲设施破坏是水闸较为常见的破坏形式之一。消能防冲设施的破坏往往会造成大面积冲刷坑，这些冲刷坑会使水闸翼墙或者闸室发生倾斜。如喀左的水泉灌区水力自动翻板闸（图7-1），该闸采用挑流消能、干砌石铁丝石笼海漫。运行多年后，下游的石笼海漫冲刷破坏严重，大部分坍陷，石笼铁丝网锈蚀严重，海漫大面积被掏空。再如凌源的叨尔登拦河闸（图7-2），多年运行后，下游消力池淤积严重、杂草丛生，且冲刷严重，多处存在消力坎断裂，混凝土结构剥蚀等问题，对工程整体安全造成极大威胁。

消能防冲设施破坏原因是多方面的，往往是一种或几种因素共同作用的结果，归纳起来，大致有如下几种原因：

（1）设计不当

消能防冲设施的设计缺陷主要表现（张桂川，1997）：

1）翼墙扩散角过大，回流没有消除，冲刷坑沿回流与主流交界的部位发展，该处单宽流量集中，流速较大。海漫长度，根据经验公式计算值一般又较短，未能延伸至回流区末端，这时的海漫容易遭受冲刷破坏。

图7-1　石笼海漫

（a）消力池淤积严重冲刷破坏　　　　　　　（b）消力坎断裂、剥蚀严重

图 7-2　消力池淤积、消力坎断裂

2）消力池过浅，水跃不完全，甚至急流冲出消力池，发生远驱式水跃，或者消力池尾槛过高，槛后的水面跃差过大，以致消力池后的砌石海漫被冲毁。这种情况不外乎两种错误估计而引起：一是对闸的泄量估计不足，实际泄水量远大于消能防冲工程的设计流量；二是闸下游设计尾水位的选定缺乏实际资料依据，实际尾水位远低于设计尾水位。这类冲刷在江河两岸排水闸上最为多见。

3）消力池结构单薄，强度不足而遭冲毁，多半是对消力池的受力条件缺乏正确的分析和足够的估计。例如消力池底的脉动压力，池底因跃前水面凹陷而产生上下压力差，消力齿、消力槛上的冲击力，均无法精确计算，常根据现有工程的经验用类比方法确定，如果类比条件不完全一致，就会出现不同程度的事故。在消能防冲设计过程中，一定要全面考虑过闸后水的流态变化特性，以及外界条件变化对水流态的影响。同时，还要多借鉴一些优秀设计中消能防冲部分的成功经验，消除设计中的缺陷，防止下游发生冲刷破坏。

（2）运行管理不善

运行管理不善是造成冲刷破坏的另一原因。各种消能工形式都有其一定的适用条件，很难有一种消能措施能适应各级水位流量和任意的闸门开启方式。水流条件和工程安全具有重大影响。由于闸门开启的不均匀、不对称或相邻闸开启高差太大，以及对于多孔水闸，采用单孔集中开启，而不是对称开启或开启度不均匀，造成单宽流量较大，水流扩散不均匀，均可能致使水流流态恶化，在下游形成较大的回流和折冲水流。因此在闸门的运行管理中，必须对闸门的开启方式做出一定的限制，管理人员必须严格按照操作规程去作业。工程技术人员要绘制出"水闸上游水位—流量—闸门开启高度关系曲线"，及时掌握上下游出流情况，保证工程的安全。

长期以来，许多水闸管理制度不够完善，缺少足够的工程技术人员，水闸的启闭未按照合理的调度方式进行，对闸门的操作未做到均匀、分档、间隙性地进行，从而产生集中水流、折冲水流、回流、旋涡等不良流态，造成了下游消能防冲设施的破坏。同时，维修养护不及时，往往也会造成冲刷破坏的恶性循环（谭志伟，2002）。

（3）基础软弱，处理不当

地基处理不当的危害主要有 3 个方面，包括地下水的危害（引起浮沙管涌、流土等）、主体结构的危害（不均匀沉降、倾倒失稳等）及地基基础本身的危害（边坡失稳、坍塌冒顶等）。例如：处理粉土、粉砂、极细砂、细砂、轻粉质壤土、沙壤土等抗冲刷能力弱的地基时，在海漫末端与防冲槽衔接处未采取封闭措施，留下裸露区；铺盖长度、厚度不够，截渗墙的深度不足或位置不当，以及排水设施效果不好等，使地基发生渗透变形，引起底板沉陷、开裂、甚至消能工破坏。

建于 1970 年的曹家口低闸担负着汉川市新河镇 4 万余亩承雨面积的排水任务，底板高程 19 m，洞身面积 10 m²。该闸由于基础不良，设计施工简陋，运行时间较长，导致出口段底板断裂塌陷、消力池毁坏，上游八字墙垮塌，如图 7-3 所示。

图 7-3　消力池及底板的破坏

7.2　冲刷破坏的预防措施

（1）改善水流流态

1）加强水闸管理运用，根据水闸承担的任务，合理调整制订闸门开启方式及运用方案；闸门开启应对称开启，开启度力求均匀，避免开启、关闭时大起大落。

2）设计时应考虑池深、池长、海漫、防冲槽等设计条件。按最不利情况，结合闸门运用条件、经济等因素，进行优化组合确定消能防冲设施，使消力池内产生有一定淹没度的淹没式水跃。

3）设计中应考虑弗劳德数 Fr 对消能的影响，消除波状水跃。采取水闸下游平台上设小槛、消力齿、消力梁、分水槛，或将闸底板改为低堰，或将消力池改为两级、多级形式，以改变产生波状水跃的条件。

4）下游翼墙布置应对称，扩散角度应合适，上游进水渠应平顺，闸前应有适当长度的平直进水段。

（2）抗冲加固措施

目前抗冲加固措施很多，主要目的是保护护坦、海漫、护坡不被冲刷、淘空。主要结构形式：护坦末端设置混凝土防冲墙、钢筋网块石海漫、混凝土海漫、浆砌石海漫，土工织物做反滤层；防冲槽采用软排护底、铅丝石笼、深齿墙、抛石防冲墙；护坡采用混凝土、干砌石、模袋混凝土等。

（3）优化结构设计，选择抗冲磨材料

在水闸结构设计时对易发生气蚀的部位宜设法消除气蚀源的产生。如在消力池护坦两岸设护墙、护坡、喷锚支护或留一定宽度平台，有的工程在消力池末端设砌石渠和拦砂拦石槛。高流速含砂量大的江河上泄水闸，设计时应考虑水闸的抗冲磨承受能力，必要时选择抗冲磨的材料衬体，以满足抗冲磨的耐久性要求。如选择硅粉混凝土作为护砌材料对护坦加以保护，可以提高混凝土的强度和抗冲耐磨能力。

（4）加强运行管理

水闸运行期间应加强检查，发现问题要及时维修处理。闸门水封、边导板、金属底槛损坏时，应及时更换；汛期启闭闸门时，要对称开启，匀速启落；不对称启闭闸门易产生偏流或涡流、旋转紊流；快速开启闸门易引起瞬间真空，产生较大负压。

对于水闸不同部位产生的不同程度的冲刷、磨损破坏应采取相应的处理措施，下面主要介绍工程措施。

7.3　消能防冲设施破坏处理

7.3.1　回填冲刷坑，设置完善的消能工

首先，确定设计洪水标准、运行方式，选用适宜的上下游水位、单宽流量，通过消能计算确定消力池的尺寸、海漫长度和防冲槽尺寸。其次，从均匀化流速分布和改善出流边界衔接两方面采取措施，方能有效减少闸下冲刷。将消力池两侧的直立墙改为扭曲墙，能有效消除消力池后两侧的回流，减小海漫末端两侧的冲刷深度；在闸底陡坡上加设马蹄墩，使水流相互碰撞、掺混，增加能量消耗，可使出池水流余能明显减小，出池流速分布进一步均化，闸下冲刷减少（周春天，2000）。

如果消力池的破坏不严重或与计算尺寸相差不多，还可通过设置尾槛、齿坝、消力墩等辅助消能工，用以提高消能率；反之则应按设计尺寸重新设置，常用浆砌条石或钢筋混凝土护砌，厚度应经计算，一般为 0.5～1.0 m。海漫的材料可选取干砌石、浆砌石、混凝土、钢筋混凝土等，防冲槽的设置具有固沙、消除余能及防止

海漫被冲刷的作用，其结构可用抛石或混凝土齿墙。

7.3.2 部分回填冲刷坑，采用柔性护砌

冲刷坑是否需要回填须比较论证，若冲刷坑较深，坑体四周沙土边坡较陡，则部分回填可以保证坑体边坡的稳定。一般地，对于不直接危及消力池安全的冲刷坑，可以采用部分回填处理，这样不仅节约成本，还可以利用冲坑作为防冲水垫。柔性结构护砌常采用土工网袋装块石（石笼网）、土工长管沙袋及土工模袋混凝土。

（1）石笼网

石笼网是一种可填充石块的生态格网结构，包括合金钢网兜、生态格网网箱和生态格网护垫等，网兜或网箱材料由高镀锌低碳钢丝编制而成，具有柔韧性好和强度高等特点。合金钢网兜在网兜内装上石块抛入或滑入河床的过程中，网丝不易被切断，破损率低，且网兜为柔性材料，更容易贴近河底，网兜间可采用同质的钢丝绑扎，整体性强。不易被水流冲走，提高了填、堵的成功率，用于抛石防冲槽表面可以起到有效的保护作用，见图7-4。

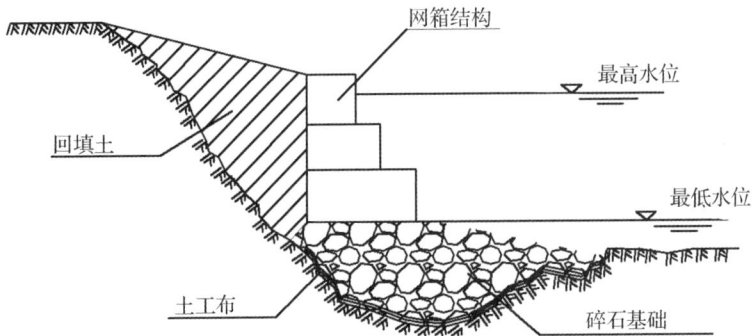

图7-4 碎石基础上的网箱结构

生态格网网箱和生态格网护垫（图7-5）由专用机械编程成的热镀锌或镀铝锌低碳钢丝多绞六边形格网片组装而成，预先在网箱或网垫内装填块石，调运就位后再采用同材质钢丝进行绑扎，从而形成整体防护。目前这一技术已广泛应用于防洪堤挡墙护岸和河道护坡中。

石笼网技术用于闸下消能防冲具有以下明显优点：

①柔性挠曲性好。当防冲槽下部块石发生冲刷或松动位移时，石笼网内部形成一种交错拉紧和挤压之状，能适应外部变形。

②渗透性好。由于石笼网具有良好的排水性能，布置在防冲槽表面无须另设排水孔，也无须考虑下部随水深变化的扬压力作用。

③费用低。石笼网内的填充块石与鹅卵石可以就地取材，适用于交通不便的山区河道施工。

图 7-5　生态石笼网镀锌雷诺护垫

④施工速度快。事先装好网箱或网垫，然后吊装安放就位绑扎即可，方便水下施工。

⑤维护简便。由于生态格网护垫在长度和宽度方向都加设隔板网，双向交织的钢丝网局部损坏不易扩展，维修也较简便，仅需把局部损坏的网格修铺好重新填满石料即可。

在各工程施工导流期间，石笼网技术在与纵向围堰相连的上游横向围堰的上游坡以及下游横向围堰的下游坡应用较广，在抛石防冲槽冲刷修补过程中也有应用。

赛克石笼网（图 7-6）又称为蛇龙工艺、赛克格宾。赛克格宾是指由机编双绞合六边形金属网面构成圆柱形工程构件，其中装入块石等填充料，构成具有柔性、透水性的结构，应用于防沙和河道整治等各种抢险工程。赛克格宾网孔有：60 mm×80 mm，80 mm×100 mm，100 mm×120 mm，120 mm×150 mm，丝径范围2.0~4.0 mm。可采用电镀锌丝、热镀锌丝、高热镀锌、高尔凡丝和包塑丝等原材料。由于其灵活性，可以起到特殊的防护作用。其施工流程如下：

①材料运输。赛克石笼网是机织网，经过选丝、织网、剪片、勾边、检验等一系列程序编织而成。石笼网可以是卷状的，也可以将笼子压缩、打包，以便于工人处理装箱和装船，绑丝以卷的形式提供。最好将格宾网放入干燥的环境中，绑紧，便于装船。

②组装。将赛克石笼网置于平实的地面展开，压平多余的折痕，沿一侧面螺旋旋转成圆柱体，并用绑丝扎紧两端。

③地基准备。放置赛克石笼网的地基无须太平实。在地基环境比较差的湿地环境中，石笼网可以用来提供固定式平台。根据工程需求，装入适当的材料，层层放好赛克格宾。格宾结构也要符合工程规范。可以把土工织物夹在各个格宾层中。

④缝边。赛克石笼网是由网片卷成布袋一样的圆柱状丝网，用边丝绑紧。将边缘相邻网孔和边丝用绑丝缠绕，只要圆柱体侧面绑好，再将两个底缠紧，赛克格宾即可用。缝边时圆柱体侧面要预留装石料的开口，同时缝边、装石时也要注意保护

网丝表面涂层，避免将其损坏。

⑤放置绑好后，用机器小心将赛克格宾一个一个或两个两个地吊放到恰当位置。为了保证质量，石笼网缝边、组装时应用较粗的边丝和绑丝。

图 7-6　赛克石笼网袋装块石护坡

（2）土工模袋混凝土

土工模袋是利用一种双层聚合化纤合成材料制成的连续（或单独）的袋状产品。土工合成材料应用于工程是近 20 年发展起来的一门新技术，20 世纪 70 年代末引进我国并研制使用。

模袋混凝土是通过用高压泵把混凝土或水泥砂浆灌入模袋中，混凝土或水泥砂浆的厚度通过袋内吊筋袋、吊筋绳（聚合物如尼龙等）的长度来控制，混凝土或水泥砂浆固结后形成具有一定强度的板状结构或其他状结构，能满足工程的需要。土工模袋作为一种新型建筑材料，广泛用于江、河、湖、海的堤坝护坡、护岸、港湾、码头等防护工程（图 7-7），也可应用于水闸上下游河道的护坡工程中。

图 7-7　土工模袋混凝土护坡

1）土工模袋的类型。

土工模袋根据其材质及加工工艺的不同，分为机织模袋和简易模袋两大类。其中机织模袋按其有无反滤排水点和充胀后的形状可分为 5 种类型。各种类型模袋的厚度范围及主要用途见表 7-1。

表 7-1　模袋的类型及应用

模袋形式	灌注材料	成型厚度（cm）	主要用途
有反滤排水点模袋（FP 型）	水泥砂浆	6.5~10.0	临时堤防及其他临时性护坡
		10.0~16.5	坡面保护、渠道、河川护坡、护底
无反滤排水点模袋（NF 型）	水泥砂浆	5.0~15.0	水库护岸、人工蓄水池护坡、护底
铰链块型模袋（RB 型）	水泥砂浆	10.0~15.0	软弱地基坡面保护、河川保护工程
框格型模袋（NB 型）	水泥砂浆	空格 30×60	坡面绿化，水土保持坡地保护
无排水点混凝土模袋（CX 型）	混凝土	15~70	湖湾、码头工程、海岸、河川护岸、护坡工程

2）工艺流程。

土工模袋混凝土护坡施工一般工艺流程为：测量放样→水下理坡→模袋选型→模袋铺设、定位→混凝土制备→充灌模袋混凝土→养护→质量检测。

柔性结构与刚性结构护砌相比优点有：不需围堰、可水下施工；柔性好，能适应基础变形；块体大，整体稳定性能好；糙率大，消除余能率高；透水性好，减低扬压力；使用年限长。

常用构造形式为：面层铺设土工网袋装块石或长管沙袋或土工模袋混凝土，中间层铺设碎石或粗砂垫层，厚度为 20~25 cm，底层铺设土工布反滤层。

7.3.3　用钻孔灌注桩法建造二道堰

钻孔桩基础施工简便、操作易掌握、设备投入一般不是很大，因而在水闸除险加固工程中得到了广泛应用。钻孔桩是在泥浆护壁条件下，利用机械钻进形成桩孔，采用导管法灌注水下混凝土的施工方法。

钻孔灌注桩施工工艺（图 7-8）：准备工作→钻孔→终孔和验孔→清孔→制备吊放钢筋笼→再清孔→灌注水下混凝土→破桩头桩检→接筑承台。

（1）准备工作

①准备场地。

施工前将场地平整好，以便安装钻架进行钻孔。当墩台位于无水岸滩时，钻架位置处应整平夯实，清除杂物，挖换软土，场地有浅水时，宜采用土或草袋围堰筑岛。

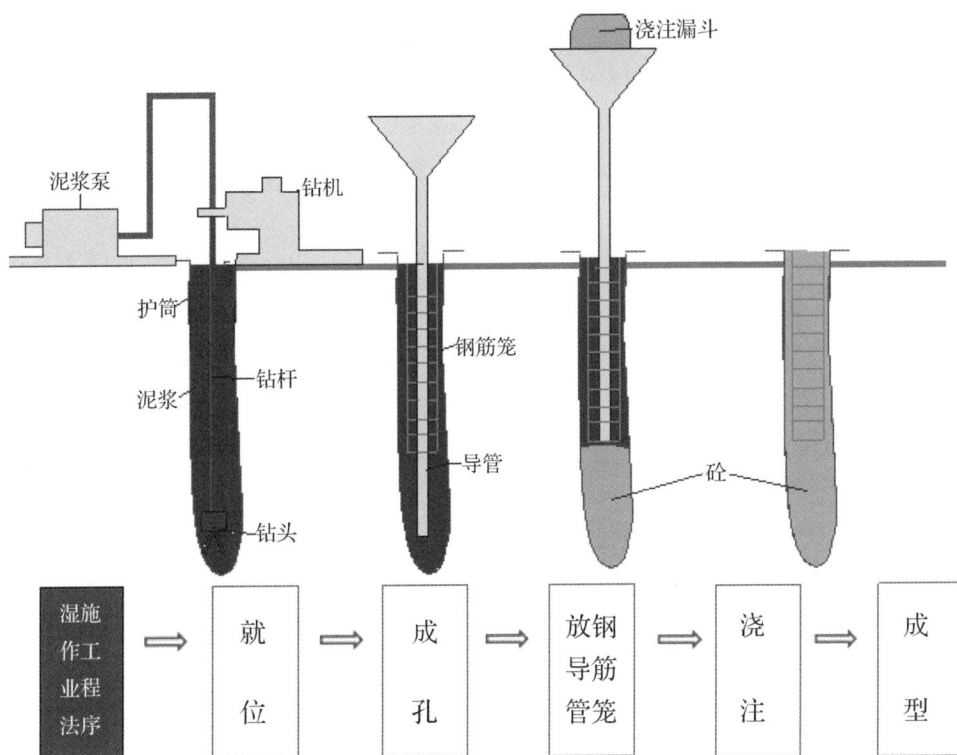

图 7-8 钻孔灌注桩施工工艺流程图

②埋置护筒。

护筒内径应比钻头直径稍大，旋转钻需增大 0.1~0.2 m。冲击或冲抓钻需增大 0.2~0.3 m。

③制备泥浆。

泥浆在钻孔中的作用：在孔内产生较大的静水压力，防止塌孔；泥浆向孔外土层渗透，在钻进过程中，由于钻头的活动，孔壁表面形成一层胶泥，具有护壁作用；同时将孔内外水流切断，能稳定孔内水位；泥浆比重大，具有夹带钻渣的作用，利于钻渣的排出。因此在钻孔过程中保持一定稠度的泥浆，一般比重以 1.1~1.3 为宜。调制泥浆的黏土塑性指数不宜小于 15，粒径大于 0.1 mm 的砂粒不宜超过 6%。

④安装钻机和钻架。

在钻孔过程中，成孔中心必须对准桩位中心，钻机必须保持平衡，不发生位移、倾斜和沉陷。钻机（架）安装就位时，应详细测量，底座应用枕木垫实塞紧，顶端应用缆绳固定平稳，并在钻进过程中经常检查。

（2）冲击钻进成孔

利用钻锥（10~35 kN）不断地提钻、落钻，反复冲击孔底土层，把土层中泥沙、石块挤向四壁或打成碎渣，钻渣悬浮于泥浆中，利用抽渣筒取出，反复上述过程冲击钻进成孔。

钻孔注意事项：在钻孔过程中应防止塌孔、孔形扭曲或斜孔、钻孔漏水、钻杆扭断，甚至把钻头埋住或掉进孔内等事故。因此钻孔时，应注意下列几点：

①钻孔过程中，始终要保持孔内外既定的水位差和泥浆浓度，以起到护壁固壁的作用，防止塌孔；

②钻孔过程中，应根据土质等情况控制钻进速度。调整泥浆稠度，以防止塌孔及钻孔偏斜、卡钻和旋转钻机负荷超载等情况的发生；

③钻孔宜一气呵成，不宜中途停钻，防止塌孔。若塌孔严重，则要回填重新钻孔；

④钻孔过程中加强对桩位、成孔情况的检查工作。

终孔时应对桩位、孔径、形状、深度、倾斜度及孔底土质等情况进行检验，合格后立即清孔、吊装钢筋笼、灌注水下混凝土。

（3）清孔及吊装钢筋笼骨架

清孔的目的是除去孔底沉淀的钻渣和泥浆，以保证灌注的钢筋混凝土质量，保证桩的承载力。

①抽浆清孔：用空气吸泥机吸出含钻渣的泥浆而达到清孔的目的；

②掏渣清孔：用掏渣筒或大锅锥掏清孔内粗粒钻渣；

③换浆清孔：置换孔内泥浆以达到清孔的目的；

④灌注水下混凝土。

（4）灌注方法和有关器具

导管法施工：将导管居中插入到离孔底0.3~0.4 m处（不能插入孔底沉积的泥浆中），导管上接漏斗，在接口处设隔水栓，以隔绝混凝土和导管内水的接触。在漏斗中储备足够数量的混凝土后，放开隔水栓，储备的混凝土连同隔水栓向孔底猛落，这时，孔内水位猝然外溢，说明混凝土已灌入孔内，若落下有足够数量的混凝土，则将导管内水全部压出，并使导管下口埋入孔内混凝土中1~1.5 m，保证孔内的水不能重新流入导管，随着混凝土不断通过漏斗，导管灌入钻孔，钻孔内初期灌注的混凝土及其上面的积水或泥浆不断被顶托升高，相应地不断提升和拆除导管。这时应保持导管的埋入深度为2~4 m，最大不宜大于4 m，拆除导管时间不超过15 min，直至钻孔灌注混凝土完毕。

导管：内径0.2~0.4 m的钢管，壁厚3~4 mm。每节长度1~2 m，下面的一节应较长，一般为3~4 m。导管两端用法兰盘及螺栓连接，并垫橡皮圈，以保证接头不漏水。

为了首次灌注桩的混凝土的数量能保证将导管内的水全部压出，并满足导管初次埋入深度的需要，应计算漏斗的最小容量（式7-1），从而确定漏斗的尺寸大小：

$$V = h_1 \times 3.14 \times d/4 + H_c \times 3.14 \times D \times D/4 \tag{7-1}$$

式中：H_c——导管初次埋深加开始时导管底端至孔底的距离，m；

$\quad\quad h_1$——孔内混凝土高度达 H_c 时，导管内混凝土柱与导管外水压平衡所需的高度，$h_1 = H_w R_w / R_c$，H_w 为孔内水面到混凝土面的高度，m、R_w、R_c 为孔内水或泥浆、混凝土的容重；

$\quad\quad d$——导管直径，m；

$\quad\quad D$——桩孔直径，m。

（5）灌注水下混凝土注意事项

灌注水下混凝土是钻孔灌注桩的最后一道关键性的工序。其施工质量将严重影响桩的质量：

①混凝土拌和必须均匀，尽量缩短混凝土运输距离和减少颠簸，防止混凝土发生离析而卡管。

②为防止导管接头与导管漏水，保证导管制作时具备足够的抗拉强度，能承受其自重和盛满混凝土的重量，内径应一致，其误差应小于±2 mm，内壁须光滑无阻，组拼后须用球塞、检查锤做通过试验；最下端一节导管长度要长一些，一般为 4 m；每节导管的长度要整齐统一，便于丈量长度，并做出标记和记录；导管使用前做好水密性试验。导管不要埋入混凝土过深，严格控制混凝土配合比、和易性等技术指标。

③灌注混凝土过程中必须连续作业，一气呵成。孔内混凝土上升到接触钢筋笼架底时，应防止钢筋笼架被混凝土顶起。

④在灌注过程中，要随时测量和记录孔内混凝土灌注标高和导管入孔长度，以控制和保证导管入孔内混凝土有适当的深度，防止导管提升过猛，管底提离混凝土面或埋入过浅而使导管内进水造成断桩夹泥，也要防止导管埋入过深而造成导管内混凝土压不出去或导管埋入过深导致终止浇灌而断桩。

⑤灌注的桩顶标高应比设计值预加一定的高度。此范围内的浮浆和混凝土应凿除，以确保混凝土的质量，浇筑标高应高出桩顶设计标高 0.5~1.0 m，深桩应酌情增加。务必注意，不要因误测而造成短桩。

应用实例：针对福建省金鸡桥闸下游消能防冲设施破坏，采用的除险加固措施为：部分回填冲刷坑，采用柔性护砌，下游用钻孔灌注桩建造二道堰。即在平行于闸坝纵轴线的下游侧 185 m 处打一排钻孔灌注桩，并在左岸与拦沙坝相接。1997 年底建成，1998 年 2 月即经受洪水考验，未发现冲刷现象，可见消能效果良好（方捷贵，1999）。

7.3.4　柔性护砌中应用土工布作反滤

土工布用作反滤层，能有效解决砂石反滤层级配不当、施工质量难以保证等问题，而且施工方便，造价低廉，效果良好。土工布反滤材料的设计应满足保土性、透水性和防堵性要求。土工布施工应按设计强度、韧度等指标选择质量合格的产品。块石无风化，厚度大于 30 cm，重量不小于 50 kg。碎石垫层厚度不小于 20 cm 等。

严格控制施工，块石砌筑紧密，砌缝应交错进行，抛筑土工网袋块石或长管沙袋时应注意场地清理，用砂铺填平整后铺土工布，以防土工布被刺破，注意搭接，在水上铺设时搭接长度为 10~15 cm，采用尼龙线缝制，在水下铺设时搭接长度为 1.0~1.5 m；在坡顶还应设置防滑沟。

福建省对水闸下游冲刷坑采用柔性护砌（吴为民，1999），应用土工布作为反滤层的工程有：九龙江北引南港闸、北港闸部分回填冲坑，土工布反滤，网袋装小沙袋压载；龙海市西溪桥闸、南溪桥闸、福清市柯屿闸、连江县大官板闸部分回填冲坑，土工布反滤，网袋装块石压载；龙海市角美壶屿港闸、惠安县洛阳桥闸全面回填冲坑，土工布反滤，浆砌条石海漫，抛石防冲槽；漳浦县旧镇桥闸部分回填冲坑，土工布反滤，长管沙袋压载；厦门市石得闸全面回填冲坑，土工布反滤，浆砌条石海漫，抛石防冲槽；晋江市安平闸全面回填冲坑，土工布反滤，模袋混凝土压载。上述工程处理后，已经受住洪水考验，未见冲刷。

7.3.5　抛石或石笼防护

具体防护方法根据冲刷部位不同而异。

（1）河床冲刷的抛石保护

其做法是：自开始冲刷的地方向外抛石，沿冲刷河底以同一厚度抛填石块。抛石长度一般须超过冲刷坑，小而零星的则将沟略微抛平后再沿同一厚度抛填块石。抛石长度一般须超过冲刷坑的范围，抛石厚度一般为 0.5~0.8 m。由于这种方法保留了冲刷坑，在冲刷处形成了较深的尾水，从而降低了流速，减弱了冲击力。同时，沟底抛石使冲刷沟不再继续扩大。这种方法需要的块石较少，较为经济。

（2）护坦冲刷的抛石保护

其做法是：用土包或沙石包（起滤水保土作用）将冲刷沟底填平，其上再抛填块石直至与护坦相平，抛石后冲刷也可以稳定。

（3）石笼护底

做法是坑底采用石渣铺垫，上面用钢筋石笼覆盖。为了保护河床不被冲刷，也可以用钢筋石笼护砌。

（4）砌石或混凝土板护坡

下游翼墙被冲刷而坍陷时，应根据水流情况分析翼墙位置是否适宜，然后再加以砌石护坡或混凝土板护坡。

7.3.6　采用新型纤维混凝土

纤维混凝土是由纤维和水泥基料组成的复合材料。钢纤维加入混凝土，能提高混凝土的韧度、抗弯拉、抗剪强度、防震、防开裂、防渗透等特点。从而使钢纤维混凝土从本质上区别于普通混凝土。根据掺入纤维的材料性质可分为金属纤维混凝土、无机纤维混凝土和有机纤维混凝土3类，其中金属纤维混凝土中的钢纤维混凝土、有机纤维混凝土中的聚丙烯纤维混凝土较为常用。工程用聚丙烯纤维是一种新型的混凝土增强纤维，有波形、网状、束状等类型。掺入聚丙烯纤维的混凝土抗裂、抗冲、抗磨、抗渗和抗冻性能均得到改善，综合使用性能得到提高，具有掺加工艺简单、价格廉价、性格优异等特点。

除应用于闸底板和消力池底板面层外，聚丙烯纤维混凝土还可应用于护坦和海漫的消能防冲结构防护中。使用聚丙烯纤维混凝土时，不改变原混凝土配合比，施工时将一定比例的纤维与骨料等一起投入搅拌机，边搅拌边加水，适当延长搅拌时间60 s以上，也可将纤维先与水泥以及其他骨料搅拌均匀后再加水搅拌，使纤维在混凝土中分散均匀后使用。

7.4 平原灌区水闸海漫柔性增糙防冲刷技术

平原灌区水闸闸下冲刷现象是比较普遍的。调查显示，内蒙古河套灌区有70%的水闸存在不同程度的闸下冲刷现象（张义强，2001）。而在水闸的设计和施工中，海漫的表面往往做成平面。若海漫长度不足，表面糙率小，就很难起到调整流速分布的作用。内蒙古农业大学研究发现，在水闸海漫段粘一层柔性的用以增加糙率的橡胶防滑垫，或者使用废旧轮胎对海漫进行加糙（图7-9），均可实现增加糙率、减小冲刷的目的。海漫增糙后，闸后冲刷深度减小，减小幅度35%～47%；冲刷范围减小，长度减小较显著，宽度减小不明显，冲刷坑形状由原来的狭长形变为宽短形，冲刷范围减少22%～29%（文恒，2001；史国庆，2011）。

图7-9 海漫柔性增糙防冲示意图

海漫增糙对流速分布产生了有利影响：

①对横向近底流速的影响：海漫增糙后，其表面的凹凸不平对水流产生了作

用，促使水流横向扩散，从而使渠道中央处的流速峰值降低。海漫这种对横向流速的调整作用，使下游冲刷坑形状变小变短；

②对垂向流速分布的影响：海漫增糙后，近底流速减小，且在靠近河床的一段深度内，流速值也都小于未增糙时对应值，垂线最大流速增加，产生的位置也抬高，水流表面流速增加，整个断面流速分布更加合理，较增糙前更接近于下游缓流正常流速分布，从而减轻河床冲刷程度。

海漫柔性增糙技术具有以下特点：

①结构简单，施工方便。在旧闸改造治理时，只需要把浆砌石海漫或干砌石海漫在布设预埋件处局部拆除，浇筑预埋件后，再局部重新铺砌石块。在新建水闸时，由于预埋件与砌石同时施工，工序更简单，施工更方便。

②造价低，使用寿命长。由于采用废轮胎作为加糙材料，成本低廉，旧轮胎每只 10~15 元。一座设计流量 30 m^3/s 的水闸海漫增糙，费用约 3500 元，只相当于 1 年的闸后岁修费用。由于废轮胎耐磨蚀，抗风化，使用寿命可达 15 年，且年运行费较少。

③适应范围广，防冲效果好。适用于新建水闸海漫设计和已建水闸闸后维修、冲坑治理。在设计流量 15~45 m^3/s 的水闸中应用，效果均很好，适当增加轮胎排数或缩小间距可进一步消减能量，提高防冲效果。

如黄济干渠一闸、乌拉河干渠一闸和四闸采用海漫柔性增糙技术后，经过一年多的运行，海漫段水流流态较加糙前平稳，闸后冲坑范围、深度均有明显减小。

8 钢筋混凝土结构劣化处理

8.1 钢筋混凝土结构劣化症状及成因

混凝土劣化是指在自然环境下，包括温度、湿度的变化（如季节变化、日晒雨淋、风化），机械力（承重、超载、水流冲击等）甚至接触到化学物质的腐蚀破坏等的综合作用下，混凝土发生的冻融、裂缝、溶蚀、碳化等现象。劣化的混凝土不堪重负，混凝土表面疏松，产生蜂窝、麻面、剥蚀、裂纹及骨料裸露，甚至在长期水流冲刷下形成剥蚀区，产生重大安全隐患，严重影响工程的安全运行和效益发挥。

8.1.1 混凝土碳化和钢筋锈蚀

随着运行年限的增长，水闸的混凝土建筑物会出现劣化现象，主要表现为混凝土碳化和内部钢筋锈蚀（焦怀金，2007）。

（1）混凝土碳化

混凝土碳化是混凝土所受到的一种化学腐蚀，是指混凝土中的氢氧化钙（$Ca(OH)_2$）与渗透进混凝土中的二氧化碳（CO_2）或其他酸性气体发生化学反应的过程。碳化的实质是混凝土的中性化。水泥在水化过程中生成大量的氢氧化钙，使混凝土内部的孔隙中充满了饱和氢氧化钙溶液，其 pH 为 12~13。这种碱性介质对钢筋有良好的保护作用，使埋置的钢筋容易发生钝化作用，表面生成一层难溶的三氧化二铁（Fe_2O_3）和四氧化三铁（Fe_3O_4），称为钝化膜，能够阻止混凝土中钢筋的腐蚀。当有 CO_2 和水汽从表面通过孔隙进入混凝土内部时，和混凝土中的碱性物质中和，会导致混凝土的 pH 降低。当 pH 小于 9 时，埋置于混凝土中的钢筋表面的钝化膜被逐渐破坏，在水分和其他有害介质侵入的情况下，钢筋就会发生腐蚀。可见，混凝土碳化作用一般不会直接引起其性能的劣化，对于素混凝土，碳化还有提高混凝土耐久性的效果，但对于钢筋混凝土来说，碳化会使混凝土的碱度降低，同时增加混凝土孔溶液中氢离子数量，从而导致混凝土对钢筋的保护作用减弱。

一般认为，混凝土碳化对混凝土本身没有太大的危害，相反，混凝土碳化会使混凝土的强度提高。实验表明，碳化过程中，氢氧化钙转变成碳酸钙后，会导致水泥浆体结构更密实，从而导致混凝土抗冻性得到提高；但是碳化会削弱混凝土对钢筋的保护作用，处于氯盐环境下的混凝土材料，碳化会导致混凝土内部氯离子扩散性显著增加；碳化会降低混凝土的抗硫酸盐侵蚀性能（张士萍，2014）。此外，碳化会增加混凝土的收缩，引起混凝土表面产生拉应力而出现微细裂缝，从而降低混凝土的抗拉、抗折强度及抗渗能力。混凝土碳化将导致混凝土构件破损或失效，从而降低混凝土构件的服役寿命（裴雪君，2016）。

在大气中混凝土的碳化通常是一个缓慢过程。碳化速度的主要影响因素是混凝土自身的密实度和其所处的环境条件（焦怀金，2007）。碳化速度快慢是衡量混凝土耐久性的重要依据之一，碳化速度受以下几方面因素控制：CO_2从外部环境进入混凝土内部的扩散速度；CO_2与混凝土内部可碳化物质的化学反应速度；可碳化物质［主要为$Ca(OH)_2$］的迁移速度。以上 3 个环节中每个过程速度的提高均有助于混凝土碳化速度的提高，反之，则有助于混凝土碳化速度的降低（徐道富，2005）。可见，混凝土的碳化速度主要取决于混凝土渗透性与大气的CO_2浓度，其中碳化系数值主要取决于混凝土渗透性和环境条件。环境条件包括湿度、温度和CO_2浓度等；混凝土渗透性取决于混凝土成品的密实性，而密实性又取决于水泥品种、骨料种类、水灰比，浇筑养护质量等，其中环境温度对单位时间的混凝土碳化速度影响最大；混凝土水灰比次之；环境相对湿度影响相对较小。

具体而言，混凝土碳化的影响因素如下：

1）环境条件。

因为碳化是液相反应，十分干燥的混凝土即使一直处于相对湿度低于 45% 空气中，CO_2气体扩散速度较快，但碳化反应所需水分不足，混凝土碳化速度较慢；当大气相对湿度为 50% 左右时，碳化最快，湿度过高或过低都会阻碍碳化的发展（焦怀金，2007）。在空气湿度 50%~75% 的大气中，不密实的混凝土最容易碳化；但在相对湿度在 80%~100% 的潮湿空气中或在水中的混凝土反而难以碳化。这是因为混凝土含水率高，混凝土空隙处于饱和状态，阻碍了CO_2气体在混凝土中扩散，所以碳化速度慢；湿度相同时，风速越高、温度越高，混凝土碳化也越快（谢春磊，2012）。通常室内混凝土碳化速度比室外的快，一般认为混凝土碳化速度与CO_2浓度的平方根成正比（裴雪君，2016）。

2）水泥品种。

水泥品种是影响混凝土碳化的主要因素。一般说来，矿渣水泥和粉煤灰水泥中的掺和料含有活性氧化硅和活性氧化铝，它们和氢氧化钙结合形成具有胶凝性的活性物质，降低了碱度，因而加速了混凝土表面形成碳酸钙的过程，故而碳化速度较快。但也有研究表明，粉煤灰微集料效应、活性效应以及形态效应可改善混凝土内部孔结构，提高混凝土的密实性，这有利于混凝土抵抗碳化作用。掺加了矿物掺和料的混凝土碳化过程在这两种因素的综合作用下进行，若第一种因素起主要作用，则混凝土的抗碳化能力是降低的；若第二种因素起主要作用，则混凝土抗碳化能力是提高的（程云虹，2007）。

普通硅酸盐水泥要比早强硅酸盐水泥碳化稍快。掺用优质减水剂或加气剂,可以大大改善混凝土的和易性,减小水灰比,制成密实的混凝土,可以使碳化速度减慢。尤其是加气减水剂,由于抗冻性提高,可以大大改善钢筋混凝土建筑物的耐久性。

3)骨料选择。

混凝土中的骨料本身一般比较坚硬、密实,总的说来,天然沙砾石、碎石比水泥浆的透气性小,因此混凝土的碳化主要通过水泥浆体进行。但是,在轻混凝土中,由于轻质骨料本身气泡多,透气性大,所以能通过骨料使混凝土碳化。一般说来,轻混凝土比普通混凝土碳化快,需要掺用加气剂或减水剂来减缓它的碳化速度(季霞,2014)。

4)水灰比。

混凝土的碳化速度与它的透气性有很密切的关系,混凝土的透气性越小,碳化进行越慢。水灰比小的混凝土由于水泥浆的组织密实,透气性小,因而碳化速度就慢。同理,单位水泥用量多的混凝土碳化较慢,也就是说混凝土碳化速度随混凝土水灰比的增大而显著加快。此外,随着混凝土水灰比的增大,混凝土碳化深度存在明显增大趋势(徐道富,2005)。

张林森(2011)根据水灰比和碳化之间的关系建立了碳化方程。由于混凝土抗压强度与碳化深度之间存在良好的负相关(颜承越,1994),也可以利用抗压强度建立碳化方程。混凝土抗压强度越高,抗碳化能力越强。

5)浇筑与养护质量。

密实的混凝土表层孔隙很小,易从潮湿的空气中吸取水分而充满水,故不易碳化;欠密实的混凝土表层中大孔隙内无水,CO_2 可以由气相扩散到充满水的毛细孔隙而完成碳化。所以,混凝土越密实,其抗碳化能力越高。混凝土浇筑与养护质量是影响混凝土密实性的一个重要因素(裴雪君,2016)。如果混凝土浇筑时不规范,特别是振捣不密实,以及养护方法不当、养护时间不足时,就会造成混凝土内部毛细孔道粗大,且大多相互连通,严重时会引起混凝土再现蜂窝、裂缝等缺陷,使水、空气、侵蚀性化学物质沿着粗大的毛细孔道或裂缝进入混凝土内部,从而加速混凝土的碳化和钢筋腐蚀(陈嘉俊,2021)。

调查中发现,混凝土质量的好坏与混凝土碳化有着非常密切的关系。如20世纪50年代初兴建的水闸,混凝土的密实性一般都较好,水泥用量较多,钢筋锈蚀较轻微。而在"大跃进"时期建的水闸,由于施工质量差,混凝土碳化普遍较为严重。如图8-1所示。

(2)混凝土内部钢筋锈蚀

混凝土结构中钢筋的锈蚀实际上是钢筋电化学反应的结果。而混凝土碳化则是引起钢筋锈蚀最主要的原因(裴雪君,2016)。钢筋锈蚀将使混凝土握裹力和钢筋有效截面面积下降,并可能因锈蚀产生的膨胀而造成混凝土保护层的崩落,影响整

图 8-1　水闸闸墩混凝土碳化剥蚀

体结构的稳定（焦怀金，2007）。可见，钢筋的锈蚀对钢筋混凝土结构的耐久性影响极大，很多钢筋混凝土结构损坏是因为钢筋锈蚀引起的。尤其在氯盐环境（海洋及沿海、盐碱地）及人为造成的氯盐条件下，钢筋更易发生腐蚀破坏。研究表明，在非腐蚀性介质作用下，混凝土构件的使用寿命基本上取决于混凝土完全碳化的时间；而在腐蚀性介质作用下，钢筋的腐蚀还取决于促进腐蚀的离子浓度，如果腐蚀作用集中于局部，即使混凝土未完全碳化，钢筋也会受到腐蚀。

　　钢筋锈蚀对钢筋混凝土结构性能的影响主要体现在三方面。其一，钢筋锈蚀直接使钢筋截面面积减小，从而使钢筋的承载力下降，极限延伸率减小；其二，钢筋锈蚀，锈蚀物的体积一般可膨胀 2~3 倍，甚至 10 倍，体积膨胀压力使钢筋外围混凝土产生拉应力，发生顺筋开裂，使结构耐久性降低，安全储备减低；其三，钢筋锈蚀使钢筋与混凝土之间的黏结力下降。有实验表明，钢筋锈蚀率10%时，承载力下降50%以上。因此，钢筋锈蚀对结构的承载力和适用性都造成了严重影响，由此带来的维修与加固费用也是相当昂贵的。钢筋锈蚀对钢筋混凝土结构的影响示意图见图 8-2。

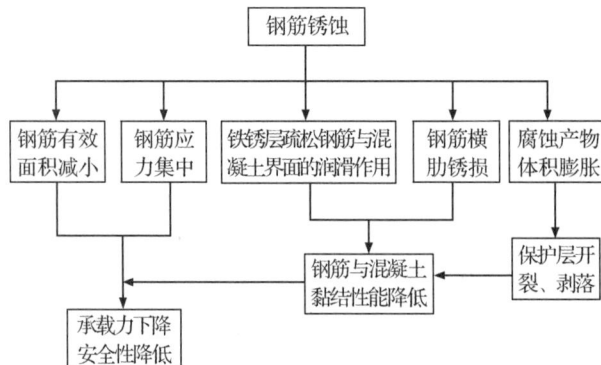

图 8-2　钢筋锈蚀对钢筋混凝土结构的影响

　　钢筋的锈蚀过程是一个电化学的反应过程。混凝土孔隙中的水分通常以饱和 $Ca(OH)_2$ 溶液的形式存在，其中还含有一些 NaOH 和 KOH，pH 约为 12.5，在这样的强碱环境中,钢筋表面形成钝化膜保护钢筋不被锈蚀。因此,施工质量良好、没有裂缝的钢筋混凝土构件,即使处于海洋环境中,钢筋也基本不会发生锈蚀。但是,由于各种原因,当钢筋暴露在潮湿的空气中时,空气中的 CO_2 或游离氯离子会吸附于局部钝化膜处,导致该处 pH 迅速降低,破坏钢筋周围的碱性环境,导致钢筋锈蚀。

1)混凝土碳化和侵蚀气体、介质的侵入造成钢筋腐蚀。

空气中的 CO_2 气体,在混凝土表面层中逐渐被氢氧化钙的碱性溶液所吸收,相互反应生成碳酸钙($CaCO_3$),这种现象称为混凝土的碳化。碳化除与 CO_2 浓度有关外,还取决于相对湿度。生成的碳酸钙很难溶解,其饱和值的 pH 为 9。因此,碳化的结果就是 pH 不断下降,并不断向内部深化;当碳化深度达到或超过保护层时,钢筋表面的钝化膜遭到局部破坏,钢筋开始腐蚀。当大气中遇有工业废气,如氯化氢、氯等酸性气体,将同样被混凝土吸收而与氢氧化钙结合,从而使混凝土碱度迅速下降,使钢筋遭受腐蚀。混凝土碳化与钢筋锈蚀共同作用将导致混凝土结构破坏加剧。如沈阳赵家套拦河闸(图 8-3),其交通桥混凝土碳化破坏,造成内部钢筋严重锈蚀,对水闸整体结构安全构成了巨大威胁。

图 8-3 水闸交通桥混凝土碳化与钢筋锈蚀破坏

2)混凝土裂缝对钢筋腐蚀的影响。

裂缝及其宽度对钢筋锈蚀有很大影响,而且裂缝宽度不同,其影响程度也不同。首先,裂缝加快了锈蚀的发生,使锈蚀开始时间提前。钢筋失去钝化时间取决于裂缝的宽度,所以在早期,裂缝宽度对钢筋锈蚀影响较大,但在锈蚀开始后,其影响程度会大大降低。当钢筋锈蚀速度小到一定程度时,即在设计寿命期内不影响其各项力学指标时,就称之为不锈蚀或处于钝化状态。实际上,锈蚀一直在进行着,只不过有时锈蚀速率很小而已。对于宽度较小的裂缝($\leqslant 0.1$ mm),锈蚀初期 1~2 年裂缝宽度对锈蚀发展影响较小,后期则无影响;较宽的裂缝($\geqslant 0.25$ mm),其初期对锈蚀发展的影响非常明显,直到 10 年后这种影响才变得很小。

混凝土不密实或有裂缝存在是造成钢筋腐蚀的重要原因,尤其当水泥用量偏小，水灰比不当和振捣不良，或在混凝土浇筑中产生露筋、蜂窝、麻面等情况，都会加速钢筋的锈蚀。调查资料表明，混凝土的碳化深度和混凝土密实度有很大关系。密实度好的混凝土碳化深度仅局限在表面；而密实度差的混凝土，碳化深度则较大。裂缝对钢筋锈蚀的影响程度又与环境条件相关。我国调查结果表明，处于露天或潮湿的环境下，裂缝宽度达到 0.2 mm 以上时，裂缝处钢筋锈蚀严重；而处于室内干燥的条件下，即使有裂隙，钢筋也基本无锈蚀或锈蚀较轻。混凝土裂缝与钢筋锈蚀反复作用下，导致钢筋混凝土结构耐久性降低，最后危及整个工程。裂缝对钢筋锈蚀的影响见图 8-4。

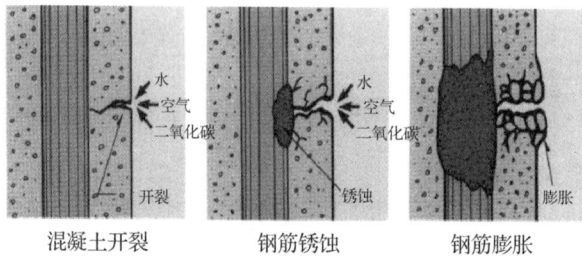

图 8-4　裂缝对钢筋锈蚀影响示意图

3）混凝土中氯离子对钢筋的影响。

氯离子是极强的去钝化剂，一般认为，在不均匀的混凝土中氯离子能够破坏钢筋表面的钝化膜，使钢筋发生局部腐蚀。在阳极区，铁发生腐蚀生成铁离子，当钢筋与混凝土界面环境存在氯离子时，在腐蚀电池产生的电场作用下，氯离子不断向阳极区迁移、富集，发生电化学反应，产生锈蚀产物。发生的电化学反应如下：

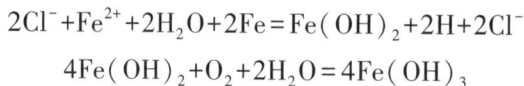

$$2Cl^- + Fe^{2+} + 2H_2O + 2Fe = Fe(OH)_2 + 2H + 2Cl^-$$

$$4Fe(OH)_2 + O_2 + 2H_2O = 4Fe(OH)_3$$

由上式可以看出，Cl^- 本身不构成腐蚀产物，起到催化剂的作用，它在整个过程中并没有消耗掉，而是周而复始地起到破坏作用。可见，氯离子对钢筋的腐蚀起着阳极去极化作用，加速钢筋的阳极反应，促进钢筋局部腐蚀。

研究表明，混凝土中氯离子含量越高，其钢筋周围的氯离子初始浓度越大，导致钢筋开始锈蚀的时间越早。钢筋发生锈蚀后，在开始锈蚀阶段，混凝土中氯离子含量越高，钢筋锈蚀速率提高的速度越快；在稳定锈蚀阶段，混凝土中氯离子含量越高，钢筋锈蚀速率越大；混凝土开裂后，钢筋锈蚀进入加速锈蚀阶段。

调查发现，对于沿海水闸，单纯由于碳化引起钢筋锈蚀的很少。大多数的情况是，碳化深度小于保护层厚度，钢筋就已经锈蚀了。两种因素引起沿海水闸钢筋锈蚀的比例，氯离子占 55%，氯离子和碳化共同作用占 45%（张炳武，1990）。

4）相对湿度对钢筋锈蚀的影响

相对湿度对钢筋锈蚀的影响体现在两个方面，一是影响混凝土中氧元素的流散，二是影响混凝土的电导率。这两方面主要影响钢筋的碳化速度和电化学锈蚀速度，从而直接加速钢筋的锈蚀。实际调查显示，在室内比较干燥的环境下，混凝土中的钢筋碳化速度非常慢，即使钢筋表面产生部分碳化也不易形成锈蚀。相反，在湿度比较大的环境下，尤其在经常下雨或者渗水的环境下，混凝土中的钢筋产生锈蚀的速度比较快，并且容易产生锈蚀。数据显示，当钢筋混凝土构件的使用条件很干燥（湿度<40%）或完全处于水中时，钢筋锈蚀极慢，几乎不发生锈蚀。

目前对于钢筋锈蚀的研究很多，特别是沿海地区的钢筋锈蚀问题。影响混凝土中钢筋锈蚀的主要原因见表 8-1。

表 8-1　混凝土中钢筋锈蚀的主要原因

分类		原因
环境条件	有害介质	钢筋保护层碳化或中性化
		钢筋保护层被氯离子侵入
		水中的有害介质侵蚀
	温度	冻融
	湿度	干湿循环
	水流	水刷磨损
混凝土原材料	水泥	水泥品种选用不当
	掺和料	掺用不适当
	骨料	砂石料中含泥土杂质
		砂石料中氯盐含量超标
	外加剂	所用外加剂引入过多的氯盐
	水	水质不符合规范要求
设计	构件	构件的几何形状不佳，保护层厚度不足
		混凝土耐久性设计指标偏低
施工	拌和	混凝土配合比现场控制不严
		混凝土拌和时间短，不均匀
	运输、浇筑	浇筑振捣不密实
		运输浇筑过程中改变了混凝土配合比
		钢筋错位，保护层厚度不足
	养护	早期养护不充分
运行条件	运行条件改变	超载、温度应力、地基不均匀沉降引起的裂缝
		应力疲劳作用使裂缝扩展

8.1.2　混凝土表面剥蚀磨损

20 世纪 60 年代有关混凝土耐久性的应用技术规范不甚完善，混凝土耐久性不良是造成表面剥蚀破坏的内在原因；就外在而言，水工混凝土产生剥蚀破坏主要是由于环境因素（包括水、气、温度、介质）与混凝土及其内部的水化产物、砂石骨料、掺和物、外加剂、钢筋相互之间产生一系列机械的、物理的、化学的复杂作用，从而形成大于混凝土抵抗能力（强度）的破坏应力所致。造成混凝土表面剥蚀的原因主要有：

（1）环境水的冻融破坏

混凝土结构在饱水或潮湿状态下，由于外界正负温度变化过大而造成混凝土中毛细管和孔隙中水分遇冷结冻时体积膨胀受阻，混凝土中产生拉应力，而遇热时水溶解周边混凝土应力又松弛下来，这样应力不断反复，使混凝土的疲劳应力降低或超过混凝土的疲劳应力，造成混凝土由表及里逐渐剥蚀，这一破坏现象就称为冻融破坏。

混凝土产生冻融破坏，从宏观上看是混凝土在水和正负温度交替作用下而产生的疲劳破坏，在微观上，其破坏机理较有代表性的是美国学者 T. C. Powers 的冻胀压和渗透压理论。

冻融剥蚀破坏会使钢筋混凝土结构中的有效面积减少，并诱发钢筋锈蚀，加快破坏，致使结构的承载力和稳定性下降。在整个过程中，混凝土的含水量和环境温度变化起了决定作用，是发生冻融破坏的必要条件。冻融对混凝土结构破坏作用的大小取决于混凝土的抗冻性、饱水程度、混凝土所处环境的最低温度、冻融速率、最大冻深和年冻融循环次数等因素。影响混凝土抗冻性的主要因素有混凝土的水灰比、含气量、水泥品种、骨料质量、外加剂和掺和料等。

冻融破坏形态可表现为表面脱落、冰冻裂缝和冻胀等。如丹东龙凤拦河闸（图 8-5）闸墩为钢筋混凝土结构，经多年的冻融破坏，闸墩底部水位变化区混凝土剥蚀严重，粗骨料外露，剥蚀深度达 20~60 mm。

（2）过流部位的磨损

水闸为低水头水工建筑物，上下游水位变幅较大，过闸水流流态往往多种多样，从孔流到堰流，从自由出流到淹没出流都有可能出现。因此，在水闸的过流部位（如门槽等位置）可能会出现磨损现象。例如，王家湾橡胶坝的堵头与闸墩接触部位，在闸墩侧面有磨损现象。有了磨损破坏之后，若不及时处置，就会相继带来冻融和化学侵蚀破坏，使剥蚀面越来越大、越来越深（宋学良，2012）。

（3）钢筋的锈蚀

在混凝土微小孔隙中存在的孔溶液，其 pH 高达 12 以上，会在钢筋表面形成耐腐蚀的钝化膜，但是由于混凝土受到损坏，或因外界水、氧、CO_2、氯离子等的渗

图 8-5 闸墩水位变化区混凝土剥蚀严重

入，都会破坏钝化膜，导致钢筋锈蚀（图 8-6）。众所周知，铁锈的体积比铁本身大 2~4 倍，产生的膨胀力可高达 30 MPa，从而使混凝土产生沿锈蚀钢筋的裂纹与剥落，并最终导致结构丧失承载力。

图 8-6 钢筋锈蚀引起的混凝土剥蚀

（4）水质的侵蚀

钢筋混凝土暴露在水环境，如海水、硫酸盐浓度较高的地下水、生活污水、流水等中，有可能遭受化学与物理侵蚀而破坏。根据水环境中侵蚀介质不同分类，主要包括流水、海水中硫酸盐、氯盐、镁盐等的侵蚀（蒋正武，2004）。

混凝土发生硫酸盐侵蚀时，其表征是表面发白，在棱角处首先发生裂缝，然后裂缝开展并剥落，混凝土呈现易碎甚至松散的状态（图 8-7）。酸腐蚀如果生成的是可溶性酸盐，则侵蚀性剧烈；如果生成的是不可溶性的酸盐，则堵塞在混凝土的毛细孔中，其反应速度可以减慢，但混凝土的强度会减弱，直至最后破坏。碱对混凝土的侵蚀作用主要有化学侵蚀和结晶侵蚀。

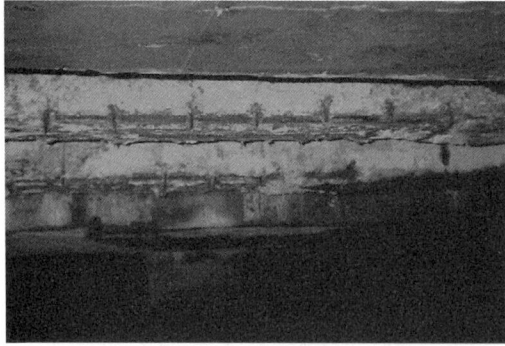

图 8-7 水质侵蚀引起的混凝土表面剥蚀破坏

8.1.3 混凝土溶蚀

（1）溶蚀含义

混凝土溶蚀（软水侵蚀、浸析腐蚀）是混凝土因长期与硬度小的水接触而使混凝土中的石灰被溶解、液相石灰浓度下降、水泥水化产物分解、混凝土孔隙率增加、强度降低，最后导致混凝土结构破坏的一种化学腐蚀，也是水工混凝土的常见病害和主要病害之一。

（2）溶蚀分类

溶蚀破坏根据水流压力大小分为表面溶蚀和渗透溶蚀，渗透溶蚀按照所处侵蚀环境的类型和侵蚀机理划分为物理溶蚀和化学溶蚀。

表面溶蚀：是指当混凝土与水接触时受到的水压力很小、甚至可忽略不计时所发生的溶蚀（图 8-8），其主要受混凝土与水的接触面积的影响。

图 8-8 表面溶蚀

图 8-9 渗透溶蚀

渗透溶蚀：当混凝土所受到的水压力很大时发生的溶蚀即为渗透溶蚀（图 8-9），其溶蚀程度随着渗水压力的增大而愈发严重。

物理侵蚀：物理侵蚀主要是指环境中的软水以溶解–扩散的形式对混凝土中的 $Ca(OH)_2$ 和 $C-S-H$ 等产物的侵蚀。

化学侵蚀：化学侵蚀是指介质中的侵蚀性物质与混凝土内部水化产物发生化学

反应，引起水化产物中钙的分解和溶出。

（3）溶蚀影响因素

溶蚀的影响因素分为外部环境因素（如温度、施工方法、振捣的密实程度、施工材料选择及材料强度；水压力与混凝土接触面积、环境中的侵蚀介质等）和混凝土自身因素（如水灰比、掺和料、钙硅比等）两个方面。

1）温度。

混凝土的溶蚀过程分为钙物质的溶解和扩散两个过程；该过程又与温度的变化有密切关系，随着温度升高，混凝土内部水在环境水中的溶解度会稍有降低；但是由于受热造成膨胀，混凝土的扩散系数及其内部孔隙率均会随着温度的升高而增大；还有一些试验研究表明，温度对短时间的溶蚀基本不起作用。

2）水压力和接触面积。

渗透溶蚀的溶蚀程度是随着渗水压力的增大而越来越严重。

接触溶蚀主要受混凝土与水的接触面积的影响，溶蚀速率与接触面积呈正相关。

3）侵蚀介质。

①混凝土所处环境的水质对钙溶蚀有很大的影响，通常 $Ca(OH)_2$ 在软水中的溶解度更大；

②环境水中所含的离子种类也会影响 $Ca(OH)_2$ 的溶解度，对混凝土的侵蚀也就不同。

4）水灰比。

①混凝土的水灰比不同，其内部的孔隙分布以及孔隙大小也有所区别，而溶蚀受孔隙的影响较大，因此水灰比不同间接造成混凝土溶蚀程度不同。

②钙溶蚀与其扩散系数有关，随着钙的不断溶出，混凝土的扩散系数与水灰比呈反比；当混凝土内部水化产物分解溶出钙的质量趋于稳定时，扩散系数随水灰比增大也越大。

5）掺和料。

①混凝土的溶蚀程度与其中的水泥用量有很大关系，通常采用一些矿物外加剂代替一部分水泥可以提高其抗溶蚀能力；矿物外加剂的掺入能够提高混凝土的后期水化程度，改善孔结构，填充孔隙。

②随溶蚀时间的延长，溶蚀程度加重，掺加石灰石粉后，有利于混凝土后期强度的发展，并且增加了混凝土水泥中总盐的溶出质量，而且石灰石粉中含有的非活性物质较多，对溶蚀影响相对小，因此掺加石灰石粉会减少 CaO 的溶出量，使溶蚀程度降低。

③对于 P.Ⅰ型水泥和Ⅰ级粉煤灰体系，当掺入粉煤灰含量为胶凝材料的50%时，混凝土的抗溶蚀效果最好。

6）钙硅比。

当 CaO 和 SiO_2 的含量处于一种相对平衡的状态时，即 CaO/SiO_2 近似为 1 时，混凝土的抗溶蚀性较好。

8.2 混凝土结构碳化处理

8.2.1 混凝土碳化的防治措施

在水闸工程设计、施工、使用和管理中可以采取适当措施预防混凝土出现碳化现象（肖家勇，2008）。

（1）设计方面

根据水工建筑物中不同的结构形式和不同的环境因素，分别对混凝土的保护层采取不同的厚度，应尽量避免一律采用 2~3 cm。

（2）施工方面

为防止混凝土碳化，应选择合适的配合比，控制水灰比，科学地搅拌、运输并注意及时养护以确保混凝土的密实性。对于混凝土的碳化破坏，在施工中总结出一系列防治措施：

一是施工时应考虑建筑物所处的地理位置、周围环境；

二是合理选用水泥品种，选好配合比，同时掺加高效减水剂（高效减水剂具有降低水灰比、提高混凝土密实性的作用），也可以采用复掺来提高混凝土的抗碳化能力；

三是分析骨料的性质，选用高质量的原材料。如抗酸性骨料与水、水泥的作用对混凝土的碳化有一定的延缓作用；

四是控制掺入量。实验表明，掺和料总掺量相同时，复掺粉煤灰和矿渣的混凝土抗碳化性能高于单掺。复掺相对于单掺而言，在不影响混凝土抗碳化性能的前提下可以适当提高掺和料的取代量，节约水泥用量，降低成本。

五是施工质量。施工质量与混凝土耐久性关系的重要性超过其他因素。混凝土工程出现碳化，问题多出在施工质量上，因此，施工中严格遵循标准要求操作规程、严格控制施工质量，是十分必要的。

另外，若建筑物地处环境恶劣的地区，宜采取防护涂料涂层保护，对于建筑物地下部分应在周围设置保护层。

（3）使用方面

对于水工建筑物在使用上不要随意改变原设计的使用条件。因为水工建筑物使用条件的改变，直接关系到外界气体、温度、湿度等因素变化所引起的混凝土内部某些情况的变化。

（4）管理方面

对于水工建筑中混凝土构件的管理，主要是定期检查、加强维护。对于容易产生碳化的混凝土构件，则应派专人定期观察及测试温度、湿度，检查裂缝情况和碳化深度，并作好详细记录。若发现混凝土表面有开裂、剥落现象时，则应及时利用防护涂料对混凝土表面进行封闭或采取使混凝土表面与大气隔离措施，绝对不允许其裂缝继续扩大，必要时可作混凝土补强处理。

8.2.2　混凝土碳化处理措施

目前处理混凝土碳化的方法较多，主要分两种情况（焦怀金，2007）：一种是针对混凝土表面没有出现裂缝及剥蚀破坏的情况，一般采用表面保护的措施，即在混凝土表面做涂料，阻断 CO_2 向其内部侵蚀扩散的途径，减缓混凝土的碳化速度。国内采用的材料有环氧树脂、氯磺化聚乙烯、水泥基类材料、高标号水泥砂浆和聚合物水泥浆等。另一种是混凝土表面已产生破坏的情况，包括出现顺筋开裂、混凝土崩落、钢筋锈蚀和混凝土局部剥蚀等，对这类破坏原则上应采用局部修补和全面封闭防护相结合的方法，即对于碳化深度超过混凝土保护层，钢筋已产生锈胀破坏的部位，要在彻底清除破损混凝土的基础上用黏结性好、密实度高的水泥砂浆（或混凝土）进行局部修补，恢复结构物的整体外形，再用黏结性强的防碳化柔性涂料对整个钢筋混凝土结构进行全面的封闭，以防止空气中 CO_2 的进一步侵蚀，达到整体防护的效果。

混凝土碳化处理的基本原则（沈义勤，2018）：

①若碳化深度较大，钢筋锈蚀明显，危及结构安全应拆除重建。

②若碳化深度较小并小于钢筋保护层厚度，同时碳化层比较坚硬的，则可用优质涂料封闭。

其封闭材料主要分为有机材料、无机材料以及结合两者特点的聚合物水泥基材料 3 种。

有机涂料也称为柔性表面涂层材料，选用不饱和聚酯树脂、固化剂、增韧剂、稀释剂和填料等组成的修补材料，具体产品有各类树脂及有机硅类涂料等，其工作原理是能够在混凝土表层形成一层致密的薄膜，从而阻挡水分以及侵蚀性介质的侵入，故又称"成膜型防腐涂料"。

无机涂料主要指渗透结晶型涂层材料，是以硅酸盐水泥为基料并掺有硅砂等多种特殊活性化学物质的粉末状材料。它能够在混凝土表面水化并生成大量的凝胶状结晶吸水膨胀，对混凝土表面起到密实和防护作用，同时其中低分子量的可溶性物质可渗透进入混凝土内部生成膨胀性的硅酸盐凝胶堵塞混凝土内部的孔隙，从而进一步阻止水分和侵蚀性介质的进入。

聚合物水泥基修补材料是通过向水泥砂浆中掺加聚合物乳胶改性而制成的一类有机、无机复合修补材料。

③若混凝土碳化深度大于钢筋保护层厚度或碳化深度虽然较小但碳化层疏松剥落的，应凿除碳化层，粉刷高强度砂浆或浇筑高强混凝土，然后全面封闭防护。

④若钢筋锈蚀严重，应在修补前除锈，并应根据情况和结构要求加补钢筋，再用黏结性强的防护涂料对整个钢筋混凝土结构进行全面的封闭，达到整体防护的效果。

一般的，如果是碳化深度过大、钢筋锈蚀明显且危及结构安全的构件，可凿除混凝土松散部分，洗净进入的有害物质，将混凝土衔接面凿毛，用环氧砂浆或细石混凝土填补，最后以环氧基液做涂层保护，更为严重者可拆除重建；如果局部碳化深度大于钢筋保护层厚度或局部碳化层疏松剥落，应凿除碳化层，对锈蚀严重的钢筋进行除锈处理，并根据锈蚀情况和结构需要加补钢筋，再采用高强砂浆或混凝土修补；如果碳化深度小于钢筋保护层厚度，可采用环氧材料修补（王金成，2015）。

下面介绍几种实用的混凝土碳化处理技术。

（1）喷涂 SK 柔性防碳化涂料

SK 柔性防碳化涂料是一种可以使用在水工建筑物、港口工程、公路桥梁及桥墩上混凝土表面防护的组合涂料（焦怀金，2007），由底涂 BE14、中间层 ES302 和表层 PU16 组成，BE14 是一种 100%固体环氧底漆，可允许在饱和或表干混凝土表面施工，它采用特种高性能环氧树脂，含有排湿基团，是能够在潮湿表面涂装和水下固化的高性能产品，BE14 与老混凝土基底黏结强度大于 4 MPa，具有超常的防蚀和保护特性；ES302 是一种优异的、含固量 100%的环氧厚浆涂料，是含有耐候性、抗老化性及排湿特性基团的高性能产品，可直接涂于 BE14 表面，具有优秀的抗腐蚀和防碳化性能。PU16 是一种优异的聚氨酯柔性涂料，有良好的装饰性能，可以涂装在 ES302 上，极其坚韧和耐久。PU16 采用特种高性能改性聚氨酯树脂，含有酯键等强极性基团，漆膜强度高，耐热及耐候性好，具备超常的防蚀和保护特性。SK 柔性防碳化涂料能全面提高混凝土的抗渗能力、防止混凝土的碳化，提高混凝土的耐久性、阻止混凝土裂缝的渗漏及扩展，对混凝土裂缝的进一步发展有抑制作用、可以封堵混凝土表面的微细裂缝（焦怀金，2007），适用于潮湿混凝土表面的防护，可在潮湿环境、水位变化区等部位施工，具有防碳化效果好，与混凝土黏结强度高，耐碱性、抗渗性、柔性好等特点。在玉渊潭闸下游底板防碳化和大红门闸室结构混凝土防碳化处理中得以成功应用（图 8-10）。

其施工工艺（李建清，2011）如下：对混凝土基面进行处理，用高压水枪清洗基面浮尘，防碳化涂料采用高压喷涂设备进行喷涂施工，喷涂底涂 BE14；待底涂料表干后，喷涂中间层 ES302；待中间层表干后喷涂表层 PU16。喷涂施工具有施工速度快，喷涂均匀的特点，便于施工人员操作。

（2）涂抹丙乳砂浆

丙乳砂浆是丙烯酸酯共聚乳液水泥砂浆的简称，属于高分子聚合物乳液改性

图 8-10　玉渊潭闸下游底板进行防碳化处理

水泥砂浆。丙乳砂浆是一种新型混凝土建筑物的修补材料，具有优异的黏结、抗裂、防水、防氯离子渗透、耐磨、耐老化等性能（李建清，2011），与传统用环氧树脂砂浆相比，丙乳砂浆更具优越性，不仅成本低，而且具有施工方便、与基础混凝土温度适应较好、耐老化等特点。

　　与普通水泥砂浆相比其优点主要有：极限拉伸提高 2～3 倍，抗拉强度提高 1 倍，抗拉弹性模量相应减小，收缩减小很多，与老砂浆潮湿面黏结强度提高 2 倍以上，吸水率降低约 80%，抗海水氯离子渗透能力提高 8 倍，在紫外线碳弧灯全气候老化箱中老化 2160 h 后，抗拉强度和极限拉伸不降低，快冻 300 次循环基本无破坏。

　　早期常采用环氧聚酯修补材料处理碳化，不但造价高，而且施工复杂。目前，沿海水闸多采用丙乳砂浆和丙乳混凝土，处理部位一般在闸门、胸墙、闸墩的上部以及上部经常受海水影响的部位。

　　涂抹丙乳砂浆（图 8-11）施工工艺为：基面清理→砂浆拌制→涂抹→养护。

图 8-11　涂刷丙乳砂浆现场

①基面处理。如果建筑物表面平整度较差，则须先人工凿除，然后用高标号水泥砂浆找平，用磨光机磨掉表层碳化层及附着物，再利用高压喷砂彻底清除表面碳化层，露出混凝土新鲜面，碳化层清理完毕后用高压水枪将建筑物表面完全冲洗干净。

②砂浆拌制。将水泥、砂拌制均匀，加入水和丙乳充分拌和均匀，拌和过程中严格控制水灰比，每次应根据作业面大小拌制，保证拌制的砂浆在 30~45 min 内全部使用完。

③涂抹。用丙乳净浆打底，净浆配比为 1 kg 丙乳加 2 kg 水泥，在净浆未硬化前铺筑丙乳砂浆，铺筑到位后用力压实，随后抹面，抹面要平整，且向一个方向抹平，不能来回多次抹，否则容易脱落和起泡。为使表面光滑美观，待丙乳砂浆表面略干后，按水泥∶丙乳∶水为 1∶0.2∶0.3 的比例配制丙乳净浆，在丙乳砂浆表面再刮一层。

④养护。在表层净浆表面略干后，用薄膜覆盖一昼夜再洒水养护，7 d 内要保持建筑物表面湿润，然后可自然风干。在阳光直射或风口部位应遮阳、保湿。

⑤注意事项。施工期间要求气温高于 5 ℃，最适合在平均气温 20 ℃左右环境下施工，一般宜选择在春季或秋季施工；环境湿度有利于丙乳砂浆的施工，初凝时间相对延长，有利于表面抹灰收光，当环境湿度小于 30% 时，作业面要小，否则抹灰收光比较困难；向阳面施工，要求作业面分块要小，背阳面相对有利于施工；对基面凹凸不平整度大的部分宜分多次抹灰；基面的平整度对丙乳砂浆局部表面裂纹的影响非常大，基面平整度好的基本无裂纹，同时不能涂抹太厚；由于朝向、施工时间以及基面深浅的不同，丙乳砂浆表面存在色差，实际施工过程中为了减少色差，往往采用满涂丙乳净浆掺 1% 白水泥浆 2~3 遍。

宁波市胡陈港副闸改建工程下部结构在碳化处理时采用了丙乳混凝土（张丽明，2001）。对丙乳混凝土试块进行试验，28 d 的强度分别为：抗压 38.84 MPa，劈拉 1.72 MPa，抗折 8.05 MPa，抗渗标号 S12，渗透系数达 8.9×10^{-8} cm/h，新老混凝土交界面的劈拉强度，35 d 时为 2.05 MPa，75 d 时为 2.33 MPa，说明材料黏结性能良好，修补后的构件整体性较强。对丙乳混凝土与 C25 混凝土试块进行自然碳化试验，经 6 个月后，后者的碳化深度是前者的 10 倍，表明经丙乳混凝土修补后，构件的抗碳化性能及耐久性能均得到极大提高。

（3）涂刷环氧厚浆涂料

该材料具有高固体分，优异的低表面处理要求性能，优异的耐冲击性能、耐磨损性能、耐化学性能和防腐性能，对潮湿表面有良好的附着力，施工方便，使用寿命长，适用范围广泛，造价适中等优点（李建清，2011）。

1）施工工艺。

①表面清理。首先清除混凝土松动层，对表面上的麻坑、蜂窝、裂隙等缺陷用

腻子修补，暴露钢筋要除锈，对缺陷面积较大、较深的混凝土脱落部分用高标号混凝土修补；其次用高压水枪进行清污并用钢丝刷刷糙，用砂纸打磨，去除表面浮物及浮尘；最后用棉纱擦净，使混凝土表面保持干净、干燥。

②涂料配制。环氧厚浆涂料由主剂和固化剂配制，分甲乙两组调装，配制时按甲∶乙为7∶1配制。温度高时固化剂可适当减少，温度低时固化剂可适当增多。

③涂刷。混凝土表面要求干净、干燥、平整、密实无杂物，分3遍涂刷，每遍都要求在表面完全干燥的情况下进行，力求涂料均匀，防止流挂、褶皱现象发生。

2）注意事项。

①处理后的混凝土表面要求平整密实，并且表面要有糙纹，方便涂料与混凝土表面黏结牢固。

②施工期温度宜为10~30 ℃，过高或者过低均不利，过高则固化快，强度低，过低则固化慢或者不能完全固化，同样会降低强度，而且不利于施工；同时施工期温度对材料消耗也有影响，温度高，材料消耗少，反之材料消耗多。

③遇蜂窝、麻坑及裂缝时，涂刷第一遍时要反复揉搓，纵横涂刷，沿缝涂刷，使涂料充分进入缺陷处，保证涂刷效果。

④涂刷质量的好坏与混凝土表面处理的质量关系密切，用腻子对基底进行修补，既要保证处理后基底表面平整，又要保证涂料的附着力，保证涂料不与混凝土表面脱落。通过研究和试验，采用高标号水泥配107胶做腻子进行修补能够兼顾强度与平整度的要求。

滴水湖出海闸工程建于2004年，对该工程进行了碳化检测，检测部位包括：启闭机房左立柱、左闸墩、右排架、右侧桥立柱、右侧圆弧翼墙。碳化深度测点选取在超声回弹综合法测定强度的部分测区，在用冲击钻在被测试构件表面打孔，清除钻孔中粉末，在孔内喷涂试剂，并用游标卡尺测表层不变色混凝土的厚度，检测结果显示（唐建强，2019），实测碳化深度9.5~13.0 mm，钢筋设计保护层厚度为30 mm，混凝土总体碳化情况算良好。根据检测实际情况，设计预防碳化方案，采用环氧-丙烯酸聚氨酯涂层防护体系进行涂刷，防护体系主要包括：涂装1道881环氧封闭漆，厚度20 μm；涂装2道881-Z环氧云铁中间漆，厚度80 μm；涂装2道881YM丙烯酸聚氨酯面漆，厚度60 μm。施工完成后，目前混凝土现状较好，通过积极地采取混凝土预防碳化的有效措施，最大程度延缓后期混凝土自然老化的进程，延长了该工程使用寿命。

（4）涂刷SBR砂浆

SBR砂浆为丁苯胶乳（SBR）加入水泥砂浆后形成的改性聚合物水泥砂浆。

采用SBR砂浆进行混凝土表面防护处理具有几大优点：一是SBR砂浆对混凝土的防护效果较好；二是SBR砂浆中，水泥、砂等无机材料占主要成分，SBR在水泥砂浆中掺量较少。SBR砂浆与其他防护材料相比，单价相对较低，工程总投资增加不多，但却大大提高了水泥砂浆的抗渗、抗碳化、抗裂性能及黏结强度；三是SBR砂浆可使用机械喷涂，技术操作十分简单、施工效率高；四是该材料不含有害挥发物质，对环境、人身均无污染和毒害，施工人员不需特殊的防护设备。

采用SBR砂浆进行混凝土碳化防护的工艺流程和施工方法（邢坦，2013）如下：

1）工艺流程。

界面处理：先打毛，后进行表面润湿。

SBR砂浆拌和：采用容量合适的砂浆搅拌机以保证拌和物的均匀性，在材料全部投入搅拌机后搅拌3 min，静置5 min后，再进行二次搅拌2 min，使SBR乳液在水泥砂浆中很好地成膜，待砂浆稠度符合要求后进行喷涂施工。

喷涂与抹面：SBR砂浆喷涂厚度为2 mm左右，分3遍施工。第一遍快速薄喷一层，厚度约0.5 mm，待表面润湿（以手指轻触，表面不粘手为表干）后再喷涂下一层。喷最后一遍时厚度略大一些，可在1 mm左右，要保证整体厚度达到2 mm。最后一层喷涂完毕后尽快将表面收光抹平。

养护：SBR改性聚合物水泥砂浆施工完毕后应立即进行养护，在阳光直射或风口部位应注意遮阳、保温。SBR砂浆可采用人工淋水和喷水的方式，使工程周围保持雾状的湿润状态。

2）主要施工方法。

①界面处理。

闸墩表面采用人工进行处理，首先用斧头、凿子除去凹凸不平的原混凝土碳化层以及浇筑时的跑浆残留物，使混凝土表面平整，然后进行表面清污，并用电动抛光机进行打磨，除去混凝土表面浮物、浮尘，最后用高压水枪强力冲洗，使混凝土表面保持干净清洁。

②砂浆配制。

SBR砂浆配制严格按照现场试验确立的配合比进行配制。具体配比可视实际气温和湿度情况上下浮动少许，浮动指数由实验室根据实际试验情况进行调整。涂料随用随配，少配勤配，此项工作由专人负责，一配一核。配制过程由监理人、设计单位、甲方代表现场监督以确保砂浆质量。现场施工员负责测定砂浆稠度，砂浆稠度控制在100~120 mm，稠度偏小无法喷射施工且容易造成喷枪堵塞，稠度过大则易出现离析现象。施工过程中不得在用料中随意加水稀释，当发现砂浆逐渐变稠难以喷射时，可用搅拌机再次搅拌。

③表面刷涂。

混凝土表面达到干净、平整、密实无杂物后，首先在干净的基面上刷涂一层SBR基液作为界面剂，随后由人工涂刷或用喷枪喷涂3层新拌制的SBR砂浆以修复凿除部分。喷涂第三遍SBR砂浆后由专业瓦工及时进行喷涂面收光，最后在表面涂刷一层 SBR 基液进行封闭。涂刷时力求涂料均匀，防止流挂、褶皱现象发生。

④施工中应注意的问题。

喷涂前，处理后的混凝土表面应处于潮湿且无明显水滴等现象，应平整密实，无浮土、浮物，表面要有糙纹，以使涂料与混凝土表面黏结牢固。喷涂应在适宜的温度下进行，不宜过高或过低。温度过高时材料固化快，浪费材料；温度过低时材料固化慢或不能全部固化，会降低强度，不利于施工。

SBR 砂浆性能对材料比例变化较敏感，因此在拌和计量方面要求较高，现场施工时称量误差不得大于 1%。一次配料量最好在 30 min 用完，最长不得超过 45 min。

喷涂时，喷枪的空气压力控制在 0.4~0.8 MPa。枪口与墙面垂直略往上倾斜，枪口与墙面距离 200~250 mm。喷涂时，自左向右不停抖动喷枪画圆喷涂，并向右平等移动，使其轨迹呈环状。到边后紧接其下部再自右向左平等移动，整体运动轨迹呈 S 形，这样喷涂速度快、喷涂均匀并且容易控制。遇到麻坑、蜂窝、裂隙时，涂刷第一遍时要反复揉搓，纵横涂刷，沿缝涂抹，使涂料充分渗入缺陷处。喷涂完成后，施工用具要及时清洗，以免造成工具损毁。喷涂 24 h 内应避免雨雪，若工程所处环境湿度较大，可不进行养护。

工程应用实例：

嶂山闸位于江苏省宿迁市，是一座以泄洪为主，兼有蓄水灌溉作用的大型水利工程。工程 1959 年修建，1961 年建成。由于受特定历史条件影响，该闸存在着设计标准低、水泥用量偏少、施工质量差等问题，混凝土的耐久性、密实性和均匀性都相对较差（陈万立，2008）。1994 年采用 SBR 砂浆进行了启闭机工作桥大梁及平衡砣混凝土的表面防碳化处理工作。为了解 SBR 聚合物砂浆防护效果，2007 年对拆除的启闭机工作桥大梁进行了外观检查和现场取芯观测，发现已在工程上应用 13 年后的 SBR 砂浆和其防护下的混凝土碳化情况如下：启闭机工作桥大梁防碳化层表面完整，构件表面无裂缝、孔隙；大梁碳化层混凝土颜色发黄，混凝土内钢筋完好，未锈蚀，即 SBR 砂浆防碳化层表面完整，构件表面无裂缝、孔隙。在拆除的 3 片启闭机工作桥大梁上分别钻取数个混凝土芯样，并测量混凝土表面 SBR 砂浆的厚度及碳化深度和大梁混凝土碳化深度。SBR 砂浆厚度实测值为 1.0~4.2 mm，平均值为 2.3 mm，标准差 0.66 mm。SBR 砂浆碳化深度实测仅为 0~1.0 mm，平均碳化深度为 0.43 mm，标准差 0.36 mm。从上述数据来看，经过 13 年现场恶劣条件的检验，SBR 砂浆已碳化层平均不到厚度的 20%，这充分说明 SBR 砂浆抗碳化性能非常优异。

（5）涂刷 HYN 弹性高分子水泥防水涂料

HYN 弹性高分子水泥防水涂料是一种绿色环保型防水材料，产品既有水泥类无机材料良好的耐水性，又有橡胶类材料的弹性和可塑性，可在潮湿基面上施工，硬化后即形成高弹性整体防水、防碳化层，没有接缝，具有"即时复原"的弹性和长期的柔韧性，无毒无味，可冷作业施工，不污染环境的特点。

1）施工工艺。

①基面处理：先用电动打磨机清理表面，清除混凝土表面的软弱层、污垢及突出物，露出新鲜混凝土面。然后用高压水枪清洗基面，使基面干净无杂物，表面充分湿润但无积水。

②材料配制：HYN 高分子水泥防水涂料和 HYF 多功能胶粉均为粉料和液料两组分。HYN 高分子水泥防水涂料配比为：液料∶粉料 = 1∶1.5。HYF 多功能胶粉配比为：液料∶粉料 = 1∶6.0。

③防水材料涂刷：先用 HYF 多功能胶粉对混凝土面的剥蚀、麻面进行处理，深度小于 3 mm 的一次抹压完成，深度大于 3 mm 的分层模压。

2）注意事项。

施工中修补材料只能同一个方向刮抹，当手触涂层不粘手时再进行下一层施工，要求刮抹层平整，无砂眼，无起鼓，无开裂，刮抹完成后立即用塑料布覆盖进行湿养护。其次，待混凝土面修补平整完成硬化后，即可进行面层防水材料涂刷，施工时首先涂刷阴阳角等部位，然后进行大面涂刷，大面涂刷可采用滚刷滚涂。第二遍涂刷与第一遍的涂刷方向呈"十"字交叉的垂直方向施工，在涂料使用过程中不得随意加水，要少配快用，拌和好的浆料必须在 25 min 内用完，第一遍涂层完成后须间隔 24 h 才能进行第二遍涂刷。

（6）喷涂氟碳涂层材料

氟碳涂层材料（图 8-12）是以氟树脂为主剂，加入一定量的助剂和固化剂等配置而成，氟树脂分子间凝聚力低，表面自由能低，难于被液体或固体浸润或黏着，表面磨擦系数小，具有优异的耐候性、耐久性、耐化学品性和防腐蚀、耐磨性、绝缘性、耐沾污性及耐污染性等性能。在一定施工工艺条件下，采用喷涂设备将其均匀涂覆在混凝土表层，封闭混凝土表层孔隙，可提高混凝土防碳化性能，从而延长水工建筑物使用寿命。

其施工工艺流程为：混凝土基面打磨→表面清理→局部找平→细微裂隙及毛细孔封闭→涂刷高耐候性氟碳面层。

荆江分洪进洪闸闸墩发生碳化（夏学华，2018），闸墩部位最大碳化深度 3 mm，最小碳化深度 0.5 mm，各闸孔闸墩平均碳化深度 1.0~2.0 mm，左岸边墙碳化深度 4 mm 比右岸相同混凝土结构碳化程度高，考虑加固效果、经济等因素在涂刷丙乳砂浆、喷涂聚脲弹性体、喷涂氟碳金属漆 3 种方案中，最终选择喷涂氟碳金属漆进行加固，采用氟碳金属漆方案施工完成后，整体效果达到了预期目的经过了 3 年运行，该分部工程运行良好。

（7）涂抹硅粉砂浆

硅粉砂浆由普通水泥砂浆掺和硅粉拌制而成。其施工工艺（肖家勇，2008）

图 8-12 氟碳金属漆现场实验样品

为：混凝土表面凿毛、冲洗、刷水泥硅粉净浆、抹硅粉砂浆，养护 14 d。硅粉砂浆涂抹厚度一般为 2 cm 左右。

（8）CT203 聚合物水泥砂浆

CT203 聚合物水泥砂浆是一种新型的聚合物树脂合成剂。CT203 砂浆结构整齐，结晶快，凝聚力高，黏结性好。用 CT203 砂浆修补及护面是一种有机、无机复合的新型聚合物水泥砂浆，具有黏结强度高、补偿收缩、耐久性好和水下不分散等特点。在养护过程中析出的胶乳包裹水泥砂浆颗粒形成网络，胶粒还填充其孔隙，增加密实度，使腐蚀的介质或气体难以渗入，所以 CT203 水泥砂浆具有良好的耐腐蚀性、耐水性和抗渗性，抗碳化且抗折强度高。试验和工程实践证明，CT203 水泥砂浆能耐氨水、尿素、氨化铵、硝酸铵、硫酸钠、汽油介质和 CO_2 等有害气体的侵蚀。

CT203 水泥砂浆主要应用在混凝土、砖石结构表面上铺抹的整体防碳化层和用作铺砌防腐块材的胶料。CT203 水泥砂浆能在潮湿的基层上施工。这是它的另一大特点，解决了潮湿基层上施工防碳化技术难题。特别在水利工程上，在水位经常交替变化的范围内防碳化效果更加显著。

施工工艺：①凿毛：用电动磨光机将原结构表面碳化层磨平，打毛。②清洗：表面打毛后应用压力水彻底清洗，清除粉尘及松散、松动颗粒。③局部修补：将原结构表面预留洞、蜂窝、软弱层等用高标号砂浆进行修补、找平。

颍上闸是颍河综合开发利用中最下一级控制工程，该工程于 1959 年经安徽省水利厅批准动工兴建，完成了混凝土底板及部分闸座、闸墩等工程，后因财政困难，工程下马。原规划由浅孔闸、船闸及深孔闸三部分组成（张林森，2011），后因各方面原因，1978 年 11 月至 1981 年 6 月仅续建浅孔闸工程。该闸为 24 孔开敞式钢筋混凝土结构，每孔净宽 5 m，过水宽度 120 m，闸底板顶高程 18.86 m。该闸运行 20多年以来，工程维修养护经费紧缺，许多工程设备得不到必要的维修养护和设备更新改造。经技术经济比较，对闸墩、公路桥、工作桥主梁板、工作桥排架柱身、人行便桥、检修桥采用 CT203 水泥砂浆进行防碳化防护。该工程自 2007 年防碳化防护完成后，已经过多个汛期的安全检验，运用良好。

8.3 钢筋锈蚀处理

8.3.1 钢筋锈蚀预防措施

由混凝土中钢筋锈蚀的影响因素可知，保证混凝土质量、提高混凝土的密实度、增加混凝土的保护层厚度是防止钢筋锈蚀最基本的措施，且能提高混凝土结构耐久性。

1）优选水泥品种，通常情况，低水化热和含碱量低的水泥较适宜，不宜选用早强的水泥，可选用硅酸盐水泥、普通硅酸盐水泥。采用高强度混凝土也是防止钢筋锈蚀的重要措施，高强度混凝土可以降低氯离子在混凝土中的渗透速率，同时还可以增加混凝土的电阻率，延迟腐蚀的开始和降低腐蚀率。

2）增加保护层厚度，可以推迟由碳化引起的钢筋锈蚀；还可以减缓氧气扩散，减慢由氧气扩散导致的钢筋锈蚀；同时还可以减缓氯离子在混凝土中的渗透量。

3）适当增加混凝土的搅拌时间和振捣力度等，可以最大程度提高混凝土的密实度，降低混凝土的孔隙率，减缓混凝土的碳化速度，减缓有害离子的传递速度，甚至可以阻止有害离子的扩散。

4）控制水灰比和水泥用量，降低混凝土拌和用水量，可以提高混凝土的密实度、降低混凝土的孔隙率，但如果纯粹的降低用水量，混凝土的工作性能将随之降低，会造成混凝土的不密实，甚至出现蜂窝等现象。

5）添加外加剂。钢筋混凝土的外加剂主要有减水剂、引气剂和阻锈剂，严格控制这 3 种外加剂的质量对防止钢筋锈蚀有重要的作用。

①尽可能采用高效减水剂，在混凝土中掺入了减水剂后，可以改善混凝土的和易性，便于浇筑和振捣，在保证流动性和不改变水量的条件下，可以减少用水量，从而提高混凝土的抗渗性，增加钢筋的抗腐蚀性。

②引气剂的作用是在混凝土搅拌过程中引入大量分布均匀的微小气泡，以改善其和易性（包括流动性、黏聚性和保水性）。通过分散减水和缓凝作用，可降低用水量，增加混凝土的密实度和强度，同时还降低水化热，推迟温峰出现的时间，因而减少温度裂缝。硬化后大量均匀分布的封闭气泡切断了混凝土中的毛细管渗水通道，使混凝土抗渗性显著提高，从而抑制水分、空气、化学介质和外界环境中氯离子等的侵蚀。

③钢筋阻锈剂的作用是钢筋钝化膜被破坏时能够自行再生，自动维持，从而避

免钢筋腐蚀，提高钢筋抗锈蚀的能力。可在拌制混凝土时适量加入。

使用阻锈剂时应注意：阻锈剂一般采用干掺法，也可溶于拌和水中（包括部分不溶物）。一定要搅拌均匀，可适当延长搅拌时间。阻锈剂略有减水作用，可在保持原流动度的情况下适当减水；在高质量混凝土中才能更有效地发挥作用，使用时必须遵守相关规范和设计规定，应首先做混凝土配合比试验，以确保混凝土质量与密实性；在与其他外加剂共用时，应先行掺加阻锈剂，待其与水泥（混凝土）均匀混合后再加入其他外加剂。

6）使用钢筋涂层。常用的钢筋防腐蚀涂层有环氧树脂涂层钢筋、热浸锌涂层钢筋、复合涂层钢筋等。

使用较多的是环氧树脂涂层，即用黏性环氧涂层包裹钢筋，与钢筋紧密胶结在一起，阻止阳极反应。环氧涂层能保证涂层与基体钢筋的良好黏结，抗拉、抗弯性能好，可以保证 90°弯曲不出现裂缝，这一点是其他涂层难以达到的；环氧涂层钢筋与混凝土的握裹力下降幅度最小（相关标准允许降低 10%），而其他涂层都可能使握裹力大幅度降低（甚至超过 50%）。

环氧树脂涂层钢筋的涂层厚度一般为 0.15~0.30 mm；使用环氧涂层钢筋应注意保证钢筋表面环氧涂层的完整性，无空洞、破损或膜层太薄等问题；运输、装卸和施工过程中，都应最大限度地保证钢筋表面环氧涂层不碰伤、损坏；虽然环氧涂层钢筋比其他类型钢筋与混凝土的黏结力下降幅度小，但仍比普通钢筋与混凝土黏结力低，因此其锚固长度要求比普通钢筋更长一些。

7）混凝土外涂层。混凝土表面涂层是降低氯离子渗透速度和混凝土碳化速度的有效辅助措施。混凝土外涂层基本上可以分为侵入型和隔离型两种，它包括薄涂层、复合型涂层或厚涂层、渗透型涂层等。

8.3.2 钢筋锈蚀修补措施

钢筋锈蚀对钢筋混凝土结构的危害性极大，到加速期和破坏期会明显降低结构的承载能力，严重威胁结构的安全性，而且修复技术复杂，耗资大，修补效果不能完全保证。因此，一旦发现混凝土中钢筋有锈蚀迹象，就应及早采取合适的防护和处理措施。

（1）混凝土再碱化法

混凝土再碱化法是在混凝土表面涂刷碱性电解质溶液，并通过加在钢筋及混凝土表面的电极输入外加电源，提高混凝土内部液体的碱性，使混凝土保持其保护钢筋能力的方法。一般采用钢网片电极及 1 mol 浓度的碳酸钠溶液作为电解质，也可采用碳酸钠溶液和纸纤维的混合浆体作为电解质。处理时间一般为 3~7 d。

混凝土再碱化处理过程主要遵循以下步骤：

①损坏混凝土部位的修复；

②混凝土表面清理；

③连接独立钢筋以保证结构内部钢筋良好的导电性；

④安装钢筋与外加电源间的导线；

⑤在混凝土表面安装木质板条；

⑥在木板上安装阳极网片；

⑦阳极网片、电源导线安装；

⑧喷洒纸纤维电解质以覆盖阳极网片；

⑨钢筋接阳极网片，导线与电源的连接，并开始通电处理；

⑩处理后，关电源，解除导线，清理混凝土表面木板条、阳极网片及电解质，并用清水清洗，对混凝土表面的残存缺陷进行修补；建立参考监控系统。

在处理过程中，外加电流密度一般为 $0.7 \sim 1.0 \ A/m^2$，基于安全方面考虑，电压一般不超过 50 V；钢筋混凝土保护层不均匀，将导致外检电流分布不均匀，影响保护效果；未与整体钢筋网架连接的钢筋将得不到保护，且直流电的效应有可能加剧这些钢筋的锈蚀，因此应采取适当的措施将这些钢筋连接起来；由于电化学控制措施的负极化，在预应力钢筋周围将产生大量氢气，易产生脆性破坏（氢裂破坏）。

（2）阴极保护法

阴极保护技术是通过向混凝土中钢筋表面持续通入足够的电流使其阴极化、免于腐蚀的一种电化学保护技术。阴极保护可以应用外加电流的方法，也可以将比铁更活泼的金属与铁相连。但是阴极保护应在克服其自身缺陷的条件下采用，否则也会加速钢筋的锈蚀，起到负面作用。

阴极保护系统由稳压直流电源、辅助阳极系统、参比电极、被保护钢筋混凝土结构、电缆等部分构成。辅助阳极的作用是为电流提供回路，同时产生阳极电场，对于保护系统起着极为重要的作用，也是保护系统中价格最高的部件。阴极保护法原理示意图如图 8-13 所示。

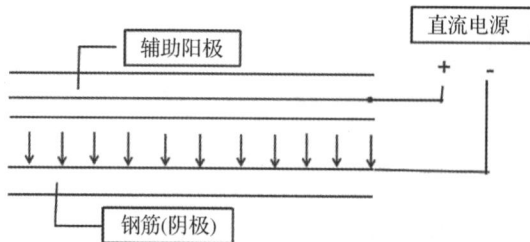

图 8-13　阴极保护法原理示意图

在保护系统正常运行下，辅助阳极周围主要发生析氧或析氯反应：

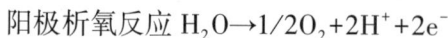

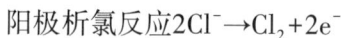

阳极析氧反应 $H_2O \rightarrow 1/2O_2 + 2H^+ + 2e^-$

阳极析氯反应 $2Cl^- \rightarrow Cl_2 + 2e^-$

$$Cl_2+H_2O \rightarrow HClO+HCl$$

可以看出，上述反应会降低电解质的强碱性，应控制辅助阳极的最大输出电流以减少酸的生成。目前常用的辅助阳极系统有：焦炭沥青阳极系统、导电聚合物堆砌阳极系统、无覆盖层开槽阳极系统、导电聚合物网状阳极、钛基混合金属氧化物阳极、导电涂料阳极系统、可喷涂的导电聚合物涂层阳极、喷锌涂层、钛涂层等。

（3）电化学除氯技术

电化学除氯是通过在混凝土外部施加电场及安装一个外部的阳极网格，以提取混凝土中的氯离子，称为长期与短期电蚀钝化处理。该技术可显著降低氯化物含量、增加钢筋周围 pH、使加强钢筋恢复到钝化、非腐蚀状态。

可见，电化学除氯法原理如图 8-14 所示。

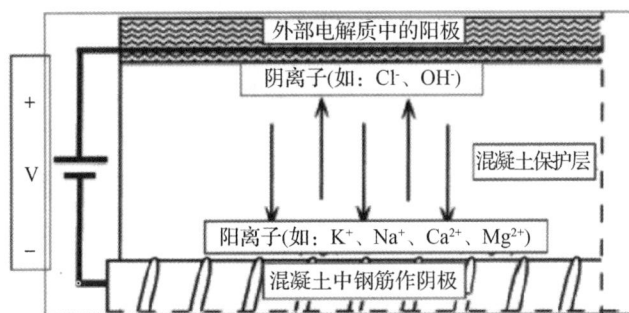

图 8-14 电化学除氯技术原理示意图

实验证明，钢筋混凝土构件经电化学除氯技术处理后，钢筋附近区域混凝土的氯离子含量明显低于外表层混凝土，且均远低于除氯前混凝土。可见，电化学除氯对混凝土结构强度、钢筋混凝土黏结性不会产生任何不利影响。

但是电化学除氯技术处理后，也可能产生一些负面影响，如在氯离子排出的同时，混凝土中其他阴离子也同时被排出，可能导致部分水化产物发生分解，进而致使混凝土内层孔隙结构粗化；在钢筋与混凝土界面处会聚集大量富钠、富钙、富铁等水化产物，可能导致或加速碱骨料反应破坏。

8.4 混凝土冻融剥蚀处理

对于出现表面剥蚀破坏的混凝土，首先应把原混凝土剥蚀面进行清洗，然后再用各类修补材料进行修补。在选用修补材料时，应根据混凝土剥蚀的原因，采用不同的修补材料。如由冻融破坏引起的表面剥蚀，可采用抗冻性聚合物砂浆进行修补。

混凝土的冻融破坏是一个极其复杂的过程，而且受许多因素的影响（汪俊松，2008）。随着相关理论和试验技术的发展，研究人员对混凝土的冻融破坏机制有了更加深入的、多角度的解释，可以对症下药，通过严格控制混凝土的配合比、拌制质量、施工工艺、养护方法和加入一些新型材料的方法来提高混凝土的抗冻性能。

8.4.1　混凝土冻融预防

为了提高混凝土的抗冻等级等耐久性指标，目前混凝土施工和生产中除了采用引气剂以外，通常采用掺入高效减水剂、降低水胶比，并采用细度较细的早强水泥和细粒掺和料等，以减少混凝土内部粗大的毛细孔数量或孔半径，提高混凝土的强度、抗冻性和抗渗性等耐久性能。

（1）严格控制水灰比

一般来说，水灰比越大，混凝土的孔隙率越大，而且较大孔的数量越多，可冻孔越多，混凝土的抗冻性越差。因此，对于有抗冻性要求的混凝土，在满足其他条件的前提下，应严格控制其水灰比。水灰比在 0.45~0.85 范围内变化时，不掺引气剂的混凝土的抗冻性变化不大，只有当水灰比小于 0.45 以后，混凝土的抗冻性才随水灰比降低而明显提高。水灰比小于 0.35 完全水化的混凝土，即使不引气，也有较高的抗冻性，因为除去水化结合水和凝胶孔不冻水外，混凝土中的可冻水含量很少（朱娜，2011）。

（2）掺入外加剂

①引气剂。

掺入引气剂是提高混凝土抗冻性最常用的方法，其可以降低混凝土拌和水的表面张力，在混凝土的表面形成十分微小但是非常稳定的气泡，从而稳定混凝土的性能。同时，这些气泡也可以阻塞混凝土内部的毛细管与外界的通道，阻止外界的水分侵入，降低其渗透性。除此之外，这些气泡还可以发挥润滑作用，改善混凝土和易性，使新拌混凝土非常容易填充模具，有助于提高硬化后混凝土的密实度。

因此，在混凝土中引入均匀分布的气泡对改善其抗冻性能有显著的作用，但必须要有合适的含气量和气泡尺寸。

②减水剂。

目前，减水剂成为混凝土最为重要的组成部分。造成混凝土冻融的主要原因就是由于混凝土中的水分过于饱和造成的，应用减水剂，可以降低混凝土的水灰比（张庭有，2011）。减水剂的使用方法是在搅拌过程中适时加入适量的减水剂，分散水泥颗粒，将水泥颗粒中包裹的水分释放，明显减少用水量，使得混凝土中气泡平均尺寸及其间距减小，水泥浆中可冻水的百分率随之降低，大大提高混凝土的强度和致密性，改善混凝土的抗冻性。

③复合防冻剂。

在混凝土中加入防冻剂可降低冰点温度，保持混凝土内部液态水存在，减轻由于低温带来的损害。目前市场上应用较广的是复合型防冻剂，其具有坍落度损失小、减水率高、早期强度高、凝结时间适中等优点，主要包含防冻组分、早强组分、引气组分和减水组分。

根据防冻剂作用机制，可将其分为两类：第一类作用主要是降低冰点，使混凝土初期不受冻害，如亚硝酸钠、氯化钠等；第二类共溶温度很低，在低温情况下容易与水泥发生水化作用，如碳酸钾、氯化钙、硝酸钙等。国内常用的混凝土防冻剂（刘浪涛，2015）有：氯盐类防冻剂，主要成分是氯化钠和氯化钙、早强剂等，属于复合型防冻剂，对于降低混凝土内部水的冰点与提高混凝土早期强度有很好的效果；氯盐阻锈类防冻剂，主要成分是氯盐与阻锈剂，具有很好的阻锈功能，在钢筋混凝土工程中应用效果比较好；无氯盐类防冻剂：主要成分是碳酸盐、尿素、硝酸盐和亚硝酸盐，是一种复合型防冻剂，可用于预应力混凝土工程和钢筋混凝土工程。目前应用较多的是有机、无机复合防冻剂，这种防冻剂无氯盐、无碱金属盐类，可以有效预防碱骨料反应，提高混凝土强度。

（3）掺入适量的优质掺和料

掺入适量的优质掺和料，如硅灰、Ⅰ级粉煤灰等，可以改善孔结构，使孔细化，导致冰点降低，可冻孔数量减少。此外，掺入适量的优质掺和料，有利于气泡分散，使其更加均匀地分布在混凝土中，因而有利于提高混凝土的抗冻性。目前，单矿物掺和料配制高性能混凝土方面研究较多，并已取得一定成果。

（4）采用树脂浸渍混凝土

用树脂浸渍混凝土，可使大多数孔径降低到 5 nm 以下，使可冻孔数量减少，混凝土抗冻性提高。试验结果表明，在其他条件相同的情况下，未经浸渍的混凝土经过 100 次冻融循环后，质量损失达 29.6%，经过 150 次冻融循环后试件就崩溃了。而经浸渍的混凝土经过 700 多次的冻融循环后，试件完好，其质量损失仅有 0.375%。

（5）加入颗粒状空心集料

一些研究表明，在混凝土中加入少量 10 ~ 60 μm 的空心塑料球，可以提高混凝土的抗冻性。还有一些空心颗粒也有这样的作用。其原理是用这些空心颗粒来代替引气混凝土的气泡系统。

8.4.2　混凝土冻融剥蚀修补

对于深度在 0.1 ~ 0.5 cm 的缺陷，宜采用环氧胶泥修补；深度在 0.5 ~ 2 cm 的缺陷，宜采用环氧砂浆修补；深度在 2 ~ 5 cm 的缺陷，宜选用预缩砂浆进行修补；深度在 5 cm 以上，且范围超过 1.5 m×3 m 的缺陷宜选用细骨料混凝土进行换填、修补（马文龙，2017）。

（1）环氧砂浆修补

1）环氧砂浆修补的工艺流程：基面处理→底层基液涂刷→环氧砂浆涂刷→压

实找平→外观检测→表面处理→保温养护→质量鉴定。

2）环氧砂浆配比及拌制。环氧砂浆是以环氧树脂固化剂及其填料等为基料制成的新型施工材料，具有高强度、抗冲蚀、耐磨损的特性。其主要由改性 E44 环氧、NE-Ⅱ固化剂、石英砂及辅料配置组成，配比需由试验确定。

底层基液即为未投入填料、搅拌均匀的环氧砂浆。按要求配比选取底层基液所需材料，依次投入拌料桶内，用基液搅拌器搅拌 5~7 min，搅拌均匀后即可使用。底层基液和环氧砂浆一般采用现场拌制。

3）基面处理。缺陷处理前需先将范围内松散混凝土凿除，直至基面外露新鲜骨料，凿除深度、形状和区域经验收合格后，方可进行基面清理和干燥除尘处理。若需处理区域面积较大，一般采用钢丝刷和高压风清除松动颗粒和粉尘，小面积区域可采用钢丝刷和棕毛刷进行洁净处理。对基面潮湿区域还需进行干燥处理，干燥处理一般采用喷灯烘干或自然风干。

4）底层基液和环氧砂浆涂刷。基面处理完成后，用毛刷均匀地将基液涂刷其上，要求基液涂刷尽可能薄而均匀、不流淌、不漏刷。基液拌制一般现拌现用，以避免因空置时间过长影响涂刷质量，造成材料浪费和黏结性能下降。同时还需要按涂刷基液和涂抹环氧砂浆交叉进行的原则进行作业，以确保施工进度和施工质量。基液涂刷后静置 40 min 左右，手触有拉丝现象，方可涂抹环氧砂浆。

当混凝土缺陷部位修补厚度大于 2 cm 时，环氧砂浆应分层涂抹，单层涂刷厚度一般为 1~2 cm；若超过 2 cm 时，则需分层嵌补，层间需进行拉毛处理，以利层间结合。

5）环氧砂浆保温养护。环氧砂浆涂抹完毕后，需将缺陷处理区域进行隔离养护，养护期一般为 3~14 d，养护期间要注意防止环氧砂浆表面被水浸湿、被人践踏或被重物撞击等情况发生。

6）质量鉴定。环氧砂浆填补完成 3 d 后，可进行质量检测。检测方法一般采用小锤轻击表面进行判定，若声音清脆则质量良好，若声音沙哑或有"咚咚"声音，说明修补区域内部结合不够好，应凿除重补。

（2）环氧胶泥修补

环氧胶泥修补与环氧砂浆修补工艺基本相同，需注意事项有：

1）缺陷区域基层处理完毕后，需进行含水率检测，满足设计要求后即可开始刮涂胶泥。胶泥按材料配比要求调配均匀，涂抹一般采用人工刮刀的方式进行，涂抹时要边压实边抹光。

2）胶泥层厚度一般约为 0.5 cm。

3）涂刷环氧胶泥时，作业人员必须按先上后下的程序规范操作，并随时注意胶泥厚度及均匀度。

4）施工完毕后需进行洒水养护，养护时间一般为 7~14 d。

（3）预缩砂浆修补

预缩砂浆是指将搅拌好的砂浆就地存放 0.5~1 h 的干硬性砂浆，一般用来修补浅表型缺陷。

预缩砂浆修补的施工工艺（赵兵，2018）为：

1）预缩砂浆拌和。

一般情况下，修补缺陷时砂浆的单次用量较少。在掺拌砂灰之前，将各种材料用秤称量使其满足配比要求。将水泥、人工砂、矿渣掺拌为"干砂灰"，掺拌应充分均匀，掺拌次数应不少于 3 遍，必要时用抹子碾抹，避免"干核夹生"。待干砂灰掺拌完成后，盛入特制的桶状容器中，逐次、少量地添加掺有减水剂和黏合剂的水溶液，用电动搅拌器充分反复搅拌，水溶液的用量应在现场实际控制，以砂浆的稠度为准，用抹子能够快速抹平并使其表面略微泛浆，当用手握住砂浆后其性状成团且手感潮湿又不出水分为最佳。当预缩砂浆搅拌均匀完成后，至少静置 0.5 h 以上，但不宜超过 1 h，经过以上程序后预缩砂浆配制完成。

2）基底液制作。

选用同预缩砂浆相同的水泥、水、黏合剂，以 1∶1∶1 的比例充分搅拌调和而成。

3）修补区域处理。

用电镐凿除缺陷区域松散渣料，表面清理干净，用水清洗灰尘，而后用干抹布等吸水材料将水擦干，保持湿润并涂刷基底液，以使预缩砂浆与原有混凝土良好黏结。但基底液的涂刷不宜过早，也不宜过多、过厚。过早，基底液干涸（砂浆回填前 10 min 为准），不能起到有效的黏结作用；过多、过厚，也会影响修补质量（基底液的涂刷厚度应以 1 mm 为准）。

4）预缩砂浆回填。

待基底液涂刷后，可回填静置 0.5 h 后的预缩砂浆，用抹子或木槌压实、捣实后抹平压光。如果总体回填厚度大于 4 cm，则需要分层回填，每层厚度不超过 4 cm，捣实并保留其毛面，待 20 min 后回填下一层，直至最后一层抹平压光，待其硬化后，涂刷养护剂或洒水，加强养护管理，防止其开裂。待 14 d 养护期后，用磨光机打磨平整。在验收过程中，用小锤敲击修补区域，声音清脆无杂音者即为合格；反之，应凿除后重新按上述程序修补。

在巴基斯坦塔贝拉项目中采用预缩砂浆修补各类非水下缺陷。实践证明：预缩砂浆工艺成本低廉，工艺简单，与原有混凝土有较好的黏合力，预缩砂浆 3 d 养护期后的强度为 25.7 MPa，7 d 养护期后的强度为 34.3 MPa，14 d 养护期后的强度为 48.2 MPa，强度完全能够满足工程实际需要。

（4）SPC 聚合物水泥砂浆修补法

SPC 聚合物水泥砂浆是将高分子聚合物乳液（简称胶料）与由水泥、石英砂、膨胀剂等组成的干混砂浆（简称粉料）按比例拌和而成的一种聚合物水泥砂浆，简称 SPC 砂浆。SPC 砂浆具有优异的黏结、抗渗、抗裂、抗冻、抗氯离子渗透、耐冲磨、耐老化性能，可在混凝土表面形成致密有弹性、抗渗、抗冻性能良好的"薄壳"，既起到表面修补作用，又具有良好防护效果，是一种理想的混凝土修补、防渗、防护新材料。

SPC 聚合物水泥砂浆的特点是：

①与基底混凝土高度黏结，修补层与基础更容易融为一体，更多地避免了脱落状况的发生；

②弹性较好，弹性模量较低，可减小温度变形；

③具有良好的抗裂性能，薄层修补，自身不裂；

④具有良好的抗渗性及抗冻性，在野外环境中，能保持良好的耐久性能；

⑤具有良好的耐腐蚀性，防止污水及其他腐蚀性介质造成的腐蚀性破坏；

⑥无毒无污染，施工简便，成本低。

SPC 聚合物水泥砂浆修补的施工工艺及技术要求如下：

1）基础处理：凿除疏松风化剥蚀层直至新鲜混凝土面，用高压水冲洗干净。

2）材料配置：

①SPC 聚合物水泥砂浆：粉料：胶料=6.5：1，人工拌和；

②SPC 界面剂：粉料：胶料=0.8：1，搅拌均匀；

③SPC 涂层：粉料：胶料=2.5：1，搅拌均匀。

3）界面处理：充分湿润混凝土表面，均匀涂刷一道 SPC 界面剂。

4）抹面：采用 SPC 砂浆抹面，轧实抹平。当修补厚度大于 20 mm 时，应充分抹面，每层抹面厚度宜控制在 15 mm 以内，间隔时间 1~3 d。

5）养护：定期洒水湿养护 7 d，再刮涂一道 SPC 界面剂，自然养护 28 d。

6）表面涂层封闭：表面喷涂聚脲弹性体（施工工艺详见 6.2.2）或采用 HK966 弹性封边剂进行封闭防渗，以防止水流渗入再次引起冻融破坏。

红旗泡水库泄水闸由于运行时间长达 35 年，混凝土翼墙表面剥蚀较为严重，对其墙体剥蚀部位进行钢筋除锈处理后，喷涂增强剂、界面胶处理，再填充聚合物砂浆补强（姜连杰，2010），处理效果良好。

（5）细骨料混凝土修补

细骨料混凝土主要用于剥蚀深度较大的蜂窝、孔洞及大块的缺棱掉角等缺陷的修补。

1）细骨料混凝土修补的工艺流程：缺陷区域凿除→基面冲洗→沾干积水→混凝土拌制→基面涂抹浓水泥浆→分层填充混凝土→抹面→养护→质量检查。

2）原材料及配比要求。石料一般为砂石系统人工骨料，需筛除片状和针状石；砂料一般为砂石系统人工砂，细度模数宜为 2.4~2.6；水泥为中热微膨胀普通硅酸盐水泥，用水为生产用水，水灰比一般采用 0.29~0.32。

3）细骨料混凝土拌制。由于需进行细骨料混凝土回填修补的缺陷工程较少，因此一般均由人工现场拌制，拌制现场需打扫干净并铺一层铁皮，防止对其他结构造成污染，单次拌和量视需要而定，每次拌和量不宜过多，一般不超过 0.1 m³。拌制时必须严格按设计配比进行各种材料的称量，且充分拌和均匀，以能手捏成团且手上有湿痕而无水膜为准。

4）基面处理。缺陷区域的凿挖形状、深度、范围经验收合格后，人工用钻子或钢刷清除已凿挖基面的松动颗粒，再用清水反复冲洗干净，用棉纱沾干积水，保证基面润湿但无明水。

5）细骨料混凝土填补。细骨料混凝土修补前，需先在基面上涂刷一层水灰比为 0.40~0.45 的浓水泥浆作黏结剂，然后再分层填补混凝土，并用木棒或木槌捣实，直至泛浆为止。各层间需用钢丝刷刷毛，以利接合。整体缺陷填平后人工进行收浆抹面。抹面时，填补区域应与周边已成型结构连接平顺，并需用力挤压使其与周边混凝土接缝严密。

6）养护。细骨料混凝土修补完 8~12 h 后，需用草袋覆盖养护，且保持湿润，养护时间最少为 14 d。

7）修补质量鉴定。细骨料混凝土修补养护 7 d 后，方可进行质量鉴定。鉴定方法一般用小锤敲击表面进行判定，声音清脆者为合格，声音发哑者应凿除重补。

8.5　混凝土溶蚀处理

8.5.1　钢筋网喷射混凝土

钢筋网喷射混凝土是借助高压喷射水泥混凝土和钢筋网联合作用的结构措施。

其施工工艺流程为：破坏面开挖→修整开挖面→喷射水泥砂浆→铺设钢筋网片→钢筋焊接→喷射混凝土→养护。

钢筋网喷射混凝土注意事项：

①在变形大而自稳性差的软弱围岩的混凝土喷层中，应设置 1~2 层钢筋网。在强度低的土砂地层中（尤其是粉砂层）中，可安设防剥落的网眼较密的钢筋网。

②钢筋网喷射混凝土的厚度不应小于 100 mm，也不宜大于 250 mm。钢筋网保护层厚度不应小于 20 mm。

③钢筋网按构造要求设计，钢筋直径一般为 6~10 mm，钢筋间距宜为 150~300 mm。

④采用双层钢筋网时，第二层钢筋网应在第一层钢筋网被混凝土覆盖后铺设，在喷层厚度内所设的两层钢筋网的间距应尽量大些。

⑤喷覆的分层厚度：一次喷射厚度不能太薄，太薄时骨料容易产生回弹，太厚则又会产生附落。所以按设计要求，喷射的厚度为 5~10 cm；二次喷射时间：掺速凝剂的混凝土（15~20 ℃）在 10~20 min 内比较理想。如果时间超过不但黏结不好，影响喷射混凝土质量。

茅舍岭水闸位于广东省清远市清新区茅舍岭，是一座中型水闸工程。始建于 1951 年 1 月，1982 年 5 月 12 日遭受特大洪水的袭击，造成闸身箱涵竖墙靠底板 1 m 左右表面混凝土被溶蚀破坏，深度达 2~3 cm，1995 年 5 月经广东省水利厅批准对水闸闸身箱涵进行钢筋混凝土喷锚支护，应用效果良好。

8.5.2 做水下防渗体系

水下防渗的修补材料包括：聚合物混凝土、SXM 水下快速密封剂、水下环氧涂料、混凝土伸缩缝水下柔性处理材料：SR 防渗模块、双组分水溶性聚氨酯化学灌浆材料等。

（1）聚合物混凝土

聚合物混凝土是以高分子树脂为黏结剂，将其与骨料（石子、砂、水泥）固结而形成的混凝土，它同时具有高分子和无机材料的综合性能。通过选择不同类型的树脂品种可以得到具有不同性能的混凝土，同时还可以通过调节固化剂及促进剂的用量，来改变它在水中的固化速度，从而可以达到快速固化的目的。目前常用于水下的聚合物混凝土有 PBM 水下混凝土和 HK 系列环氧混凝土。

（2）SXM 水下快速密封剂

SXM 是一种双组分快速密封剂，具有水下不分散、固化快、与水下混凝土黏结力强、无毒、使用方便等特点，可用于水下混凝土裂缝的密封、孔洞的修补，也可用于大坝混凝土伸缩缝、裂缝在进行水下化学灌浆时的灌浆管埋设及缝面止封处理等。其固化速度可在一定范围内进行调节，以满足不同工程的需要。

（3）水下环氧涂料

HK 系列环氧涂料是以环氧树脂为主，通过添加增韧剂、活化剂、固化剂等一系列的助剂而制成，以适应不同的工程需要。

其中 HK-963 水下涂料在分子结构中引入了强极性亲水基团，并采用专用的水下固化剂，使得它在水中具有较好的涂刷性能，且与钢板、混凝土等材料有着很强的黏结力，广泛适用于水下工程的缺陷修补、结构补强和表面保护等。

由于 HK963 既能与潮湿混凝土黏结，又能与大多数有机高分子材料黏合，因此它也经常作为其他修补材料的黏结剂使用。

（4）SR 防渗模块

SR 防渗模块是由 SR 塑性止水材料、SR 混凝土防渗盖片、HK963 水下黏合剂等系列配套止水材料复合而成。SR 塑性止水材料具有塑性大、适应变形能力强、抗老化性能好等特点，是伸缩缝及混凝土裂缝迎水面常用的止水材料；SR 防渗盖片是一种片状防渗材料，可以有效地处理混凝土表面的细微裂缝，并可以防止新裂缝产生渗漏。

SR 防渗模块可以在水中混凝土迎水表面直接施工，形成表面柔性防渗体系，具有施工简便、接缝变形适应性强、防渗效果好、检查维修方便、材料成本低等特性，常用于混凝土大坝及其他建筑物的变形缝的防渗处理。

（5）双组分水溶性聚氨酯化学灌浆材料

水溶性聚氨酯化学灌浆（张伟，2022）材料是一种亲水性的高分子堵水材料，它遇水后先乳化分散，同时水又作为它的固化剂最终使其固结，其固结体是一种具有较好延伸性的弹性体，能适应活动缝的变形，同时材料本身还具有遇水膨胀的性能，其水膨胀性可以调节，最高可大于 100%，因此它同时具有"弹性止水"和"以水止水"双重功效，是一种理想的活动裂缝处理材料。当用于水下裂缝或结构缝灌浆处理时，为保证灌浆效果，一般常采用双组分 LW 化学灌浆材料，它的好处是可以减少水对材料固化的影响，保证固结体的质量。

8.5.3　涂抹硅粉砂浆

硅粉砂浆是一种具有良好工程黏合度的高分子聚合物，具有优异的黏合、抗磨、抗裂、防渗、抗冻和耐腐蚀性能，在老化混凝土修复中发挥了重要作用。硅粉砂浆具有良好的性能，由于掺入了硅粉，因而有效改善了砂浆的微观结构，提高了水泥浆体和砂、石骨料界面结合强度，增加了水泥浆体抗拉、抗冲击性能；其抗折强度比普通砂浆高很多，大幅度提高了砂浆的抗冲磨、抗气蚀性能；硅粉砂浆的收缩较小，因此抗裂性能显著提高；由于结合紧密，硅粉砂浆比一般材料吸水能力更高，防渗、防漏能力显著提升；由于特有的材料和配比，硅粉砂浆的抗腐蚀能力较强，可在一定情况下承受少量盐酸、尿素等化学物质的腐蚀。

另外，硅粉砂浆不仅价格低，还便于施工。硅粉砂浆既可以人工进行涂抹，也可以使用机器进行喷涂。与环氧砂浆比，具有施工方便、与基底混凝土温度适应性好、耐久、无毒、成本低等优点。

硅粉砂浆修复混凝土施工工艺：

1）表面凿毛。用凿毛机或风沙枪，清除基面疏松层、油污、淤泥及其他脏物等缺陷，将基底的破损混凝土面层凿除至少 5 mm 以上，露出坚硬的新鲜混凝土表面，以加快混凝土与修复砂浆的黏合。

2）表面清洁处理。用钢丝刷除去表面以及缝隙的浮物及浮尘，用高压水枪冲刷混凝土表面，确保基层的清洁，同时湿润混凝土面层，使基面处于饱水面干状态。

3）制备硅粉砂浆。制备时，严格按照硅粉砂浆配合比准确称量，水泥、硅粉称量允许偏差<1%，砂子允许偏差<2%，水允许偏差<0.5%。硅粉砂浆对用水量比

较敏感，因而须严格控制加水量，并将流动度控制在规定的范围内。

4）铺设硅粉砂浆。根据混凝土表面缺陷情况及修复要求，硅粉砂浆既可以局部修复，也可以大面积修复。大面积修复可采用机械进行喷涂，通过机械的强力撞击，使硅粉砂浆固定在混凝土表面，加强其黏合度，增强其抗压能力、抗漏水性。当砂浆厚度大于 1 cm 时，视情况确定是否需分层施工，分层施工时每层之间须涂刷界面剂（水泥净浆或丙乳净浆等）。面积较大时宜分段、分块间隔施工，以避免干缩开裂。

山东省的南四湖韩庄闸始建于 1958 年，经过多年的运行，工程已经出现了很严重的老化问题，混凝土表面溶蚀破坏严重，深达 25 mm。2002 年，该闸进行了加固改造，对闸墩等建筑物表面喷射硅粉砂浆防护（罗继明，2015），处理效果良好。

9　闸门及启闭设备的维修加固

闸门及启闭设备的维修加固方案应根据闸门及其启闭设备的实际情况确定。

针对滑块和止水的老化问题，平时应定期检查滑块和止水有无掉块、脱槽、表面开裂、接触表面变粗糙等现象。针对闸门制作精度不高或安装不当问题，在弧形闸门制造安装过程中，要科学管理、重视质量，采取有效措施防止构件的焊接变形，严格控制各部件各项加工尺寸，保证制造精度，生产一流产品，确保闸门的正常开启。

针对闸门的锈蚀问题，钢筋（钢丝网）混凝土闸门防腐蚀常用的涂料有环氧涂料、环氧沥青涂料、苯乙烯焦油涂料、氯丁橡胶沥青系涂料、沥青系涂料和防污涂料等。对混凝土表面可以用防蚀涂料防护以屏蔽腐蚀因子。对混凝土表面的大面积龟裂和细裂缝可用环氧玻璃钢防护涂料作防护层，并兼作结构加强抗裂，以阻止裂缝进一步发展，应用效果较好。

一些重要的中小型水闸没有设置检修闸槽及备用工作闸门，一旦闸门损坏，可能引起严重的事故，因此，对于这类水闸必须用切割机切出一道预备工作闸槽，以防不测。

9.1　闸门及启闭系统病害及成因

9.1.1　闸门病害及成因

水闸闸门的作用是阻挡和控制水流量，按照制造门叶的材料可分为钢闸门、铸铁闸门、木闸门、钢丝网水泥闸门及钢筋混凝土闸门等。随着运用时间延长，闸门会出现不同程度的破坏。木闸门在各种环境因素影响下，可能发生变形或者腐烂，漏水严重；铸铁闸门防腐性能较好，但尺寸受限制，不耐冲击，止水性能差；钢闸门的突出问题是锈蚀，严重者面板可锈穿；钢筋混凝土闸门和钢丝网水泥闸门会出现混凝土碳化、钢丝网和钢筋锈蚀问题（图9-1、图9-2）。材料的老化会导致闸门强度降低、变形过大。

（1）钢闸门锈蚀

大多数水利工程中的钢闸门在运行多年后会出现腐蚀现象，主要表现为锈皮泛起、局部密布锈坑等。如阜新市八尺沟拦河闸（图9-3），在运行多年后闸门面板严重锈蚀，防腐层脱落，背水面锈蚀起皮，闸门边导轮锈蚀，转动滞涩。这主要是由于钢闸门长时间浸水，在干湿交替、高速水流、水生物腐蚀等恶劣环境下工作，致使电化学腐蚀严重。随着工业化进程的加速，大量工业废水和生活污水排入河道及湖泊，使地表水系遭到严重污染，水体中酸、碱、盐及某些有机物等污染物质增加，加速了水工钢闸门的电化学腐蚀效应和腐蚀速率。

图 9-1　海水区闸门腐蚀情况图

图 9-2　酸碱对闸门的腐蚀情况

图 9-3　闸门严重锈蚀、起皮

　　腐蚀减小了构件的截面面积，使得截面应力提高，削弱了结构的强度及刚度。腐蚀对水利工程中钢闸门的运行安全构成了严重威胁。为了确保闸门的安全运行，必须及时检测现役钢闸门的腐蚀现状，根据测试的腐蚀结果进行分析，给出诊断结论并进行合适的工程处理。

　　（2）闸门的附件问题

　　平面钢闸门运用多年后，滑动闸门的滑块老化、止水磨损（图 9-4），引起支承摩擦系数增大，闸门漏水严重；定轮闸门的滚轮经水浸泡易锈蚀，而轴承内部的黄油硬化，减少甚至失去润滑作用，导致门槽的滑块和滑道摩擦变形（图 9-5），同时使得滚轮从阻力小的滚动摩擦变成阻力较大的滑动摩擦，导致开启和关闭闸门困难；链轮闸门会因链轮的松弛或卡阻使摩擦系数增大，闸门启闭困难（王翠萍，2004）。

图 9-4 闸门止水破损图

图 9-5 门槽滑块开裂错位

平面钢闸门的止水（P形、条形橡胶止水）随时间推移出现磨损和老化，增大止水的摩擦阻力。平面钢闸门因有门槽，水流经过门槽时，由于边界突变，其压力将急剧变化，易产生负压，在一定条件下会发生空穴现象，导致门槽及其预埋件空蚀，使闸门运行工况恶劣，启闭时发生卡阻。

如凌源市哈巴气拦河闸（图 9-6），运行多年后，闸门整体破坏严重，闸门背水侧面板、支臂混凝土表面青苔覆盖，锚固螺栓锈蚀，各闸门接缝处杂物淤积，橡胶止水严重破损，造成闸门漏水。

（a）闸门面板接缝错位

（b）闸门漏水严重

图 9-6 附件问题引起的闸门漏水

（3）闸门的振动问题

当闸门与动水接触时总会出现振动，闸门的振动通常与闸门开度、门后淹没水跃、止水漏水、闸门底缘形式的影响等因素有关，闸门泄流或闸门在动水中操作受到水流作用时也会发生不同程度的振动。一般情况下振动比较微弱，不致影响闸门的安全运行，但在某些特定条件下，闸门将产生强烈振动，甚至发生共振或动力失稳现象（潘锦江，2001），在门叶结构内出现异常的应力和应变，引起闸门金属构件疲劳、变形、焊缝开裂、紧固件松动，止水损坏，致使闸门整体结构遭到破坏。此外，闸门强烈振动常使门槽损坏，甚至危及整个闸身安全。

闸门振动破坏的原因十分复杂，但总的来说是由于动水作用不平稳引起的。闸门振动的形式有自激振动和强迫振动。

1）自激振动。

对于弧形闸门，闸门的止水漏水会引起自激振动。当止水座板安装不平直，或止水选型不当、柔性不够时，会导致止水与止水座板之间呈不连续接触而不能完全密封，于是在上游静水压力作用下，水就从止水与座板间隙中射出，这种作用于止水上的脉动压力使止水发生振动，从而导致了弧形闸门的自激振动；此外，如果漏水量较大，导致从闸门顶止水射出的水流直接拍打在门叶背后的梁格上，也会引起弧形闸门的自激振动。对于平面闸门，闸门底缘型式不当或闸门门槽空蚀均可能引起闸门的自激振动。当平面闸门水平底缘的水力条件较差时，不仅会增加启闭困难，还会引起动水脉动压力，或引起负压而产生空蚀，最终引起闸门自激振动；当高速水流经过闸孔时，由于门槽段的边界突变，致使局部压力下降，形成空穴现象，引起空蚀破坏，同时必然伴随着闸门的严重自激振动，影响工程的安全运行。

2）强迫振动。

波浪冲击闸门（潜孔式弧门）、闸后发生淹没水跃时会引起闸门强迫振动。当闸前水位位于胸墙附近或略低于胸墙时，在上游出现的较大风浪和涌潮作用下，可能在胸墙底部和弧门露出水面部分的空间形成封闭气囊，空气被压缩，形成巨大的气囊冲击压力，危及弧形闸门安全，使闸门产生强迫振动，甚至会导致闸门支臂失稳破坏；除此之外，闸后发生淹没水跃也会引起闸门强迫振动，当闸门在一定开度下泄流时，闸后发生淹没水跃，产生对闸门周期性的冲击，此时由于水流强烈的脉动压力作用，引起闸门在一种随机荷载下发生强迫振动。

闸门在某些特殊或恶劣的水流条件下运用，也会引起振动。例如，对于低水头弧形闸门，当闸前水位高于闸顶时开启，会造成闸门顶底同时泄流，即所谓的"双层过水"，甚至在门体后面形成涡流，这些恶劣的水流条件往往首先引起闸门的强烈振动，致使闸门破坏，所以要尽量避免双层过水。

例如四川攀枝花米易湾滩水电站泄洪闸，其顶水封为 P 形，侧水封为方形，底水封为刀型。闸门因顶水封漏水出现不同程度的自激振动。

再如安徽蒙城船闸上闸首采用下沉式弧形闸门，投入运行以来经常发生闸门振动，为此该工程于 2007 年进行除险加固改造，重新改造设计了闸门结构，并于 2008 年重新投入运行，结果在闸门部分开度和接近全关位时发生了严重的自激振动。闸门振动激起的门前水面驻波高达 0.5 m 以上。

经分析，该闸门振动的主要原因（严根华，2013）如下：①上闸首闸门采用下沉式弧形闸门，门后流态复杂多变，闸门经历临门水跃、临界淹没水跃等水动力作用，容易诱发闸门振动；②闸门底水封设置在面板底缘上方，采用山形止水，变形区可能局部符合水封漏水后形成自激振动的条件；③闸下经常出现临界出流流态，底缘下方旋滚容易生成较大脉动压力荷载。当闸门下游水位淹没下游底主梁时，淹没水跃对闸门底主梁产生了向上的顶托水动力作用，底横梁开孔处出现向上喷水现象，由此造成了强烈振动。

闸门运行过程中出现两种不同的振动形态：闸门处于关闭状态和开启过程中的振动。不同状态的振动来源于不同的振源。闸门开启过程的振动源主要来自以下两部分激励力作用：①闸门后临门水跃或临界淹没水跃形成的脉动荷载对闸门结构的冲击作用；②小开度闸下部不稳定流动对闸门结构的激励。闸门关闭挡水状态下出现强烈振动的根本原因在于底水封漏水，现场观测显示，闸门底缘存在漏水现象，且沿着门宽方向漏水量分布不均匀，这种不均匀的漏水量是诱发闸门强烈振动的基本条件。

闸门结构的构造（包括质量和刚度分布）所形成的结构低阶自振频率振型在一定程度上会被水封漏水形成的动荷载激发，从而产生结构共振。从闸门振动强度看，闸门全关挡水状态下的振动量很大，闸门门体上部最大位移约 60 mm，呈大幅度摆动状态。不仅对闸门结构本身造成很大危害，还对船闸等其他建筑物及其周边居民住房安全均构成严重威胁。

（4）其他问题

闸门在启闭过程中，可能会出现下列几种情况，使启闭力增大，超过启闭机的启闭极限，使闸门无法正常开启或在启闭过程中拉断钢丝绳或造成吊耳、吊杆损坏，致使闸门坠落损坏或无法开启（王翠萍，2004）。

1）门叶底缘形式不当，使闸门启闭时，倾斜面上出现负压，存在很大的下吸力。

2）因闸门制造精度不高或安装不当，在开启过程中，支承或止水与门槽发生卡阻，使闸门无法正常开启。

3）闸门运行多年后，水下主梁或次梁上有大量泥沙或污物的沉积，使闸门自重增加，启门力变大。

9.1.2 启闭机病害及成因

运行多年的水闸启闭机及电气设备普遍存在齿轮老化、漏油，螺杆弯曲、锈蚀，钢丝绳起毛，电动机及配电设备、输电线路老化现象，不能正常运行，如图 9-7 所示。

具体而言，传动轴和齿轮吊轮的保养润滑不够，使其严重磨损甚至出现裂纹，刹车闸因偏差出现启闭制动不灵的现象；钢丝绳由于拉力过大和保养不够出现起毛和部分断裂的现象，闸门启闭安全性降低；丝杆部件和螺母因长期的偏差操作出现弯曲和磨损的现象；用于水闸动力的电力线路有老化和破损现象，水闸线路的电杆损坏，电线相互交叉拖垂；电动机没有设置启闭机房，水闸启闭机的护罩损毁，导致受潮、漏雨，机器设备严重腐蚀；偏远的小闸甚至是手摇电源，易出现闸门启闭不灵的情况，导致启闭电动机烧毁；还有些水闸因为工作桥空间有限或限于地基承载力问题，不能合理建立砌体式的水闸启闭机房，启闭机设备受空气氧化腐蚀现象严重；遇雨天启闭机的绝缘性下降，危及操作人员的生命安全（崔广秀，2015）。

（a）电动机设备陈旧

（b）启闭机室设备陈旧

（c）行程开关失灵

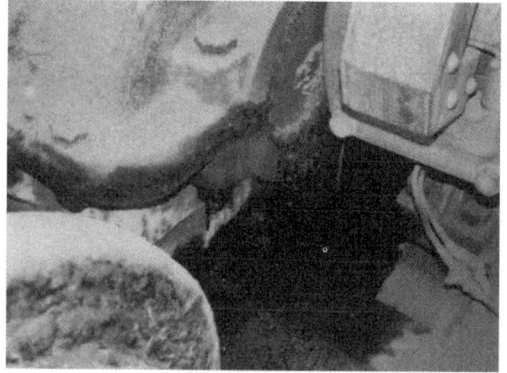

（d）减速箱漏油

（e）传动轴漏油

（f）齿轮锈蚀

图 9-7　水闸启闭机老化问题

根据形式不同，闸门启闭机分为卷扬式启闭机、液压启闭机和螺杆式启闭机。不同形式的启闭机常见故障如下：

卷扬式启闭机常见故障主要发生在齿轮、钢丝绳、制动器、传动轴及轴承等部位。

液压启闭机常见故障主要体现为油泵电机组不供油、供油量太小、液压系统不建压、噪声和激振严重、启闭过程中闸门严重抖动、活塞杆存在爬行现象等，这些故障会直接导致液压启闭机不能正常工作，甚至危及水利工程运行安全，对国家和人民生命财产构成威胁。液压启闭机产生上述任何问题时，首先要查看问题所在部位，根据问题表象，分析问题产生的深层次原因，根据多年工程运行管理经验，大概有4种原因：

1）油泵电机组不供油或供油量太小。产生原因是泵组旋转方向不对、油泵吸入口阻塞或阻力太大、油的黏度太大、吸油管道接头漏气、油箱不透气、油泵电动机组存在故障等。

2）液压系统不能建压。液压系统不能建压，主机无法工作，其产生原因是油泵电动机组供油不正常、线圈接点失灵或主阀密封锥面滞留杂质，导致电磁溢流阀未关闭、液压管道大量泄漏、阀组换向块中位卡死或线圈接点存在故障、压力表或压力表开关存在故障等。

3）噪声和激振严重。产生原因是吸入口滤油器或吸油管道堵塞、吸油管道或油泵轴密封漏气、各压力阀工作不稳定、油箱液面过低使系统吸空进气、系统排气不良、管路振动、油液黏度过大、油泵磨损或损坏、电动机损坏等。

4）启闭过程中闸门严重抖动，活塞杆有爬行现象。产生原因是液压系统排气不良、双缸双吊点启闭机不同步、闸门与导轨制造及安装质量不良、液压支承回路平衡阀失调造成液压缸回油腔背压不足、锁定用液控单向阀时开时闭、溢流阀工作不稳定等。

螺杆式启闭机常见故障有以下几种：

（1）主动轴衬磨损

故障表现为运行噪声大，螺杆运行过程中有抖动。轴衬不能很好地支撑轴，还可以看到运行中的主动轴摆动明显。

（2）推力轴承破坏

故障表现为闸、阀门运行阻力加大，噪音很大。造成推力轴承破坏的主要原因是：

1）轴承的端盖受力不均匀，由于机座安装水平度不足或者螺杆安装的垂直度不足，致使端盖上局部受压太大，造成端盖碎裂。

2）产品质量不过关，启闭机的承台平整度不足。这种破坏需要及时处理，否则会导致承重螺母报废。

（3）螺杆自动下滑

螺母与螺杆是通过自锁来制动的，当承重螺母磨损到一定量时（可以用内螺纹测厚仪测出），它们的摩擦角将不能实现自锁，螺杆的升角通常在4°～6°，超过这个范围将需要更换螺母。启闭机端盖上的压紧螺母松动，也会造成螺杆打滑下坠，此时需要拧紧压紧螺母。

另外，人为破坏也是导致闸门和启闭机故障的原因之一。闸门上的橡胶止水被割，启闭机或其零件被盗的现象在有些地方十分严重，灌水季节为了抢水而撬坏、砸坏闸门的现象也屡见不鲜，这些都给灌区的管理工作和建筑物的安全运行造成极大威胁。

9.2　钢闸门锈蚀处理

为了延长水工钢闸门的使用寿命，确保其长期安全运行，必须对钢结构特别是钢闸门进行防腐蚀防护。为确保防腐蚀效果既有效又经济可靠，须选择适宜的防腐蚀技术和耐腐蚀材料，此外，施工方法也至关重要，因为只有保证施工质量，才能充分发挥防腐蚀技术和耐腐蚀材料的保护作用。

水工钢闸门防腐蚀措施包括涂层保护、热喷金属保护、阴极保护、联合保护法等。

9.2.1　涂层保护

用涂料防止钢铁腐蚀是最古老的方法，至今仍是水工结构物最常用的保护方法之一。涂料保护是将涂料涂装在金属表面形成保护层，将金属基体与电解质或空气隔离，抑制发生腐蚀的条件产生，以达到防腐蚀目的。防腐蚀涂层一般由与基体金属附着良好的底漆和具有耐候、耐水性的面漆组成，而中间漆宜选用能增加与底、面漆结合力且有一定耐蚀性能的涂料。

金属防腐涂料的品种很多，常用的主要有富锌底漆、环氧类或聚氨酯（聚脲）类涂料等。根据使用环境及运行工况选用不同的涂料，配合正确的施工工艺，才能使性能优良的涂料达到预期的保护作用。经常处于水下或潮湿状态的水工钢结构，宜选用具有良好的耐水性和耐蚀性的涂料；有可能附着海生物的结构，应使用防污涂料；水上部位宜选用耐候性和耐蚀性良好的涂料；受高速水流冲刷的结构或部位，宜选用耐水性和耐磨性良好的防腐涂料。

涂料保护的特点是施工方便、造价相对低廉。但常规涂料在海洋工程上使用时，其保护效果不好，主要是防腐涂层寿命短、易脱落、不能有效防止海生物附着。

9.2.2　热喷金属保护

热喷金属保护是将金属丝熔融喷射到钢铁表面上形成涂层，以防止钢铁腐蚀的方法。热喷金属涂层对钢铁具有双重的保护作用：首先是物理覆盖作用，将钢铁基体与环境隔离；其次，当涂层有孔隙或局部损坏时，金属涂层与基体构成腐蚀电池，金属涂层成为阳极，钢铁基体成为阴极，由于电化学作用使得金属涂层溶解，而达到保护钢铁目的。

热喷涂金属层与钢铁基体之间具有良好的附着力，韧性较强，也能适应结构受力而产生的变形、热胀冷缩及振动等情况，因此不易发生翘皮、脱壳等破坏现象。热喷金属保护与常规涂料保护相比，防腐蚀效果大大提高，保护年限也较长。但在海水环境中热喷金属层消耗较快，其保护寿命大大低于淡水环境中的使用寿命，一般为10年左右，特别是主轨踏面、止水座板采用不锈钢材料时，喷涂金属层及钢闸门与不锈钢形成腐蚀电池，腐蚀速度明显加快。

在淡水环境中，一般选用的热喷涂金属材料以锌为主；海水环境中，则首选铝和锌铝合金等材料。

热喷涂金属锌施工工序主要包括4个方面：检修闸门入孔挡水→闸门表面预处理（喷砂除锈）→热喷金属锌→面漆涂层。

（1）检修闸门入孔挡水

由于工作闸门处在使用状态，要对其进行防腐施工，必须有施工作业面且不能影响水库的运行和调度。结合水库的实际运行情况，综合考虑使用检修闸门阻挡库水，利用门式启闭机，将检修闸门从闸门库中吊出安放在检修门槽中，为工作闸门上游侧的防腐施工留出空间。

（2）喷砂除锈

①原理：喷砂除锈原理是压缩空气驱动砂粒，通过专用喷嘴以较高的速度喷射到结构表面，依靠高速砂粒的冲击和摩擦达到除锈和清理表面的目的。

②砂粒质量要求：喷砂除锈用的砂，要求颗粒坚硬、有棱角、干燥、无泥土及其他杂质。常见砂粒有石英砂和河砂，先将砂粒晒干，为防止堵塞砂阀和喷嘴，提高除锈效率，砂粒使用前须经严格过筛，除去大颗粒和杂质。

③施工质量标准：

施工时，磨料喷射方向与闸门表面法线夹角以15°~30°为宜。喷嘴到门体除锈表面距离以100~300 mm为宜，喷砂前对非喷砂部位应进行遮蔽保护。对喷枪无法喷射的边角部位要采取手工或动力工具除锈。

喷砂除锈后，涂装前钢材表面清洁度等级不低于Sa2.5，粗糙度为40~70 μm。显示出灰白色金属光泽，没有残留锈斑和氧化皮，没有油污、焊渣和毛刺。喷砂完成后，用干净的压缩空气将结构表面吹净。

④质量检查：喷砂除锈现场检查验收主要采用目测方式，为避免喷砂除锈时间过长导致已除锈部位部分返锈，对每个施工单元在喷锌进行前12 h已完成除锈的部分均要求进行复喷除锈处理。

（3）热喷金属锌

①原理：热喷锌原理是用氧气、乙炔作熔融焰，锌丝在高温火焰中熔化后，用压缩空气将熔化后的锌吹成雾微粒，高速喷射到经过除锈的构件表面，形成均匀的镀层。

②锌丝质量要求：为提高锌涂层对钢闸门牺牲阳极保护阴极的作用，延长涂层寿命，应尽量保证锌涂层有较高的纯度。采用锌含量不低于 99.99% 的锌丝，直径 2~3 mm，表面光洁，无油污、无腐蚀、无毛刺、无折痕。

③施工质量标准要求：

a. 喷涂时气体压力及流量：压缩空气压力 5~6 kg/cm²，6 kg/cm² 为最好；氧气压力应为 1.2 kg/cm²，气量控制在 0.8~0.85 kg/cm³；乙炔压力为 1.0~1.5 kg/cm²，气量控制在 0.7~0.75 kg/cm³，这时的火焰为中性焰。

b. 喷角：喷角过小会使半熔融状态的雾状微粒以很快的速度堆积，部分空隙中的空气无法驱出或来不及驱出，从而形成较多孔穴，同时还有部分金属微粒从结构表面碰落回到喷雾中，产生金属微粒互相碰撞的现象，削弱金属微粒对结构表面的冲击力，使镀层结构疏松，附着力降低；角度过大会产生滑冲和飞散现象，降低镀层对结构的附着力。选用的喷角在 20°~30° 最好，这样既可以减少金属微粒的互撞，又可以避免金属微粒在结构表面上滑冲和飞散，从而得到结构紧密、附着牢固的锌层。

c. 喷距：距离过小，镀层受火焰的热化作用温度增高，镀层与结构表面在较大温差下收缩，易引起镀层翘皮和脱落；距离过大会引起镀层结构疏松，孔隙增加，降低抗渗能力。根据施工部位不同，喷距选择 12.5~16.5 cm 为宜。

d. 喷枪移动速度：为了获得较均匀的镀层，喷枪移动速度控制在 300~400 mm/s，分两层喷镀，两层之间的方向应相互垂直。在喷镀面积很大时，可分若干小区，喷束宽为 4~5 cm，喷镀时喷束一般应重叠 1/3。

e. 喷涂时间间隔：第一层喷涂完毕后，应保持清洁，不允许手等触及喷镀表面，每层喷镀完，过 10~15 min 方可进行下一次喷镀。

f. 封闭处理：封闭处理是热喷镀最后一层的防腐工序过程，为了更好、有效地达到喷镀层保护的目的，延长其基体结构的使用寿命，必须进行封闭处理。因为无论是热浸镀或热喷镀，镀层表面都存在不同程度的孔隙，随着镀层孔隙率的增加，会极大地降低镀层的防护效果。因而，为了延长保护年限，必须使用封闭处理，封闭底漆厚度为 40~50 μm。

④质量检查：热喷涂锌层和封闭涂料层用磁性测厚仪检测厚度，其布点按照施工要求，每平方米不少于 2 个点。喷镀金属表面应均匀，不能有起皮、鼓泡、粗颗粒、裂纹、掉块及其他影响使用的缺陷。最小局部厚度不小于设计值，附着力好，胶带粘起不剥离。

（4）面漆涂层

①涂料要求：面漆涂层干膜厚度 30~40 μm。调制时应选择颜色完全一致的面漆，使用前应充分搅拌，保持色泽均匀。其工作黏度、稠度应保证涂装时不流坠，不显刷纹。

②质量标准：涂装后基体表面要颜色均匀、一致，表面光滑，不能有漏刷、起泡、流挂、皱皮等现象，涂装完面漆后的漆膜要达到设计厚度要求。为保证喷涂的厚度，随时用电子测厚仪测量控制。

③施工技术：面漆涂装须在封闭漆涂装后 4~8 h 进行。涂装后涂膜要认真维护，在固化前要避免雨淋、暴晒、践踏。

实例：杭州市青山水库对泄洪闸门进行热喷锌处理前后的对比情况见图 9-8。

处理前　　　　　　　　　　　　　　　处理后

图 9-8　杭州市青山水库对泄洪闸门进行防腐涂装处理前后对比

9.2.3　阴极保护

由于在绝大多数情况下，金属的腐蚀是由于腐蚀电池的作用造成的，即属于电化学腐蚀。在一定条件下，极化作用可以降低金属的腐蚀速率。将金属进行阴极极化以减少或防止金属腐蚀的方法称为阴极保护法，这是一种从根本上抑制金属电化学腐蚀的方法。

阴极保护技术发明至今已有 100 多年的历史，在土壤和海水等介质中已得到广泛应用，世界上很多国家已制订了阴极保护设计标准和规范。阴极保护可以通过牺牲阳极或外加电流 2 种途径实现。

（1）牺牲阳极保护法

牺牲阳极法是通过在被保护的金属上连接一种电极电位比被保护金属更负的金属（称为牺牲阳极），例如锌合金、铝合金、镁合金，从而达到防腐目的。镁合金阳极比重小、电位负，对钢的驱动电压大，适用于土壤介质和淡水环境；铝阳极具有电容量大、重量轻、价格便宜、电位负等优点，在海洋工程中应用越来越多，但由于这种材料在淡水环境中的溶解性能差，阳极效率较低，所以目前在淡水环境中应用较少；锌合金阳极对钢的驱动电压较小，一般适合于在海水中使用。

牺牲阳极法的阴极保护作用是以牺牲（消耗）阳极为代价而获得，该方法由于安全性高、无须管理而得以广泛应用。

（2）外加电流保护法

外加电流保护法原理如图9-9所示。

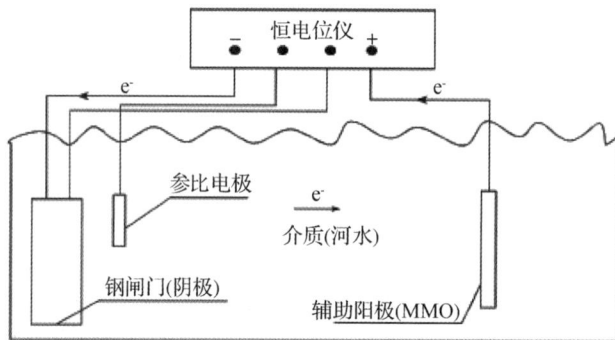

图 9-9　外加电流保护法原理示意图

①直流电源的选择。

外加电流阴极保护系统的电源设备是阴极保护的心脏，它将不断地向被保护钢闸门提供阴极保护电流。一般来说，对外加电流电源设备的基本要求为：安全可靠；电流电压连续可调；适应现场的工作环境；有富裕的电裕量；输出阻抗与钢闸门—水体的回路电阻相匹配；操作维护简单。常用的外加电流直流电源有硅整流器和恒电位仪两类。整流器的工作原理是通过调节输出电流使闸门的保护电位达到设计值，而恒电位则可以直接控制钢闸门的保护电位，保护电流的输出大小由仪器本身的反馈回路自动调节。由于水位变化期间特别是在启闭过程中闸门与水体接触的面积变化较大，所需保护电流有较大变化，因此，设计采用恒电位作为外加电流电源设备，优点是一方面可以自动控制保护电位，不需要人工随时调节仪器，操作方便，维护管理简单；另一方面可以大大提高工作效率，节省能源。

②辅助阳极的选择。

在外加电流阴极保护系统中，辅助阳极是其中的关键组成部分，电源设备提供的保护电流需要通过辅助阳极经由水体传递到被保护钢闸门上，辅助阳极性能的好坏会直接影响整个保护系统的可靠性和阴极保护效果。辅助阳极在工作时，其表面会产生电化学反应。对不同的阳极材料和不同的介质环境以及工作条件，阳极反应也不一样。如消耗性的废钢铁、铝等表面将发生金属溶解的氧化反应；而不溶性的混合氧化物阳极或铂阳极在含氯量低的淡水中，则主要发生析氧反应。

③参比电极的选择。

安装参比电极是为了监测钢闸门的保护电位，同时给恒电位仪提供控制和测量信号，恒电位可根据参比电极测量电位的大小，自动调节输出电流，使钢闸门电位始终符合保护要求。参比电极的主要要求是：电位稳定；电位重现性好；温度系数小，即电位随温度变化小；制备、使用、维护简单方便。

阴极保护不仅可以防止钢结构的均匀腐蚀，而且还能有效防止各种局部腐蚀，如点蚀、晶间腐蚀、应力腐蚀、电偶腐蚀等，从而使被保护钢闸门的使用寿命成倍延长。但是此方法的缺点是对缺乏电解质的空气和钢结构的保护效果并不理想。

9.2.4　联合保护法

在实际工程运用中，闸门保护单凭一种方法，防腐效果不太理想，问题较多，常年维护费用高，容易打乱正常工作秩序。喷锌涂层-牺牲阳极联合保护法综合了上述 3 种方法的优点，防腐效果更好，也更经济。

其优点是：减少阳极的消耗，延长阳极块的使用寿命，从而降低了防腐的年使用费用；喷锌涂层表面的电阻增大，大大改善电流遮蔽现象，使保护电位分布均匀，闸门各个角落都处于良好的保护状态；大大延长喷锌涂层的寿命，不致出现涂层被鼓掉的现象。

武定门节制闸位于南京市武定门外秦淮河下游，在 1997 年的一期加固工程中更换了下扉门，由原来的钢丝网波形门改为钢结构直升门，闸门防腐试用了喷 AC 铝加 601 涂料封闭的防腐技术，可能由于秦淮河水体污染严重，水质恶化，闸门防腐不适宜采用喷 AC 铝加 601 涂料封闭的防腐技术。后又对钢闸门进行了喷锌-牺牲阳极联合保护法对其进行除锈防腐处理，效果良好（房晓玲，2010）。

联合防腐技术也曾应用于三峡船闸钢闸门防腐、王道拦河闸闸门防腐和江苏省国营淮海农场挡潮闸防腐等工程中。实践证明，既治标又治本的最佳方法是阴极保护技术和涂层保护结合使用。因为涂层防腐优点是方法、种类多，施工队伍多，一般油漆防腐经济；但它有保护时间短、施工期长、污染环境等缺点，不能满足现代钢闸门防腐需求，不能适应现代航运需求，不能达到经济发展的环保降能要求。阴极保护技术优点是设计保护时间长，施工期短，无污染，适应现代航运和经济发展需要；缺点是需要专业设计、专业施工，相较于一般防腐费用稍高一些。所以，涂层防腐可以治标，阴极保护防腐可以治本，牺牲阳极防腐与涂层防腐相结合，可以治标治本，提高工效，节约成本，保护环境，是钢闸门防腐的最佳选择。

9.3　闸门振动处理措施

9.3.1　防止闸门振动的运行管理措施

为避免闸门投入运行后发生振动，必须重视对闸门的运行管理和维护保养（潘锦江，2001）。

①定期检查，以便及时发现问题。每年汛前、汛后都要对启闭设备和闸门逐一检查，避免闸门振动的发生。对滑轮、支铰等运转部位定期检修、加油润滑，保证这些部位转动灵活自如；闸门的连接紧固件应保持牢固；闸门止水应密封可靠，无明显的散射现象。此外，还应特别注意一些薄弱部位，如弧形闸门的支臂与支铰连接处有无严重锈蚀，通气孔是否有堵塞或排气不畅等情况。

②闸门操作规程要仔细拟定，并严格按照操作规程启闭闸门，不得违章操作运行，如不得双层过水，不得长时间停留在振动开度等。

③闸门启闭是控制运用的关键，闸门在启闭过程中和开启后，应注意闸门的进水口、门槽附近及闸门后水流流态是否正常，门体是否有振动现象发生。

④运行中，可采用避开发生闸门振动位置的措施，躲过闸门振动的危险区，如进口漩涡只在某一水位时才出现，应考虑在此水位不做局部开启运行；当有横向流时，闸门不做局部开启运行或避免某些开度。

⑤运行中，应对闸门加强观察，随时进行检修，以防病态扩大。例如，在运行中发现闸门主次梁挠度过大，则意味着刚度小，若在动水中工作，闸门可能产生较严重的振动。

⑥运行中已经发生较为强烈振动的闸门，应研究其振动原因并采取针对性的措施，振动严重有可能危害闸门时，则宜做现场操作的原型观测，以便研究解决措施。

9.3.2　闸门振动破坏的处理措施

针对弧形闸门止水漏水引起的振动破坏，应注意改进施工质量，保证止水的密封。具体做法是调整止水位置或止水材料尺寸，使止水与止水座板紧密接触，消除间隙，这样漏水停止后闸门就不会再振动了；针对平面闸门的底缘型式引起的振动破坏，推荐闸门底缘设计成图9-10所示的形式，闸门底缘的设计应特别强调刀刃形底缘及挑出的角度（林敦志，2010），一般来讲，闸门底缘上游倾角不宜小于45°，下游倾角不宜小于30°，使泄流时底缘流线顺畅，避免闸门产生振动，在操作上，使闸门开度大于底部主梁的宽度，务求避开小开度的强振区，尽量使闸门后为明流状态，底缘不受淹没；针对平面闸门门槽空蚀引起的振动破坏，通常可以在不影响闸门轨道稳定安全运行和施工操作难度许可的情况下，采用增大错距方案作为门槽空化空蚀的改善措施，凿除底槽后坎，使底部水流不受阻挡，平顺过闸，最大限度地减免出口门槽下部空化空蚀和冲蚀，防止振动破坏。

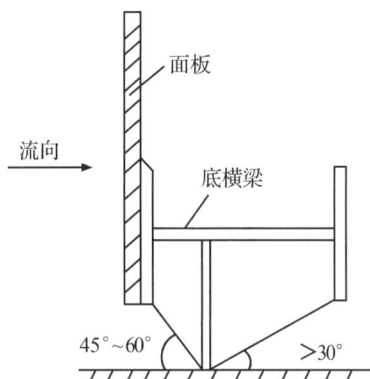

图 9-10　推荐平面闸门底缘设计形式图

对于波浪冲击闸门（潜孔式弧门）引起的振动破坏，可在闸门上游加设防浪栅、防浪排，以削弱或减轻波浪对闸门的冲击，也可以在胸墙底部设置通气管，使其在正常泄流等情况下担负排气的任务，以避免闸门振动等不利情况的出现；对于闸后发生淹没水跃引起的振动破坏，应改变运用条件，避免闸门在淹没水跃时运用，尽量使闸后保持明流和充分通气，这样振动可能就不再发生，当无法避免淹没水跃时，应提高闸门悬吊结构及支承结构的刚度来减小振动，防止破坏。

例如胶口水库是一个典型的小开度振动工程（严根华，2013）。在该水库建成运行后，底孔同时出现空蚀及闸门振动问题。分析产生振动的原因：原设计中闸门第 2 道顶水封布置不当（图 9-11），使闸门在相对开度 $n=0.8\sim0.96$ 和大开度情况下均出现了强烈振动，主要是第 2 道止水翻卷，局部产生漏水，形成强烈自激振动，使闸门支臂动力失稳后失事。修改方案如图 9-12 所示，保留原来的两道水封，调整第 2 道水封体积和尺寸；在改建的顶坎上增设第 3 道水封；进行闸门结构的动力抗震优化设计，避免结构共振和支臂的参数振动；加大工作闸门上游顶压坡比，改善来流水动力条件，消除空化源。经改造后，多年来运行效果良好。

9.4　金属结构加固

水闸金属结构主要是指钢闸门及部分钢制结构。加固后的钢结构安全等级应根据结构破坏后果的严重程度、结构的重要性和下一个使用期的具体要求，按实际情况确定。

钢结构加固设计应与实际施工方法紧密结合，并采取有效措施，保证新增截面、构件和部件与原结构可靠连接，形成整体共同工作，并应避免对未加固的部分或构件造成不利影响。

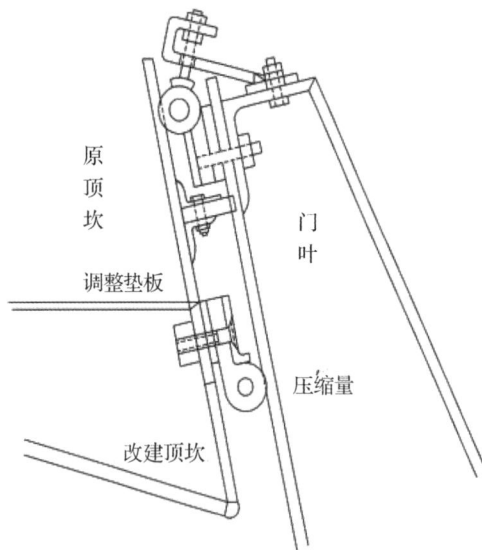

图 9-11　闸门止水原设计布置　　图 9-12　顶止水修改后的体形

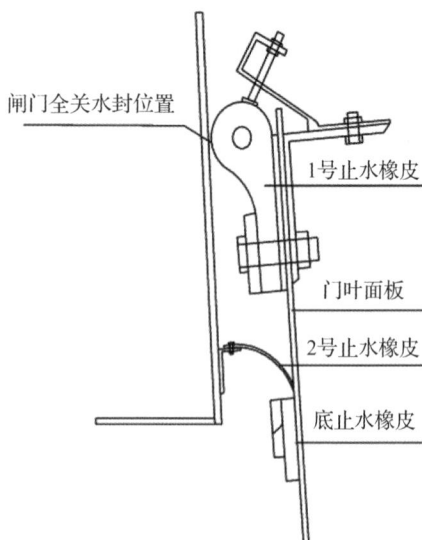

对于腐蚀、振动、地基不均匀沉降等原因造成的结构损坏，应提出相应的处理对策后再进行加固。钢结构的加固应综合考虑其经济效益，且不损伤原结构，避免不必要的拆除或更换。

水闸金属结构的加固宜采用增加截面的方法，当有可靠工程经验时也可采用其他方法加固。其连接一般采用焊接、铆接、黏结和摩擦型高强螺栓连接等方式。

9.4.1　裂纹的修复与加固

结构因荷载反复作用及材料选择、制造、施工安装不当等原因产生具有扩展性或脆断倾向性裂纹损伤时，应设法修复。在修复前必须分析产生裂纹的原因及其影响的严重性，有针对性地采取改善结构实际工作状态的加固措施，对不宜采用修复加固的构件应予以拆除更换。为提高结构的抗脆性断裂和疲劳破坏的性能，在结构加固的构造设计和制造工艺方面应遵循下列原则：

①降低应力集中程度，避免和减少各类加工缺陷，选择不产生较大残余拉应力的制作工艺和构造形式，以及采用厚度尽可能小的轧制板件等。

②在结构构件上发现裂纹时作为临时应急措施之一，可于板件裂纹端外 0.5~1.0 倍板件厚处钻孔，以防止其进一步急剧扩展，并及时根据裂纹性质及扩展倾向再采取恰当措施修复加固。

修复裂纹时应优先采用焊接方法，方法如下：

①清洗裂纹两边 80 mm 以上范围内板面油污至露出洁净的金属面。

②用碳弧、气刨、风铲或砂轮将裂纹边缘加工出坡口，直达纹端的钻孔。

③将裂纹两侧及端部金属预热至 100~150 ℃ 并在焊接过程中保持此温度。

④用与钢材相匹配的低氢型焊条或超低氢型焊条施焊。

⑤尽可能用小直径焊条以分段分层逆向施焊，每一焊道焊完后宜立即进行锤击。

⑥按设计要求检查焊缝质量。

⑦对钢闸门等承受动力荷载的构件补焊后其表面应磨光，使之与原构件表面齐平，磨削痕迹线应大体与裂纹切线方向垂直。

⑧对重要结构或厚板构件堵焊后应立即进行退火处理。

对网状、分叉裂纹区和有破裂、过烧或烧穿等缺陷的部位宜采用嵌板修补，方法如下：

①检查确定缺陷的范围，将缺陷部位切除，宜切成带圆角的矩形孔，切除部分的尺寸均应比缺陷范围的尺寸大 100 mm。

②用等厚度的同材质的嵌板嵌入切除部位，嵌入板的长宽边缘与切除孔间两个边应留 2~4 mm 的间隙，并将其边缘加工成对接焊缝要求的坡口形状。

③嵌板定位后将孔口四角区域预热至 100~150 ℃，并采用分段分层逆向焊法施焊。检查焊缝质量，打磨焊缝余高，使之与原构件表面齐平。

9.4.2　点焊（铆接）灌注粘钢加固法

在重要钢结构构件的加固中，采用焊接加固，会因焊接高温产生较大的温度应力而造成结构变形。采用摩擦型高强螺栓连接加固，在结构上钻孔会造成原结构损伤。同时，这两种方法还有一个共同的缺点，就是构件之间仅通过焊缝或螺栓连接，不能构成联合工作的整体，而要想达到理想的加固效果，必须增加加固件的截面面积，造成材料浪费。黏结加固是通过结构胶将加固件与被加固件黏结在一起的加固方法。但由于结构胶的强度与钢材相比较低，完全靠结构胶黏合可能会出现剥离现象，因此一般黏结连接加固会结合焊缝连接或摩擦型高强螺栓连接共同进行。点焊（铆接）黏结加固钢结构避免了焊接产生的温度应力，对结构损伤小（侯发亮，2003）。点焊（铆接）灌注粘钢加固法示意见图 9-13。

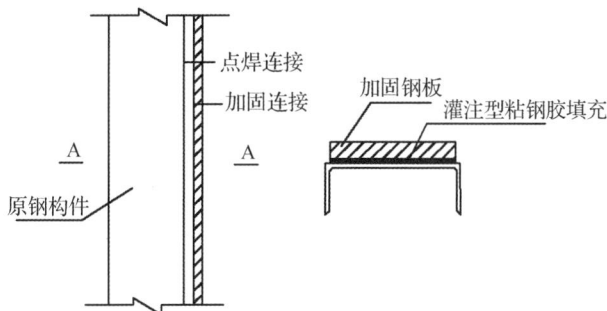

图 9-13　点焊（铆接）灌注粘钢加固法示意图

点焊与铆接黏结加固法施工工序为：施工准备→钢板块制作→钢板打磨除锈→基面清理→钢板安装、焊接→缝隙封堵、注胶嘴安装→结构胶灌注→质量检查→防腐。

点焊与铆接黏结加固法和包钢灌注粘钢法的工艺基本相同，同时也可应用于预埋铁件修复加固，实施过程中应注意以下几点：

①加固件安装时，应将加固件与被加固件重叠放置在一起，构件之间保留2 mm左右的缝隙，在被加固件周边间隔点焊，即焊接一段空一段，一般间隔300~500 mm焊接20~30 mm。若加固件黏结面积大，可适当在加固件中间逐次做孔和安装拧紧螺栓，螺栓的数量和间距根据现场实际情况确定。

②加固件安装完成后应采用结构胶封堵加固件与被加固件之间的缝隙，埋设灌胶嘴。压气检查后，采用压力注胶注入灌注型粘钢胶，灌注压力根据吃浆量控制，一般不超过0.4 MPa。

9.5　启闭机故障的处理与维护

启闭机是工程的重要组成部分之一，启闭机的科学使用和保养，直接关系到工程效益的发挥，而保养措施又直接关系到工程的安全和质量。要想延长工程的使用年限，保障工程安全运行，必须对启闭机进行科学管理和维护，充分发挥启闭机在水闸工程中的作用。闸门启闭机的维护重点在于日常的管理与养护，启闭机必须符合下列要求：启闸过程中不应导致闸门下游冲刷破坏；建筑物安全无损；闸门不应长期处于振动状态；闸门启闭灵活；闸前壅水高度不能超过设计水位。

9.5.1　液压启闭机的保养

保养的目的主要是严格检查液压系统、电器设备和机械设备，及时消除隐患，保持设备整洁，为下次运行做好准备。由于液压系统及相关设备在使用中出现某些小的异常现象，往往是发生大故障的先兆，因此常对启闭机进行必要的维护可以减少磨损，消除隐患和故障，保持设备始终处于良好的技术状况，以延长使用寿命，减少运行费用，确保安全可靠地运行。所以，有必要加强日常检查和保养，抓住微小现象，及早发现和排除可能发生的故障，做到经常维护，随时维修，养重于修，修重于抢。做好启闭机的保养，可以从以下几方面做起：

（1）详细了解机器的结构

操作人员必须掌握启闭机的结构、性能与操作方法，有一定的机械操作知识，以确保机器的正常运行。

（2）保持机器周围环境和机器的清洁

启闭机对灰尘、油污等污染要求严格，它的清洁与否直接影响液压系统工作得好坏和元件的寿命，所以对液压启闭机的保养与检修来说，保持清洁是非常重要的。因此对启闭机的外表、内部及制动轮圆周面、电器接点、电磁铁吸合接触面和周围环境，要定期进行清洁，要经常擦拭设备上的污垢，启闭机房内地面要干净，场地上的油污要及时清扫，物品要摆放整齐。

（3）运用科学方法，勤于检修

通过眼看、手摸、耳听、鼻闻等方法对设备的状况进行查验，检查油箱内液压油乳化情况；检查油缸工作状态和密封情况；检查油泵运转噪声是否过大、油温是否过高；检查各管接头和阀件，看是否有渗油等等，以便确定设备工作是否正常。

（4）及时对部件进行加固和调整

在工作过程中由于受到振动等原因，压力油系统中的螺纹管接头、密封用压盖螺栓等可能在工作中产生松动，造成漏油；有些零件如果松动就会改变被连接零部件的受力和运动情况，并构成事故隐患。设备零部件之间的相对位置及间隙是有其科学规定的，因设备的振动、松动等因素，零部件之间的相对尺寸会发生变化，容易产生不正常的错位和碰撞，造成设备的磨损、发热、噪声、振动甚至损坏，因此必须对有关的间隙、位置进行调整，再加以紧固，以避免事故的发生。

（5）定期对机器各部件进行润滑

对启闭设备中有相对运动的零部件，需要保持良好的润滑，润滑是正确使用和维护机电设备的重要环节。润滑油的型号、品种、质量、润滑方法、油压、油温及加油量等都有严格的规定。要求做到"五定"，即定人、定质、定时、定点、定量，并制定相应的管理制度。润滑得当才能减少机器的磨损，延长机器的寿命，所以对润滑这个环节不能掉以轻心，否则很容易引发事故。

液压启闭机系统结构相对复杂，工作阀灵敏度高，对液压品质要求高。工作中必须按规范要求对液压启闭机系统各部件进行系统的养护、检修，并在实际作业中对发现的故障问题分别有针对性地排除、解决，以保障液压启闭机系统维持良好的设备性能，确保设备安全运行。

液压启闭机在正常运行过程中，即使坚持日常养护、正常维修，由于存在诸多影响因素，也会发生意想不到的问题。因此，管理者应具备应急处理经验和常识，临危不乱，确保设备正常运行。定期检查油箱油位是否在正常范围，油缸、管路系统是否有泄漏，阀件组是否渗油，阀体管路有无锈蚀、变形等现象。运行中注意观察油液工作温度不能超过 60 ℃，并密切观察油液工作压力及管路振动情况，一旦发现异常，马上停机处理。

如果发现泵组旋转方向不对，应倒换电机的电源接线；油泵吸入口阻塞或阻力太大，应检查与清理吸油滤油器；油的黏度太大，应按规定更换新油、注油或加热油；吸油管道接头漏气，应按规定更换新接头或拧紧接头；油箱不透气，应修理或更换油箱空气滤清器；液压系统不能建压，导致主机无法工作，应检查、修理油泵电动机组；电磁溢流阀未关闭，应检查并修复线圈接点、清洗修理插件；液压管道大量泄漏，应查清泄漏部位，拧紧管接头或更换密封圈或更换管接头；阀组换向块中位卡死或线圈接点出现故障，应及时清洗和修理；压力表或压力表开关故障，应清洗并修理压力表或压力表开关；吸入口滤油器或吸油管道堵塞，应清洗并修理吸油滤油器，打开截止阀；吸油管道或油泵轴密封漏气，应修理管道，更换油泵轴密封；压力阀工作不稳定，应调整或更换压力阀弹簧；油箱液面过低使系统吸空进气，应按规定程序注油、排气；管路振动，应紧固管夹；油泵磨损或损坏，应修理油泵或更换新油泵；液压系统排气不良，应查清进气部位予以修复；双缸双吊点启闭机不同步，应调整同步偏差；液压支承回路平衡阀失调，造成液压缸回油腔背压不足，应按设计要求重新调整平衡阀，调定压力；锁定用液控单向阀时开时闭，应修理控制油路和泄油回路；溢流阀工作不稳定，应重新微调溢流阀的设定压力（封山虎，2015）。

9.5.2 螺杆式启闭机故障处理措施

（1）轴衬磨损的处理

造成轴衬磨损的原因主要是：润滑系统不良，轴衬的油槽内缺油或注油孔不通；联轴器的同心度不符合要求，轴衬受力不均匀，磨损不均匀。

第一种情况更换轴衬时只需要将磨损量大的轴衬取出，更换上新的轴衬，螺杆式启闭机属于较低速重载机械，运行时相互摩擦的部件要产生保护油幕才能减小部件之间的磨损，润滑油可以采用3号锂基脂润滑油。第二种情况更换轴衬的操作相同，另外需要调整联轴器两端轴的同心度，一般同心度不满足要求的启闭机在试运行过程中，联轴器会明显摆动，用一根细铁丝靠近联轴节，保持静止，可以清晰地看出联轴节安装偏向哪一侧。更换时应注意：由于轴衬是黄铜材料制成的，有较好的塑性，轴衬尺寸偏大也能装配到位，造成轴衬内径缩小，容易抱死传动轴，造成电机负载过大，所以，轴与轴衬的间隙一定要合理，保留0.05~0.10 mm的间隙。

（2）安全联轴器打滑处理

安全联轴器打滑通常是因为联轴器上的张力弹簧松弛或者张力弹簧压缩的锁定T形铁脱落，此时只需要将张力弹簧压缩到需要的长度即可；也有的是因为联轴器的两个接触斜面磨损量太大（由斜面磨成了圆弧面），需要更换联轴器。

（3）螺杆弯曲、断裂处理

螺杆弯曲产生的原因主要有：限位开关失灵；门槽有异物卡阻；长细比过大；螺杆安装的垂直度不符合要求；违反设计的使用工况（例如船闸阀门要求动水启、静水闭）。

螺杆断裂的原因最主要的是光面（无螺牙部分）与螺牙结合处应力高度集中及应力疲劳，应力幅值过大。例如船闸的阀门如采用螺杆式启闭机，需要启闭阀门40

次/d，一年需要启闭阀门达 14 600 次，10 年达 146 000 次之多。在我国，通常钢结构工作循环的次数达 $1×10^5$ 时，就必须验算其疲劳强度。第一种情况需要更换限位开关，同时经常检查限位开关；第二种情况需要清除门槽异物；第三种情况需要在门槽或中间平台部位增设中间导向点，限制侧向挠曲减少螺杆受压的计算长度；第四种情况需要调整机座；第五种情况必须要求操作人员严格执行操作规程。

螺杆的矫正主要有两种方法：一种方法是强行用外力顶压，有的称压重法、千斤顶法或杠杆法；另一种方法是热烘法，当钢材达到 600 ℃时，钢材强度急剧降低，缓慢冷却可以达到调直的目的。

（4）齿轮啮合间隙调整

间隙小的，表现螺杆剧烈抖动，间隙大的，会造成螺杆下滑。间隙小的原因通常是因为螺母的承台高度偏小，需要在承台与齿轮之间放入垫片调整（一般可以将薄片材料剪成圆环形，套在螺母承台上）；间隙大的，需要调整啮合齿轮的中心距。齿轮在经过调整处理之后，应使用塞尺来检查齿轮侧向间隙符合要求与否，齿轮径向间隙需在 0.15~0.3 倍模数的固定范围之内，不符合规定的可通过改变两轴的中心距来调整。若齿轮在满负荷的情况下运转，啮合的接触面积需符合规定；若低于规定，可通过调节两轴之间的平行度来调整。如调整后仍与要求不符，才实施空运转研磨的措施解决。

9.5.3　螺杆式启闭机的维护

螺杆式启闭机的维护是减少磨损、消除故障和隐患、延长寿命、减少运行费、确保安全的保证，包括"清洁、紧固、调整、润滑、灵活"5 个方面。

①清洁：是指长期保持自身结构内外、机房内外地面、门窗、场地与器具的整洁。

②紧固：是指机械连接系统、操作控制管理系统、供水供电与供油系统易松动部件的紧固牢靠，以提高功效、避免机械运行安全事故与漏水漏电漏油等隐患。

③调整：是指紧固环节的各个系统中的精度、误差与经验等方面，应做到操作准确和安全可靠。

④润滑：是指启闭机机械的运动零部件要保持良好的润滑状态。

⑤灵活：是指在上述基础上能够达到整个管理运行系统灵活和谐。

9.5.4　卷扬式启闭机常见故障处理措施

（1）齿轮的处理

由于制造上的缺陷，或安装上的错误，以及维修、养护不良等原因，常会使各齿轮啮合不当，产生咬根、别劲、走偏或局部磨损等现象，严重的会引起局部损坏。

铸钢齿轮缺陷的修理：启动机构的齿轮，其允许的气孔、砂眼及缩孔等缺陷的齿数不得超过全齿数的 15%。如缺陷位置在齿顶部位，缺陷宽度不超过齿宽的 20%、深度不超过齿厚的 10% 时，允许做补焊处理。补焊后表面应锉平磨光。

移动机构的齿轮，有缺陷的齿数不超过全齿数的 20%，当缺陷宽度不超过齿宽的 20%、深度不超过齿厚的 10% 时，不论在齿顶或齿根部位均允许做补焊处理。

（2）钢丝绳的修理

钢丝绳常在水下及阴暗潮湿环境中工作，容易锈蚀、断丝；有些钢丝绳在卷筒上排列不良造成钢丝绳轧伤；有些因滑轮组有故障，也会造成钢丝绳轧伤。钢丝绳的锈蚀轧伤、断丝，均将削弱其强度，影响闸门的安全启闭。钢丝绳断丝数不得超过规定，如超过规定时，应采取以下措施：

①调头。当钢丝绳一端有锈斑或断丝时，其长度不超过卷筒上预绕圈的钢丝绳长度，可采取钢丝绳调头使用。调头时，要注意下列两点：预绕圈固定端一定要用压板螺栓来压牢，并设防松装置。为避免钢丝绳脱落，闸门全关时，圈数不得少于 5 圈。若压板螺栓位于卷筒翼缘的侧面且用鸡心铁进行挤压，则圈数不得少于 2.5 圈；闸门上的钢丝绳使用吊耳的形式，钢丝绳夹数可参照表 9-1 的标准。若绳夹出现断扣滑脱、裂纹，或者跟钢丝绳的规格不合，则一定不能继续使用。绳夹的卡牢效果，应该使钢丝绳被压扁至少 1/3 的绝对高度，从绳端开始算起，第一个绳夹与端部的距离应该保持在 160 mm 以上，见表 9-1。

表 9-1　钢丝绳最少绳夹个数及间距（单位：mm）

钢丝绳直径	15	17.5	19.5	21.5	24	28	32.5	>32.5
绳夹个数	3	3	4	4	5	5	5	6
绳夹间距	100	100	140	140	160	200	200	200

②搭接。两根钢丝绳搭接仅限于直径 22 mm 以下情况采用，同时接头部位不应通过滑轮和绕上卷筒。搭接时应采用叉接法，叉接长度不少于钢丝绳直径的 30 倍，并经接力试验合格后才能使用。搭接部位宜浇锌或锡保护。

③更换。上述两种方法均不能采用时，应更换新的钢丝绳。

（3）制动器的修理

制动器形式很多，常用的为长短冲程电磁制动器。当制动器出现以下问题时应进行修理和更换。

①制动器的制动轮产生裂缝、砂眼，影响安全使用的，应进行整修或更换。

②制动器上的制动带，其铜质铆钉或沉头螺钉应埋入制动带一定深度，一般为制动带厚度的 25%，制动带的四周边缘要整齐，与制动轮的接触面积不得少于总面积的 75%。

③短冲程电磁制动器闸瓦退程间隙调整后，其衔铁冲程允许值为：100 号衔铁

6.5~11 mm，200 号 6.5~12.5 mm，300 号 10~18 mm。长冲程电磁制动器间隙调整后，在合闸状态下衔铁下要有 25~30 mm 的预备冲程。

④制动器上的主弹簧必须保证设计长度，若失去弹性、变形、断裂，均应更换。

⑤若制动带由于摩擦而减薄，或由于压缩变形而导致露出沉头螺钉，应换新的制动带。若制动带的螺钉、铆钉等断裂或者是脱落，应及时更换以及补齐，保证机器能够正常运行。

（4）传动轴及轴承的修理

启闭机的传动轴及轴承在修理安装时，应注意以下几点：

①传动轴的轴颈部分，需用煤油清洗，必要时用 0 号砂布浸油擦拭。

②传动器与其他部件配合部位的局部损伤，当面积小于配合面的 3%~5% 时，可以手工锉光磨亮。

③传动轴的弯曲度，允许在不加温的情况下按规定进行校正，见表 9-2。

表 9-2　传动轴允许弯曲度

传动轴动速（r/min）	每米允许弯曲度（mm）	全长允许弯曲度（mm）
>300	0.1	0.2
100~300	0.15	0.3
<100	0.2	0.4

④行走机构具有长传动轴时，其中间各轴承应按主梁负荷挠度将轴承装成上拱式的，最大上拱值应为主梁计算挠度的 50%。

⑤滑动轴承的轴瓦与轴颈接触范围角应不小于 60°，且每（2.5×2.5）cm² 面积的接触斑点不少于 6~8 处。

⑥轴瓦与轴承座结合严密，轴瓦与轴肩应留有 1~2 mm 的轴向间隙，轴瓦与轴颈的间隙应符合规定。

⑦滚动轴承若无损伤时，不要任意拆卸。如必须拆卸，应在 90~100 ℃ 的热液中加温 20~30 min 后，用特制的工具压出；如果安装轴承时需要借助外力，可以经过中间物体对轴承内圈进行轻轻敲打。

⑧滚动轴承接装后，涂装钙基润滑脂不应多于滚动轴承空腔的 2/3。除此之外，安装各种轴承之后，应该用手试着转动直轴，转动感觉应该是轻松灵活，保证无卡阻情况。

9.5.5　卷扬式启闭机的维护

卷扬式启闭机结构简单，故障发生概率较低，即使出现故障，也能比较直观地发现问题，因此维修方便，维护项目较少，且零部件结构简单、价格便宜。一般来说，卷扬式启闭机的钢丝绳在正常维护条件下使用年限为 10~20 年。卷扬式启闭机的常用维护用品为黄油和机油，价格较低，故维修费用也较低，工程效益显著，适合备用闸门或事故紧急起落闸门使用。卷扬式启闭机在运行中应注意机械抱闸的灵敏度，防止飞车。一旦抱闸失灵，应马上启动紧急落门，使启闭机带动闸门下滑预防飞车事故发生。

沭阳闸启闭机为 20 世纪 50 年代产品，在运行 50 多年后，启闭设备磨损老化严重、启门力不足等问题日益显现，尤其是 6 台卷扬式启闭机时常发生滑车现象，严重影响工程设备安全。为消除安全隐患，保证工程设备的安全运行，将原制动器更换为电力液压鼓式制动器，其制动轮直径为 250 mm，如图 9-14 所示。

图 9-14 更换后的制动器

启闭机日常维护应注意保持完整、清洁、启闭灵活、运用自如，能准确及时地升降闸门，控制水流。启闭机的管理养护，主要应注意以下几点：在每个启闭机上，标出闸门开关极限和启闭方向标志；启闭机件应设置罩棚，以防日晒雨淋和尘土侵入；各部机件应定期油漆防锈，转动部分要及时加油润滑；长期停止使用的闸门，每月应试开试关一次；预留必要的检修工具和易损零件的备件。

随着现代科学技术突飞猛进的发展，水工金属结构产品的制造工艺和水平也在不断改进和提高。所以无论是对现有水闸工程启闭机进行维修养护，还是进行更新改造，都要不断采用新方法和新技术，只有选用性价比高的新型材料和设备，才可能制造出使用寿命长的启闭机。

9.6 启闭机房的改建

水闸改造的结构型式受闸址地质条件及尺寸的制约，如何改建取决于地基应力状态，要进行结构选型、地基应力验算。有的旧闸泄洪能力不足，兴建新闸又不经济，可在旧闸基础上再拓宽几孔处理。水闸的改造大部分是下部结构不变，对上部结构（主要是启闭机房）进行新建或改建。水闸改造不仅要满足使用功能，而且要求外形美观大方，结构经济耐久（童玉恩，2000）。

（1）结构选型

启闭机房可采用框架、砖混两种结构形式。若水闸地基为岩石基础，在无特殊结构布置要求时，宜选用砖混结构；基础较差的水闸，应选用框架结构，以调整因地基不均匀沉降而产生的附加应力。框架结构的部分墙体为非承重墙，可选用轻型材料，如空心砖、粉煤灰混凝土砌块等，以减少地基应力，如图9-15所示。

图9-15　闸门启闭机房改建

（2）地基应力验算

对于工程资料齐全的水闸，上部结构改造应按运行期水闸上下游水位的最不利组合，分别计算正向、反向受力的地基承载力、不均匀系数以及闸底板结构受力。

对于工程资料不齐全，无结构具体尺寸，无底板基础图，无法确定改建前后的地基承载能力及底板结构受力的水闸，应选择对原结构及基础无影响或影响较小的改建方案。可以选择在原闸室底板上、下游位置打入钻孔灌注桩，新建的上部结构由桩基支承，原闸室底板基本不受力，上部启闭机室的结构及交通桥布置与之相适应。

10　上下游河道淤积处理

闸下河口的淤积一般呈如下特征：建闸初期淤积量猛增，之后若来水正常则多年变化量较小，缺水年份淤积速度加快，丰水年冲刷量大。解决闸下淤积的对策是采取防淤、减淤措施。防淤措施即采用工程措施和植物措施，减淤措施即采用水力冲淤和机械疏浚。

10.1　水闸上下游河道淤积成因

由于自然、历史、工程、潮汐水道变化及围垦减少了滩面水等多种因素的影响，水闸往往会在上下游河道中产生泥沙淤积，影响水闸的过水能力。上游淤积多出现在节制闸和分洪闸上，上游河道的淤积泥沙集中在主河槽以内，主河槽会严重萎缩，导致河道防洪能力降低。下游淤积多在泥沙河道两侧的排水闸以及入海河口的挡潮闸下。主要行洪河道中淤积的泥沙会导致河床抬高，很大程度上降低主河槽容量和泄洪能力，致使同流量下水位抬高，使堤防及防洪工程的防洪标准相对下降。如凌源乌兰白的十二官拦河闸（图 10-1），每次挡水灌溉及汛期洪水来临时，洪水卷积着大量的泥沙从上游流下，造成闸前及闸后淤积大量的泥沙，抬高了河床高程，阻碍水流下泄，降低了戽流坝的挡水作用，最大淤土高度近乎与面板顶平齐。

（a）上游河道淤积　　　　　　　　（b）下游河道淤积

图 10-1　拦河闸上下游河床淤积

河道淤积不是一朝一夕形成的，也不是某一方面因素造成的。淤沙来源广泛，多泥沙河流的汇入，人类活动影响和暴雨洪水产沙等，都会造成淤积问题。土壤贫瘠、人为因素等使得植被覆盖度较低，河堤土壤松弛，遇到大风或较大的雨水天气或河水涨潮期，就会将岸边的沙土带入河流中；其次，在多条河流汇入之前，所经过的地方受水蚀风蚀岩石带来沙砾，在流经过程中不断积累；再有，在河水流速较急的地方会冲刷岸堤，增加水流中的沙土。

（1）流砂使河底抬高

河道中的泥沙即为沙性土壤，其具有易流性，所以在河道治理结束后，在河道无水的情况下，由于地下水渗出而导致扰动的沙开始流动，即使河道水位升高后，流沙也不会停止流动，从而导致河道水位被抬高。而当河道水位发生急剧下降时，地下水渗出后，由于沙土含水量较大，不仅渗水快，流动也快，从而导致河底被抬高。

（2）人为破坏因素

目前许多堤防工程从堤顶到堤坡、滩地河口及河坡等都被大量地开垦出来用来种植农作物，这就会使堤防工程的草皮和植被受到严重破坏，一旦发生大雨，则会导致径流，对工程产生冲刷。在河道与村庄及城镇相连接的地段，由于人们对环境保护意识较差，大量垃圾及污水被倾倒及排放到河道中，导致河道发生不同程度的淤积。

个别乡镇村的方田建设，为了方便排水，随意增设支流入口，支沟与干沟的底高程差太大。并且支、斗沟均采用挖掘机施工，边坡太小，虚土较厚。大雨来临时小沟托成大沟，逐级虚土全部汇入大河道。

10.2 防淤措施

（1）工程措施

1）修筑导堤。

在河口一侧或两侧修筑导堤，一是改善水流条件，切断由风浪掀起的海滩泥沙补给源，减少涨潮流挟带进入引河的沙量；二是约束和稳定下泄径流，束水攻沙，改善并稳定出口水深，从而达到减少引河淤积的目的。

2）合理确定闸下引河长度。

闸下引河类型可分为两类，一类是长引河径流型，一类是短引河潮流型。一般而言，长引河径流型河口是以径流为主要动力的，若径流来量不足，极易导致水文泥沙的不平衡，造成严重淤积。短引河潮流型河口则是以潮流为主要动力的，这种河口的淤积较轻微。如梁垛河闸引河长仅 400 m，闸下淤积相对较轻，港槽状况良好。而东北河闸引河长达 3600 m，由于淤积严重，工程效益衰减约为原设计的 50% 或 50% 以上。因此，挡潮闸距离海口宜控制在 1 km 以内，可较好地解决闸下淤积。

3）引水（含海水）冲淤。

在黄河下游的冲刷治理中采用了引海水冲淤措施（林秉南，2000），其本质是将泥沙送入渤海和外海。该措施虽然会对环境造成一定的影响，但是可以设法防止，而且可以逆转，会随着停止引海水而消失。

（2）植物措施

由于废黄河口外以及浅海滩涂大量泥沙在风浪和潮流作用下改变了原有的分布状况，因而，最好的防淤措施是防止海滩产沙、切断涨潮流挟带泥沙进入河口。为了实现这项措施，在浅海滩涂大量种植固滩防淤植物（大米草和互花米草等）是一种极为有效的方法。

漳州市九龙江南溪下游在建设南溪桥闸以后淤积严重，采取以上措施进行整治后，效果较好。

10.3　减淤措施

10.3.1　水力冲淤

水力冲淤即采用逢大潮开闸冲淤、涨潮时清顶浑、低高潮开闸冲淤、利用水头差开闸冲淤、纳潮冲淤等措施。

（1）排泄洪水中泥沙技术

通常，洪水期的河流含沙量较高，而泥沙的滞水时间愈长，沉沙率也愈高。所以，为了减少泥沙淤积，在洪水期间可以把水库的水位保持在较低的水平，使库尾回水范围减小，水库的滞洪时间缩短，加大水库的下泄流量，以便利用洪水的挟沙能力，排泄洪水中的泥沙。

（2）异重流排沙技术

在许多高含沙河流中和低含沙河流上的水库里，都能观测到异重流，如三门峡、刘家峡和官厅水库等。高含沙的异重水流进入水库后，就降到库底，并向水坝流去，同时逐渐扩散。如果把异重流排泄出库，就能减少淤积。

（3）放空冲沙技术

上述两种方法都是在洪水期采用的，放空冲沙则既可以在汛期进行，也可以在非汛期进行，特别是在汛期期间、洪水期之前或之后进行，冲沙效果更好。放空冲沙比较适合小水库，因为小水库的大部分淤积泥沙靠近水坝或在较窄的沟道内，通过放空冲沙，可能在短时间内冲走大量淤积的泥沙。

（4）降落水位冲沙技术

冲沙即对淤积泥沙的再侵蚀，降落水位冲沙和上述方法一样，都是在洪水过程中排泄泥沙；不同之处是，降落水位冲沙时水库的水位比排泄洪水中的泥沙时水库的水位更低。这样，降落水位冲沙会使整个水库库区河道上形成像河水一样流动的水流，从而冲刷较大面积的已淤积的泥沙，使得下泄泥沙多于入库泥沙。

1996 年 8—11 月，方塘河闸进行了不同水位差冲淤试验，共分 3 组，水位差分别为 0.5 m、1.0 m、1.5 m。第一组（0.5 m）冲淤 2 潮，历时 9 h，冲淤水量 57.92 万 m³，冲刷土方 1.27 万 m³；第二组（1.0 m）冲淤 3 潮，历时 9 h，冲淤水量 216.54 万 m³，冲刷土方量 4.85 万 m³；第三组（1.5 m）冲淤 2 潮，历时 6 h，冲淤水量 228.25 万 m³，冲刷土方 4.72 万 m³。试验结果表明，最佳冲淤水位差为 0.8～1.0 m，每次冲淤 2～3 h，连续冲淤效果差，间隔冲淤时间为 2～3 d 时效果较佳。

（5）利用潮水冲淤

涨潮时清顶浑；根据一般潮水前峰挟沙量大的特点，涨潮前（特别是大潮汛前）开闸放水，顶住浑水，使清水先充满闸下的引河。一般在涨潮前 2～3 h 开闸放水，能取得较好的效果，大大减少淤积量。低高潮时开闸冲淤；在一般情况下，低高潮与高高潮相比，低高潮后落潮差较大，水位落至最低，落潮流速较大，选择大潮汛的低高潮后开闸，可以获得相对较小的河道水深和较大的势能，从而增加冲淤效果。同时，还可以顶住下一个潮差较大的涨潮，起到清顶浑的作用。

（6）纳潮冲淤

纳潮冲淤（施世宽，1999）是解决河口水力冲淤水源不足的有效方法。1978 年 2 月 26 日至 4 月 3 日，梁垛河闸进行过一次纳潮冲淤试验，先后纳潮 7 次，其中大潮 4 次，寻常潮 3 次，纳潮总历时 13.98 h，纳潮水量 541 万 m³，冲淤 22.85 h，冲淤水量 634 万 m³。闸下冲刷土方 5.96 万 m³，上游河道冲刷土方 1.80 万 m³，沉积土方 4.04 万 m³，实际纳潮带进泥沙 2.23 万 m³。试验结果表明，纳潮冲淤水源充沛，成本低，不与工农业生产争水，但上游淤积无法避免。纳潮冲淤必须具备下列条件：一是在农田非用水期；二是在盐水可能回溯的河段，各引水口建封闭闸，阻止盐水进入田间；三是纳潮闸须有反冲设施，上游需建控制潮水上溯的工程。

10.3.2　机械清淤

一般说来，在上游水源有限，闸下河床比较坚硬，靠水流难以冲动的情况下，或者是在上游水源紧缺，顺流搅动以增加落潮或上游来水带去淤沙的情况下，用机械清淤能得到最佳效果。

（1）机船拖淤

闸下引河落潮含沙量明显小于涨潮含沙量，落潮时借助机械的搅动，在同样的水流条件下，原来未能起动的床面泥沙便能起动和悬浮，使落潮或下泄径流挟带更多的沙量向下输送，这对于解决泥质河口淤积问题是一种经济而可行的清淤措施，对引河短、水浅的河道效果更为显著（施世宽，1999）。

江苏省自 20 世纪 60 年代中期以来就推广了此法。清淤拖具经不断改进和创新，经历了拖动型、驱动型、掺气型 3 个阶段，其中以掺气型工效最高。其他如利用机船推进器搅动冲淤、高压水枪冲淤等都是行之有效的方法。

如 1997 年 8 月 19 日受 11 号强台风的影响，方塘河闸下淤积相当严重，至 9 月 20 日，适逢天文大潮的强烈影响，闸下低潮位已高达 2.02 m，而此时上游水位也仅 2.10 m，基本没有水位差，闸门也无法开启。在这种情况下，自制加工了长 2.0 m、宽 1.5 m 的拖淤耙，趁落潮时拖淤，将 2 台高压水枪装配在小船上进行射流作业，同时 2 条机船推进器搅动淤土，经过 4 d 作业，在上游无水冲淤的情况下，仅以落潮水挟带搅动的泥沙，最终形成过水通道。后经抬高上游水位放水冲淤，使闸下港槽减淤。

（2）机船挖淤

机船挖淤是一种经常性措施（杨光，2013）：

①旋挖式。大量的工程实践表明，这种清淤方法是目前为止环保性最高的一种方法，旋挖式清淤机采用的是无堵塞泵、旋挖头，利用机身自带的液压系统驱动旋挖头滚动，由旋挖头上的切割刀对水下淤泥、垃圾、建筑废料（直径≤15 cm）等扰松，再由旋挖头上的腰带将松动的物质旋送至无堵塞泵的吸口位置处，然后经过泵将物质直接输送给运输船或与排泥管相接，按照要求送至指定地点堆放。

②绞吸式。此类挖泥船需要与其他设备配合使用，如排泥泵、运输船等等。在具体施工时，需要先将船上的定位桩对准挖槽的中心线，然后在开挖的断面边线位置处下刀，借助位于铰刀桥架前端的钢缆交替收放，在这一过程中，铰刀左右横移进行挖泥。

③喷吸式。其主要是采用定位桩进行施工，在施工的范围内，水下锚位全部需要系上浮标，具体施工的过程中，若是遇到较厚的泥层，且超过设备最大挖泥厚度时，则应当采取分层的方式进行开挖，并遵循上厚下薄的开挖原则。需要注意的是，水面以上的土体高度不得超过 4 m，当超出这一高度时，必须采取相应的措施降低高度，以此来确保开挖施工作业的安全性。

（3）水力冲塘

1986 年海门市把水力冲挖机组开挖鱼塘技术应用到河道清淤疏浚工程中，实行机械与人工相结合的办法，具有节省劳动力、提高工效的优点，该技术在江苏省得到广泛推广应用。东台已成功地应用该技术进行港道的裁弯取直、河道开挖、滩涂围垦、低滩吹填筑堤等。如 1995 年东台河闸 4.5 km 处的港道弯曲淤积，行水不畅，利用 2 台机泵直靠型水力挖塘机组于小潮汛时突击施工，7 月 6—12 日，共作业 313 台时，施工长度 193 m，口宽 8～9 m，共完成土方 0.23 万 m^3，完工第 4 天已成行水主道，缩短下游引河港道流程 3.5 km，提高了冲淤效果和排涝能力。

11　水闸抗震加固

抗震复核不仅要校核主要建筑物是否安全，还须校核闸门能否及时启闭，以便将震灾损失减至最小。当水闸地基采用桩基时，应做好地基与闸底板的连接及防渗措施，底板可设置齿形墙等措施，防止因地震作用使地基与闸底板脱离而产生管涌或集中渗流。

11.1　水闸震害成因

水闸工程大多数建造在软弱地基上，工程实践证明，地震作用对水闸破坏相当严重，震害主要表现在地基和建筑物两个方面。根据近年来我国历次强烈地震后的震害调查，水闸震害主要表现为：

①闸墩下沉、倾斜、钢筋混凝土闸墩沿根部出现环形裂缝、浆砌石闸墩砌体酥散甚至倒塌。

②上游铺盖、闸室底板及下游消力池等底部结构出现裂缝及隆起、下伏；闸室底板还会出现倾斜及不均匀沉降，甚至脱离地基，引起管涌或集中渗流。

③闸室顶部排架及机架桥发生倾斜、沿根部出现环形裂缝；启闭机房倾斜。

④岸墙、翼墙及护坡出现断裂、倾斜，甚至发生滑移。

震害调查显示，地震对水闸的破坏较其他水工建筑物相对更严重。从水闸设计角度，机架桥排架强度、启闭机室强度、水闸翼墙抗滑稳定、水闸岸墙抗滑稳定不满足要求，水闸地基易地震液化等对水闸抗震性能均有较大影响。此外，地震造成水闸破坏的原因还有：a. 地基失稳，引起结构位移、裂缝甚至陷落或隆起；b. 由于附加地震惯性力作用造成结构强度或稳定性破坏，产生裂缝、倾斜，甚至倒塌。

11.2　闸室抗震措施

在闸室结构设计时，根据对水闸闸室地震效应计算过程的分析，通过合理选择工程场地位置、优化闸室结构形式等方面来减小地震对闸室结构的作用效应。

从闸室地基的场地方面考虑，应选择对建筑物抗震相对有利的地段，按设计加速度反应谱，选择场地特征周期较小的地段建闸，有利于降低地震动力系数，减小闸室地震效应。

在闸室结构方面，闸室结构的布置宜力求对称，采用钢筋混凝土整体结构，加强闸室闸墩垂直水流向间的联系，增强闸室的整体性能。

可尽量选用液压启闭机或自重较小的启闭机，减轻闸室机架顶部的重量，从而减小闸室结构地震作用效应。通过选用适当的闸门形式，来降低闸室机架的高度，机架宜采用框架式结构，并加强机架桥柱与闸墩和桥面结构的连接，在连接部位应增大截面及钢筋用量；当机架桥纵梁为预制活动支架时，桥梁支座应采用挡块、螺栓连接或钢夹板连接等防止纵梁掉落的措施。机架柱上、下端范围内箍筋应加密。设计地震烈度为9度时，机架桥柱子应当在全体范围内加密箍筋。

唐山地震时，砖烟囱全部倒塌，钢筋混凝土烟囱却无一倒塌，素混凝土烟囱则有的破坏，有的完好。素混凝土水闸有裂缝而不倒塌，砌石闸墩则多半倒塌。因此，有较高抗震要求的结构宜用钢筋混凝土结构，有一般要求者可用素混凝土结构，避免采用浆砌石结构（蔡为武，1999）。

从闸室强度和抗滑稳定两方面来说，可采用以下措施：

①水闸闸室强度不满足抗震要求时，可采用拆除重建、补墩、按要求增补受力钢筋或预应力锚索、对闸墩增加侧向支撑、增加闸墩之间的连系梁、设防落梁、对不易稳定的梁柱框架加设斜拉筋、对浆砌石或干砌石结构的外层加设混凝土围梁、框架或护面等措施进行抗震加固，从而提高闸室刚度、增强闸室抗震能力。

②当水闸闸室整体抗滑稳定不满足抗震要求时，通常对地基进行合适的加固处理，如灌浆、混凝土连续墙等，也可在原闸上游新建闸室或将闸室整体加长并在加长闸墩之间增设支撑梁。

实例介绍：

嶂山闸为除险加固工程，不可能重新选择闸址，只能从闸室结构、闸门选型、启闭方式选择等方面采取抗震措施，减小闸室地震效应，提高闸室整体抗震性能。通过对嶂山闸闸室地震效应的分析计算，采取了以下抗震措施（朱庆华，2012）：

①现状闸室下游侧闸墩顶部交通桥通过橡胶支座，简支于闸墩上，由于橡胶支座的自振周期较长，对上部交通桥地震惯性力的下传有较大的削减作用；在闸室抗震加固设计时，保留现状交通桥且安装形式不变，在闸墩下游顶部增设高度为3.30 m的钢筋混凝土支撑梁，并将上游原简支胸墙改为固支结构，提高闸室整体性能。

②现状闸门为弧形钢闸门，启闭方式为绳鼓式启闭机结合平衡砣；在闸室加固设计时，保留弧形钢闸门，将闸门启闭方式改为液压式，并将液压启闭控制设备集中布置，取消现有的排架、工作桥、启闭机房，最大限度地降低闸室结构高度，减小地震作用效应。

③由于取消了闸室上部结构，减小了闸室整体重量，为解决由此带来的闸室抗滑稳定不足的问题，将闸室向上游接长5.0 m，接长部分采用整体箱涵式结构，并结合布置检修闸门、启闭机液压设备，进一步提高闸室整体性，增强闸室抗震性能。

通过这些措施，成功地解决了嶂山闸原闸室抗震性能不足的问题，且闸室结构布置形式较为新颖、独特。

11.3 其他建筑物抗震措施

除了对水闸闸室采取抗震加固措施外，还应注意提高其他建筑物和工程设施的抗震能力。目前，工程中通常采用的针对病险水闸其他建筑结构抗震加固的措施包括以下几方面：

①对于机架桥排架强度不满足抗震要求的，可采用外包钢筋混凝土结构、外包钢板、拆除重建等加固措施。外包钢筋混凝土结构加固措施施工难度大，施工质量难以控制；外包钢板加固措施施工工艺复杂，且钢板养护维修费用高；拆除重建加固措施工艺简单、施工质量易控制且投资小，因而，该加固措施采用较多。

②对于启闭机房强度不满足抗震要求的，可拆除重建，重建启闭机房宜采用轻型结构。由于启闭机房所处位置较高，启闭机房采用轻型结构可有效减小自身地震惯性力，同时减小传递给下部结构的荷载。

③对于水闸翼墙抗滑稳定不满足抗震要求的，可在原翼墙后设低挡墙来提高翼墙抗滑能力；若为浆砌石重力式翼墙，也可结合边墩处理措施将墙后的回填壤土换填水泥土或拆除原翼墙后重建钢筋混凝土空箱扶壁式翼墙。钢筋混凝土空箱扶壁式翼墙与重力式翼墙相比，结构简单，受力明确，建筑物的整体性好，其抗滑稳定性相对重力式翼墙强，故在高烈度地震区的适应性较强。在重力式翼墙后增设低挡土墙后，增加了翼墙刚度，增大了垂直重量，减小了侧向土压力，从而提高翼墙的抗滑能力。

④对于水闸岸墙抗滑稳定不满足抗震要求的，采取在钢筋混凝土空箱岸墙后原拖板的位置设置低挡墙等加固措施。设置低挡墙后增大了岸墙刚度，增加了垂直重量，减小了岸墙后的侧向土压力，因而提高了岸墙的抗滑能力。

⑤对于水闸地基易地震液化的，一般采用围护墙包围闸基、常规黏土灌浆、水泥灌浆、高压旋喷或定喷灌浆、混凝土连续墙、排水等抗震加固措施；若地基土为粉细砂，也可采用水泥-水玻璃灌浆加固地基。

沿海地区细沙地基可能产生地震液化，即使不出现液化，通常也会由于地震前后土体孔隙率降低而产生沉陷。因此，须研究沿高度方向质点和刚度递变分布，从结构和材料上把关以满足复杂的抗震要求。选择超静定结构、设置足够的横向支撑、采用能适应温度沉陷变形和防止构件及设备被抛出的连接方式，避免简支。避免使用弹性材料，采用具有足够抗拉能力和适应变形的材料。

软基上建筑物基础采用预制桩、灌注桩等桩基施工。对有地震液化风险的基础，宜采用桩群以承担竖向与水平向荷载。

　　深刻理解结构与抗震、结构与施工的关系，力求不中断工程的正常运行，往往是抗震加固的关键。例如，闸基加固的最佳办法是设置定喷或摆喷防渗墙，如果有易液化层时，常需设置上下游、左右岸板桩围护墙各一道，以阻止液化沙层的水平移动；易液化的粉细沙地基则采用水泥—水玻璃灌浆加固，比板桩围护更简易可行；对水闸闸基液化潜在危险部位用排水处理；对闸墩加侧向支撑；对不易稳定的梁柱框架加设斜拉筋；对浆砌或干砌石结构的外表面加设钢筋混凝土围梁、框架或护面，以提高结构抗震安全度。

参考文献

[1] 安裕民. 沙砾石闸基高压摆喷防渗墙防渗加固设计 [J]. 山西建筑, 2012, 38 (30): 238-239.

[2] 蔡为武. 水工建筑物抗震设计探讨 [J]. 水利水电科技进展, 1999, 19 (4): 36-39.

[3] 曹瑚. 江都西闸翼墙除险与加固 [J]. 江苏水利, 2000 (04): 28-29.

[4] 曹剑, 包伟力, 陈刚. 太浦闸混凝土结构现场检测及方法探讨 [J]. 防洪排水, 2006 (3): 44-46.

[5] 陈芳. 水闸排水与止水问题的分析 [J]. 水利科技与经济, 2009, 15 (08): 679-680.

[6] 陈万立, 戴新荣. 浅谈 SBR 砂浆防碳化处理施工工艺 [J]. 治淮, 2008 (09): 28-30.

[7] 陈伟业. 改性灌浆水泥的性能与应用 [J]. 水利水电科技进展, 1999, 19 (3): 36-42.

[8] 陈永芳. 浅析水闸闸门振动现象及防治措施 [J]. 江苏水利, 2003 (1): 26-32.

[9] 程云虹, 闫俊, 刘斌, 等. 粉煤灰混凝土碳化性能实验研究 [J]. 公路, 2007, 12: 12.

[10] 仇金标, 戴兴标, 智日进. 微劈裂灌浆在大型水闸正常运行侧向防渗加固中的应用 [J]. 水利技术监督, 2007 (01): 47-50.

[11] 崔广秀. 加强水闸闸门及启闭机管理和维护的几点认识 [J]. 硅谷 (Ilicon Valley), 2015 (04): 175-197.

[12] 崔进强. 浅谈桥梁施工裂缝的形成原因 [J]. 科技咨询导报, 2001 (11): 13-15.

[13] 崔绍炎. 土工模袋混凝土护坡施工工艺及质量控制 [J]. 海河水利, 2006 (1): 47-48.

[14] 崔晓云. 管井井点降水在海子湾水库泄洪闸工程中的应用 [J]. 山西水利科技, 2012 (02): 40-41.

[15] 方捷贵. 金鸡水闸下游冲刷原因分析及消能防冲措施的研究 [J]. 福建水力发电, 1993 (01): 55-58.

[16] 葛海龙, 葛海燕. 略论溢流坝消能防冲设施破坏的原因及防治措施 [J]. 科技创新导报, 2008 (14): 16-18.

[17] 耿晔, 金锦, 常向前, 王爱萍. 水闸安全检测常用方法的适用性分析 [J]. 人民黄河, 2007, 29 (10): 86-87.

[18] 龚秀峰. 浅谈钻孔灌注桩施工工艺 [J]. 山西建筑, 2008, 34 (20): 114-116.

[19] 杨光, 孙玉婷. 小议河道清淤疏浚施工技术控制措施 [J]. 建材发展导向 (下), 2013 (14): 229-230.

[20] 侯发亮. 建筑结构粘结加固的理论与实践 [M]. 武汉: 武汉大学出版社, 2003.

[21] 黄国新, 陈政新. 水工混凝土建筑物修补技术及应用 [M]. 北京: 中国水利水电出版社, 2000: 26-29.

[22] 黄晋昌. 混凝土及钢筋混凝土的腐蚀与防护 [J]. 铁道工程学报, 2000 (3): 99-104.

[23] 黄微波, 李晶, 高金岗. 混凝土结构裂缝修复技术研究进展 [J]. 工业建筑, 2014, s1: 934-937.

［24］ 季霞. 浅谈大体积混凝土裂缝产生原因及控制措施［J］. 科技与企业，2014（20）：96.

［25］ 姜晨光. 水工结构设计要点［M］. 北京：化学工业出版社，2012.

［26］ 姜连杰，李红卫，张宏鹏. 红湖水库泄水闸翼墙裂缝及表面剥蚀处理技术措施［J］. 黑龙江水利科技，2010，38（06）：61-62.

［27］ 蒋正武，王莉洁. 钢筋混凝土的环境侵蚀与表面防护技术［J］. 腐蚀科学与防护技术，2004，16（5）：309-312.

［28］ 焦怀金，张秀梅，孙志恒. 大红门闸闸室结构混凝土防碳化处理［J］. 大坝与安全，2007（04）：54-55+59.

［29］ 金碧. 双台子河闸除险加固工程闸墩裂缝处理［J］. 东北水利水电，2018，36（7）：66-67.

［30］ 李红旗，梁建林. 豫东地区水闸混凝土碳化成因及防治［J］. 河南水利，2003（5）：19-20.

［31］ 李红文，李雪梅，邓成法，等. 软土地基水闸渗漏创新处理方法［J］. 土工基础，2017，31（05）：579-582.

［32］ 李建. 水闸混凝土闸墩裂缝成因及处理措施［J］. 陕西水利，2019（11）：177-178+183.

［33］ 李建清，王秘学. 水工混凝土防碳化处理方法及施工工艺［J］. 人民长江，2011，42（12）：50-52.

［34］ 李景卫. 混凝土工程中常见裂缝与预防［J］. 中华建设，2014（10）：136-137.

［35］ 李鲁刚. 防渗复合土工膜在水利工程中的运用探讨［J］. 科技与企业，2014，01：211.

［36］ 李守军. 水库淤积的危害及防治措施［J］. 城市建筑，2014（35）：296.

［37］ 李卫，高雅. 水利施工中混凝土裂缝的原因分析及防治措施，科技创新与应用，2014（34）：221.

［38］ 李志荣. 试论混凝土结构裂缝的原因分析及防治措施［J］. 科技视界，2015（26）：133.

［39］ 林秉南. 对黄河下游治理的管见［J］. 中国水利，2000，447（9）：7-9.

［40］ 林敦志. 闸门振动现象及振动特性分析［J］. 科技资讯，2010（16）：116

［41］ 林建洪. 纯抓法成槽混凝土防渗墙在北溪南港水闸加固中的应用［J］. 人民珠江，2006（01）：32-34.

［42］ 刘川顺. 高压喷射灌浆技术在刘家湾闸防渗加固中的应用［J］. 中国农村水利水电，2000（1）：48-50.

［43］ 刘浪涛，邵式亮. 混凝土防冻剂的研究进展［J］. 材料导报，2015（13）：102-107.

［44］ 刘万新，刘俊义，丁洪亮. 关于水闸除险加固工程设计的几个问题［J］. 水利水电报，2004，25（20）：17-19.

［45］ 罗继明. 硅粉砂浆在混凝土表面修复中的应用［J］. 四川水泥，2015（11）：94.

［46］ 马桥，李桂保. 浅析病险水闸形成原因分析及除险加固建议［J］. 科技创新导报，2000（26）：66-67.

［47］ 马文龙，刘代忠. 混凝土质量缺陷常见问题及处理技术［J］. 水利水电施工，2017（02）：68-72.

［48］ 麦尔康. 在沿海地区使用的金属结构与钢丝网碴结构闸门的防腐蚀处理［J］. 广东水利水电，2000（2）：26-29.

［49］ 梅其勇，兰芙蓉. 红岩水闸工程安全检测分析［J］. 中国农村水利水电，2003（12）：63-64.

［50］ 闵四海，万雄卫. 环氧砂浆在二滩水电站的应用［J］. 应用技术，2006，27（4）：43-44.

［51］ 潘锦江. 闸门振动问题探讨［J］. 水利水电科技进展，2001（6）：32-36.

[52] 潘锦江. 闸门振动问题探讨 [J]. 水利水电科技进展, 2001, 21 (6): 36-39

[53] 潘志新, 罗鲁生. 小浪底洞室混凝土裂缝处理 [J]. 长江科学院院报, 2000, 17 (6): 80-86.

[54] 裴雪君. 混凝土碳化影响因素分析 [J]. 中国建材科技, 2016, 25 (01): 4-5.

[55] 朴哲浩, 宋力. 我国病险水闸成因及除险加固工程措施分析 [J]. 水利建设与管理, 2011 (1): 71-72.

[56] 曲伟. 试论混凝土结构裂缝的原因分析及防治措施 [J]. 科技世界, 2015 (23): 90.

[57] 盛华兴. 水闸止水伸缩缝渗漏防治 [J]. 中国农村水利水电, 2005 (12): 63-64, 67.

[58] 史国庆, 文恒, 牟献友. 闸下海漫柔性加糙体消能防冲机理试验 [J]. 水利水电科技进展, 2011, 31 (5): 49-52.

[59] 施世宽. 东台沿海挡潮闸淤积成因及减淤防淤措施 [J]. 中国农村水利水电, 1999 (1): 5-9.

[60] 宋洪明, 胡方华. 海勃湾水利枢纽泄洪闸工程防渗墙施工 [J]. 水电与新能源, 2013 (S2): 13-16.

[61] 宋万增. 病险水闸除险加固技术指南 [M]. 郑州: 黄河水利出版社, 2009.

[62] 宋学良. 试论钢筋混凝土剥蚀破坏维修和防护 [J]. 中国西部科技, 2012, 11 (5): 5-7.

[63] 宋志权. 水闸安全鉴定技术研究与实践 [D]. 郑州: 郑州大学, 2012.

[64] 孙刘伟. 中小型水闸伸缩缝止水修复处理的探讨 [J]. 广东建材, 2017, 33 (06): 68-70.

[65] 孙志恒, 鲁一晖. 水工建筑物病害评估与修补文集 [M]. 北京: 中国水利水电出版社, 2003: 25-28.

[66] 谭志伟, 谷欣, 黄俊波. 水闸下游冲刷及对策 [J]. 黑龙江水专学报, 2002, 29 (1): 14-25.

[67] 唐晓文. 深层搅拌桩建造地下连续防渗墙技术 [J]. 水利科技, 2000 (3): 37-40.

[68] 童玉恩. 宁波沿海地区旧闸改造中的几个问题 [J]. 浙江水利科技, 2000 (3): 44-45.

[69] 王翠萍. 平面钢闸门的破坏型式及发展状况 [J]. 水利技术监督, 2004 (6): 45-46

[70] 王红霞. SPC 聚合物水泥砂浆在混凝土修补中的应用 [J]. 吉林水利, 2015 (08), 47-49.

[71] 王辉. 沙湾镇涌口水闸纠偏加固工程的设计与施工 [J]. 西部探矿工程, 2000 (1): 5-9.

[72] 王金成, 董进秋, 杜艳廷. 粉煤灰和矿渣对混凝土碳化性能的影响 [J]. 城市建设理论研究, 2015, 05 (10).

[73] 王力威, 窦宝松. 复合土工膜在水闸铺盖防渗中的应用 [J]. 东北水利水电, 2006 (09): 15+45.

[74] 王士恩, 谢新明, 刘超常. 珠海市某水闸纠偏加固施工 [J]. 广东水利水电, 2002 (2): 17-22.

[75] 文丹. 河道清淤治理及施工方案设计 [M]. 北京: 中国水利水电出版社, 2006.

[76] 文恒, 王永利, 郑锦麟. 灌区水闸海漫段柔性材料加糙防冲效果的试验研究 [C] //中国农业工程学会农业水土专业委员会. 农业水土工程科学. 呼和浩特: 内蒙古教育出版社, 2001: 366-372.

[77] 吴为民. 水闸下游冲刷破坏原因分析及处理措施概述 [J]. 水利科技, 1999 (3): 8-10.

[78] 吴张清, 李金波. 北溪水闸除险加固工程混凝土防渗墙施工 [J]. 水利科技, 2005 (04): 24-26.

[79] 席世宏. 水工混凝土建筑物抗气蚀抗冲磨的研究 [J]. 水利水电施工, 2003, 3: 39-41.

[80] 夏旭光, 徐国中. 某水闸渗漏处理方案的探讨 [J]. 小水电, 2014 (02): 61-63.

[81] 谢春磊, 刘曼娜, 姜兆兴, 等. 混凝土碳化破坏的研究与进展 [J]. 建材世界, 2012, 33 (1):

11-15.

[82] 邢坦，杨斌. SBR 砂浆喷涂技术在韩庄节制闸闸墩防碳化层脱落修复工程中的应用 [J]. 治淮，2013（04）：35-36.

[83] 徐道富. 环境气候条件下混凝土碳化速度研究 [J]. 西部探矿工程，2005（11）：210-211，214

[84] 徐鹏，张亚川，吴佩兰，等. 一种浅槽粘贴钢板条加固薄壁闸墩的设计方法 [J]. 南水北调与水利科技，2015，13（5）：1021-1024.

[85] 许新民. 浅谈水闸下游冲刷及对策措施 [J]. 海峡科学，2008（02）：48-50.

[86] 徐志均. 建筑地基处理工程手册 [M]. 北京：中国建材工业出版社，2005.

[87] 颜承越. 水灰比—碳化方程与抗压强度—碳化方程的比较 [J]. 混凝土，1994（01）：46-48.

[88] 严根华. 水工闸门自激振动实例及其防治措施 [J]. 振动、测试与诊断，2013，33（增2）：203-208.

[89] 严宗杰. 西溪桥闸闸门破损原因分析与维修养护探讨 [J]. 水利建设与管理，2010（8）：59-61.

[90] 杨运广. 射水造墙法在堤防加固工程中的应用 [J]. 水利水电科技进展，2000，1（20）：55-57.

[91] 叶文明. 砂基水闸加固设计 [J]. 广西水利水电，2011（03）：22-23+27.

[92] 叶振北. 混凝土结构中的钢筋锈蚀及防腐蚀措施 [J]. 江西建材，2015（21）：72.

[93] 于长金，石平. 水闸的防渗及排水设施 [J]. 黑龙江水利科技，2007（05）：47-48.

[94] 于腾. 改性环氧树脂灌浆材料的研究进展 [J]. 建材世界，2014，35（6）：11-14.

[95] 臧俊才，谭成宇. 小议河道清淤疏浚施工技术控制措施 [J]. 建筑工程技术与设计，2014（36）：661.

[96] 张立明. 浅谈城市河道清淤对策 [J]. 江苏水利，2012（02）：13+15.

[97] 张丽明. 水闸破坏形式与除险加固措施的研究 [C]. 北京：中国水利水电出版社，2001：18-24.

[98] 张林森. 水闸混凝土碳化分析及防护措施 [J]. 中国水运月刊，2011（07）：174-175.

[99] 张士萍. 碳化环境下混凝土的耐久性能研究 [J]. 硅酸盐通报，2014，33（08）：1870-1873.

[100] 张廷君. 混凝土裂缝的成因与治理 [J]. 辽宁师专学报，2014（03）：100-104.

[101] 张庭有. 提高混凝土抗冻性的对策探讨 [J]. 生产与科技论坛，2011，10（19）：85.

[102] 张伟，李渭清，刘孔英. 防渗墙补强加固技术在赵山渡引水工程的应用 [J]. 中国水能及电气化，2022（07）：47-51+59.

[103] 张伟龙，刘宇利. 对水闸的现状及除险加固改造措施的研究 [J]. 实践与探索，2012（27）：319.

[104] 张新军，南海霞. 葛洲坝3号船闸的漏水处理 [J]. 人民长江，1999，30（10）：28，31.

[105] 张秀娟. 高压喷射灌浆技术在水库防渗加固中的应用 [J]. 黑龙江水利科技，2023，51（04）：122-125.

[106] 张义强，付国义，白巧燕. 水闸海漫柔性增糙防冲技术 [J]. 内蒙古水利，2001（3）：17-18，41.

[107] 张永先. 水工建筑物混凝土修补防护与补强加固 [D]. 沈阳：沈阳建筑大学，2016

[108] 赵兵，陶云峰. 浅析预缩砂浆在混凝土修补中的应用 [J]. 四川水力发电，2018，37（03）：105-106.

［109］赵坚. 用于闸基防渗深层搅拌桩墙的渗透特性［J］. 河海大学学报，2000（2）：54-58.

［110］郑建媛. 赵山渡引水工程泄洪闸渗漏问题的安全状况分析［J］. 大坝与安全，2013（4）：49-53.

［111］郑琼丹. 水闸的防渗排水设计分析［J］. 黑龙江水利科技，2013，41（4）：56-58.

［112］郑淑芳. 浅谈水闸工程地基的防渗工作［J］. 内蒙古水利，2014（4）：88-89.

［113］郑在洲. 江苏省沿海涵闸淤积成因与减淤防淤措施浅谈［J］. 江苏水利科技，1995（1）：13-18.

［114］钟国锋. 当前病险水闸形成原因分析及除险加固思路［J］. 黑龙江水利科技，2014，42（10）：285-286.

［115］周翠玲，张耀军，张代辉. 钢纤维混凝土在水电工程加固补强中的应用［J］. 山东农业大学学报（自然科学版），2008，39（1）：80-84.

［116］周春天. 在梁河水库泄洪闸闸下冲刷试验研究［J］. 河海大学学报，2000，28（2）：50-52.

［117］朱娜. 影响混凝土抗冻性的因素分析［J］. 科技创新导报，2011（29）：30.

［118］朱庆华，顾美娟. 水闸闸室抗震动力分析及措施［J］. 水电能源科学，2012，30（1）：114-116，208.

［119］朱耀台，詹树林. 混凝土裂缝成因与防治措施研究［J］. 材料科学与工程学报，2003，21（5）：727-730.

［120］庄峰，邹峰. 混凝土强效剂对混凝土耐久性能影响研究［J］. 广东建材，2014（11）：33-36.

水利部文件

水建管〔2008〕214号

关于印发《水闸安全鉴定管理办法》的通知

各流域机构，各省、自治区、直辖市水利（水务）厅（局），各计划单列市水利（水务）局，新疆生产建设兵团水利局：

为加强水闸安全管理，规范水闸安全鉴定工作，保障水闸安全运行，根据《中华人民共和国水法》《中华人民共和国防洪法》及《中华人民共和国河道管理条例》等规定，我部制定了《水闸安全鉴定管理办法》，现予以发布施行。

中华人民共和国水利部

二〇〇八年六月十八日

水闸安全鉴定管理办法

第一章　总　则

第一条　为加强水闸安全管理，规范水闸安全鉴定工作，保障水闸安全运行，根据《中华人民共和国水法》《中华人民共和国防洪法》及《中华人民共和国河道管理条例》《中华人民共和国防汛条例》，以及水闸安全管理的有关规定，制定本办法。

第二条　本办法适用于全国河道（包括湖泊、人工水道、行洪区、蓄滞洪区）、灌排渠系、堤防（包括海堤）上依法修建的，由水利部门管理的大、中型水闸。

小型水闸、船闸和其他部门管辖的各类水闸参照执行。

第三条　水闸实行定期安全鉴定制度。首次安全鉴定应在竣工验收后5年内进行，以后应每隔10年进行一次全面安全鉴定。运行中遭遇超标准洪水、强烈地震、增水高度超过校核潮位的风暴潮、工程发生重大事故后，应及时进行安全检查，如出现影响安全的异常现象的，应及时进行安全鉴定。闸门等单项工程达到折旧年限，应按有关规定和规范适时进行单项安全鉴定。

第四条　国务院水行政主管部门负责全国水闸安全鉴定工作的监督管理。

县级以上地方人民政府水行政主管部门负责本行政区域内所辖的水闸安全鉴定工作的监督管理。

流域管理机构负责其直属水闸安全鉴定工作的监督管理，并对所管辖范围内的水闸安全鉴定工作进行监督检查。

第五条　水闸管理单位负责组织所管辖水闸的安全鉴定工作（以下称鉴定组织单位）。水闸主管部门应督促鉴定组织单位及时进行安全鉴定工作。

第六条　县级以上地方人民政府水行政主管部门和流域管理机构按分级管理原则对水闸安全鉴定意见进行审定（以下称鉴定审定部门）。

省级地方人民政府水行政主管部门审定大型及其直属水闸的安全鉴定意见；市（地）级及以上地方人民政府水行政主管部门审定中型水闸安全鉴定意见。

流域管理机构审定其直属水闸的安全鉴定意见。

第七条　水闸安全类别划分为四类：

一类闸：运用指标能达到设计标准，无影响正常运行的缺陷，按常规维修养护即可保证正常运行。

二类闸：运用指标基本达到设计标准，工程存在一定损坏，经大修后，可达到正常运行。

三类闸：运用指标达不到设计标准，工程存在严重损坏，经除险加固后，才能达到正常运行。

四类闸：运用指标无法达到设计标准，工程存在严重安全问题，需降低标准运用或报废重建。

第二章　基本程序及组织

第八条　水闸安全鉴定包括水闸安全评价、水闸安全评价成果审查和水闸安全鉴定报告书审定三个基本程序。

（一）水闸安全评价：鉴定组织单位进行水闸工程现状调查，委托符合第十二条要求的有关单位开展水闸安全评价（以下称鉴定承担单位）。鉴定承担单位对水闸安全状况进行分析评价，提出水闸安全评价报告；

（二）水闸安全评价成果审查：由鉴定审定部门或委托有关单位，主持召开水闸安全鉴定审查会，组织成立专家组，对水闸安全评价报告进行审查，形成水闸安全鉴定报告书；

（三）水闸安全鉴定报告书审定：鉴定审定部门审定并印发水闸安全鉴定报告书。

第九条　鉴定组织单位的职责：

（一）制订水闸安全鉴定工作计划；

（二）委托鉴定承担单位进行水闸安全评价工作；

（三）进行工程现状调查；

（四）向鉴定承担单位提供必要的基础资料；

（五）筹措水闸安全鉴定经费；

（六）其他相关职责。

第十条　鉴定承担单位的职责：

（一）在鉴定组织单位现状调查的基础上，提出现场安全检测和工程复核计算项目，编写工程现状调查分析报告；

（二）按有关规程进行现场安全检测，评价检测部位和结构的安全状态，编写现场安全检测报告；

（三）按有关规范进行工程复核计算，编写工程复核计算分析报告；

（四）对水闸安全状况进行总体评价，提出工程存在主要问题、水闸安全类别鉴定结果和处理措施建议等，编写水闸安全评价总报告；

（五）按鉴定审定部门的审查意见，补充相关工作，修改水闸安全评价报告；

（六）其他相关职责。

第十一条　鉴定审定部门的职责：

（一）成立水闸安全鉴定专家组；

（二）组织召开水闸安全鉴定审查会；

（三）审查水闸安全评价报告；

（四）审定水闸安全鉴定报告书并及时印发；

（五）其他相关职责。

第十二条　大型水闸的安全评价，由具有水利水电勘测设计甲级资质的单位承担。中型水闸安全评价，由具有水利水电勘测设计乙级以上（含乙级）资质的单位承担。

经水利部认定的水利科研院（所），可承担大、中型水闸的安全评价任务。

第十三条　水闸安全鉴定审定部门组织的专家组应由水闸主管部门的代表、水闸管理单位的技术负责人和从事水利水电专业技术工作的专家组成，并符合下列要求：

（一）水闸安全鉴定专家组应根据需要由水工、地质、金属结构、机电和管理等相关专业的专家组成；

（二）大型水闸安全鉴定专家组由不少于9名专家组成，其中具有高级技术职称的人数不得少于6名；中型水闸安全鉴定专家组由7名及以上专家组成，其中具有高级技术职称的人数不得少于3名；

（三）水闸主管部门所在行政区域以外的专家人数不得少于水闸安全鉴定专家组组成人员的三分之一；

（四）水闸原设计、施工、监理、设备制造等单位的在职人员以及从事过本工程设计、施工、监理、设备制造的人员总数不得超过水闸安全鉴定专家组组成人员的三分之一；

水闸安全鉴定专家组成员应当遵循客观、公正、科学的原则履行职责，审查水闸安全评价报告，形成水闸安全鉴定报告书。

第十四条　流域机构、省级水行政主管部门应按年度汇总所管辖的大、中型水闸安全鉴定报告书，并于每年年底前报送水利部备案。

第三章　工作内容

第十五条　水闸安全鉴定工作内容应按照《水闸安全鉴定规定》（SL214—98）执行，工作内容包括现状调查、现场安全检测、工程复核计算、安全评价等。

第十六条　现状调查应进行设计、施工、管理等技术资料收集，在了解工程概况、设计和施工、运行管理等基本情况基础上，初步分析工程存在问题，提出现场安全检测和工程复核计算项目，编写工程现状调查分析报告。

第十七条　现场安全检测包括确定检测项目、内容和方法，主要是针对地基土和填料土的基本工程性质，防渗导渗和消能防冲设施的有效性和完整性，混凝土结构的强度、变形和耐久性，闸门、启闭机的安全性，电气设备的安全性，观测设施的有效性等，按有关规程进行检测后，分析检测资料，评价检测部位和结构的安全状态，编写现场安全检测报告。

第十八条　工程复核计算应以最新的规划数据、检查观测资料和安全检测成果为依据，按照有关规范，进行闸室、岸墙和翼墙的整体稳定性、抗渗稳定性、抗震能力、水闸过水能力、消能防冲、结构强度以及闸门、启闭机、电气设备等复核计算，编写工程复核计算分析报告。

第十九条　安全评价应在现状调查、现场安全检测和工程复核计算基础上，充分论证数据资料可靠性和安全检测、复核计算方法及其结果的合理性，提出工程存在的主要问题、水闸安全类别评定结果和处理措施建议，并编制水闸安全评价总报告。

第二十条　水闸主管部门及管理单位对鉴定为三类、四类的水闸，应采取除险加固、降低标准运用或报废等相应处理措施，在此之前必须制定保闸安全应急措施，并限制运用，确保工程安全。

第二十一条　经安全鉴定，水闸安全类别发生改变的，水闸管理单位应在接到水闸安全鉴定报告书之日起3个月内，向水闸注册登记机构申请变更注册登记。

第二十二条　鉴定组织单位应当按照档案管理的有关规定，及时对水闸安全评价报告和水闸安全鉴定报告书等资料进行归档，并妥善保管。

第四章　附　则

第二十三条　水闸安全鉴定工作所需费用，由鉴定组织单位及其上级主管部门负责筹措。

第二十四条　各省、自治区、直辖市人民政府水行政主管部门可根据本办法结合本地实际制定实施细则。

第二十五条　本办法自发布之日起施行。《水闸安全鉴定规定》（SL214—98）与本办法相冲突的，按本办法执行。

附件：水闸安全鉴定报告书

鉴定种类	全面	
	单项	

水闸安全鉴定报告书

水闸名称：_____

填表说明:

1. 水闸名称:除闸名外,填明水闸类型,如节制闸、分洪闸、排水闸、挡潮闸等。

2. 水闸级别:按 SL 252—2000《水利水电工程等级划分及设洪水标准》的有关规定划分。

3. 工程概况:填明建筑物结构和闸门、启闭机形式,闸孔数及孔口尺寸,主要部位高程,地基情况及处理措施,设计的工程特征值和工程效益等。

4. 工程施工和验收情况:填明工程施工的基本情况和施工中曾发生的主要质量问题及处理措施,工程验收文件中有关对工程管理运用的技术要求等。

5. 水闸运行情况:填明水闸运行期间遭遇洪水、风暴潮、强烈地震和重大工程事故造成的工程损坏情况及处理措施等。

6. 水闸安全分析评价:应根据对现状调查、现场安全检测和复核计算三项成果的审查结果,按规定内容逐项编写。

7. 水闸安全类别评定:按水闸安全类别评定标准评定的结果填列。单项工程的安全鉴定,可不填列。

8. 报告书中栏目填不下时,可适当调整或扩大。

水闸名称		水闸级别		建成年月	
所在河流		所在地点			
设计地震烈度		鉴定时间			
水闸主管部门		管理单位			
鉴定组织单位					
鉴定承担单位					
鉴定审定部门					

鉴定项目：

工程概况：

工程施工和验收情况：

水闸运行情况：

本次安全鉴定安全检测、复核计算基本情况			
现场安全检测 单位名称		工程复核计算 单位名称	
现场安全 检测项目	安全检测 成果名称	工程复核 计算项目	复核计算 成果名称

水闸安全分析评价	水闸稳定性和抗渗稳定性	
	抗震能力	
	消能防冲	
	水闸过水能力	
	混凝土结构	
	闸门、启闭机	
	电气设备	
	观测设施	
	其他	

水闸安全类别评定：
水闸安全鉴定结论：

专家组组长：（签字）

年　　月　　日

_____闸安全鉴定专家组成员表

年　　月　　日

姓名	专家组职务	工作单位	职务	职称	从事专业	签名

鉴定组织单位意见：

负责人：（签名）　　　　　　单位（公章）：

年　　月　　日

鉴定审定部门意见：

负责人：（签名）　　　　　　单位（公章）：

年　　月　　日